Lothar Gerritzen

Grundbegriffe der Algebra

Lothar Gerritzen

Grundbegriffe der Algebra

Eine Einführung unter Berücksichtigung funktorieller Aspekte

vieweg

Prof. Dr. Lothar Gerritzen
Ruhr-Universität Bochum
Fakultät und Institut für Mathematik

44780 Bochum

Der Verlag Vieweg ist ein Unternehmen der Verlagsgruppe Bertelsmann International.

Umschlaggestaltung: Klaus Birk, Wiesbaden

Gedruckt auf säurefreiem Papier

ISBN-13: 978-3-528-06519-5 e-ISBN-13: 978-3-322-88789-4
DOI: 10.1007/978-3-322-88789-4

Inhaltsverzeichnis

Vorwort ... vii

1 **Magmen** ... 1

[1] Grundbegriffe ... 2

[2] Quotientenbildung ... 5

[3] Neutrales Element und Inverse ... 7

2 **Abelsche Gruppen** ... 9

[1] Kommutative Halbgruppen ... 9

[2] Direkte Summen und Produkte ... 12

[3] Tensorprodukt ... 15

3 **Kategorien** ... 18

[1] Grundbegriffe ... 18

[2] Darstellbare Funktoren ... 22

[3] Adjungierte Funktoren ... 25

4 **Ringe** ... 28

[1] Grundbegriffe ... 28

[2] Restklassenringe ... 33

[3] Adjunktion einer Eins und Brüche ... 36

5 **Moduln** ... 40

[1] Grundlegende Konstruktionen ... 40

[2] Wechsel des Ringes ... 46

[3] Dualer Modul ... 48

6 **Kommutative Körper** ... 50

[1] Algebraische Körpererweiterungen ... 50

[2] Galoiserweiterungen ... 54

[3] Der Hauptsatz der Galoistheorie ... 57

[4] Transzendente Erweiterungen ... 60

7 Gruppen ... 62

[1] Endliche Gruppen ... 62

[2] Auflösbare Gruppen ... 67

[3] Topologische Gruppen ... 72

[4] Liegruppen ... 76

8 Assoziative Algebren zu Moduln ... 83

[1] Grundbegriffe über Algebren ... 83

[2] Tensoralgebra ... 85

[3] Grassmann-Algebra ... 88

[4] Symmetrische Algebra ... 92

9 Derivationen und Differentiale ... 96

[1] Universeller Differentialmodul ... 96

[2] Berechnung von universellen Differentialmoduln ... 100

[3] De Rham-Komplex ... 102

10 Schemata ... 106

[1] Spektrum eines Ringes ... 106

[2] Ganz-algebraische Erweiterungen ... 112

[3] Projektive Schemata ... 117

11 Homologie ... 120

[1] Kettenkomplexe ... 120

[2] Čech-Kohomologie ... 127

[3] Ableitung von Funktoren ... 130

Literaturverzeichnis ... 136

Sachverzeichnis ... 139

Vorwort

Der vorliegende Text ist entstanden aus dem Manuskript zu einer Vorlesung über Algebra, die ich im Wintersemester 1991/92 und im Sommersemester 1992 an der Ruhr–Universität Bochum für Studierende im Hauptstudium gehalten habe. Es wird eine Einführung in die Grundbegriffe und Grundkonstruktionen der abstrakten Algebra gegeben. Dabei wird versucht, kategorielle und funktorielle Aspekte zu entwickeln und zu verwenden. In den meisten Lehrbüchern über Algebra wird dieser Standpunkt, der für die heutige Algebra charakteristisch ist, nicht beachtet oder nicht ausreichend ausgeführt.

Es war mein Bestreben, die wichtigsten begrifflichen Werkzeuge einzuführen, die jemand benötigt, der heute in der Algebra, etwa in der Theorie der Quantengruppen, [Ma], Forschung betreiben will. Es erschien mir dabei notwendig, ähnlich wie in [KS], das Feld der Betrachtung gegenüber dem in der klassischen Algebra üblichen zu erweitern und auch kontinuierliche Gruppen, Mannigfaltigkeiten, Differentialrechnung, Schemata und Homologische Algebra einzubeziehen. Ähnlich wie McLane, siehe [M], [BM], meine ich, daß Begriffsbildungen aus der Theorie der Kategorien, Funktoren und natürlichen Transformationen wichtige, bequeme, flexible und effektive Hilfsmittel zur prägnanten Darstellung mathematischer Sachverhalte sind.

Die Darstellung ist oft knapp und auf hohem Abstraktionsniveau. Häufig werden Überlegungen nur grob skizziert und nicht im einzelnen ausgeführt. Einem Leser oder einer Leserin, der oder die bereit ist, sich schöpferisch mit diesem Text auseinanderzusetzen, die Lücken auszufüllen und die abstrakten Begriffsbildungen jeweils zu konkretisieren, kann sich ein rascher Zugang zum Verständnis der heutigen Algebra erschließen. Es wird vorausgesetzt, daß der Leser oder die Leserin mathematische Grundkenntnisse über Analysis und Lineare Algebra hat, wie sie im ersten Jahr eines ordentlichen Studiums an einer Universität erworben werden und daß er oder sie motiviert ist, sich algebraische Techniken und Kalkülc anzucignen.

In §1 wird der Begriff des Magmas als einer Menge zusammen mit einer nicht notwendig assoziativen Verknüpfung eingeführt. Aus meiner Sicht gibt es mehrere Gründe, Magmen zu studieren. Die Multiplikation einer Lie–Algebra ist in den nichttrivialen Fällen nicht assoziativ. Es ist eine Unvollkommenheit in der Begriffsbildung, wenn man die wichtige Klasse der Lie–Algebren nicht miterfaßt. Zudem zeigt es sich, daß man fundamentale algebraische Konstruktionen in der Kategorie der Magmen durchführen kann. Man führt die Kategorie der Morphismen von Magmen ein und kann Methoden entwickeln, die man in den Unterkategorien der Morphismen von Halbgruppen, von abelschen Gruppen weitgehend nach gleichem Schema rekonstruieren kann.

In §2 werden einige Konstruktionen für abelsche Gruppen angegeben, die Beispiele von Funktoren und natürlichen Transformationen bereitstellen sollen.

Grundbegriffe aus der Theorie der Kategorien werden in §3 eingeführt. Es wird der Begriff des darstellbaren Funktors und der des Paares adjungierter Funktoren angegeben. Als Anwendung wird damit der Begriff des freien Objektes in den Kategorien $(Mag), (Hgr), (Gr), (abHgr), (abGr)$ der Morphismen von Magmen, von Halbgruppen, von Gruppen, von abelschen Halbgruppen und von abelschen Gruppen diskutiert.

Entgegen üblichem Gebrauch ist der Begriff des Ringes in §4 so gefaßt, daß die Multiplikation nicht notwendig als assoziativ vorausgesetzt wird. Damit wird erreicht, daß Lie–Algebren nicht aus der Betrachtung ausgeschlossen werden. Es werden Magmaringe, Restklassenringe zu Idealen und Ringe von Brüchen behandelt.

Die Theorie der Moduln wird bisher nur über assoziativen Ringen betrieben. Es werden in §5 die Funktoren „Erweiterung des Skalarbereiches", „Einschränkung des Skalarbereiches" untersucht, die den Wechsel des Grundringes bei einem gegebenen Ringhomomorphismus beschreiben.

In §6 wird in gedrängter Form die Galoistheorie dargestellt. Sie erlaubt es im Grunde, die Kategorie der kommutativen Körper näher zu bestimmen.

In §7 werden Gruppenobjekte in der Kategorie (Mg) der Abbildungen von Mengen, in der Kategorie $(topRm)$ der stetigen Abbildungen von topologischen Räumen und in der Kategorie $(diffbMg)$ der differenzierbaren Abbildungen von differenzierbaren Mannigfaltigkeiten behandelt. Die Kommentatoruntergruppe wird dabei als Funktor $K : (Gr) \longrightarrow (Gr)$ aufgefaßt, wodurch der Begriff der auflösbaren Gruppe bequem beschrieben wird. Die fundamentale Konstruktion der Lie–Algebra zu einer Lie–Gruppe wird nur für die allgemeine lineare Gruppe $GL_n(\mathbb{R})$ explizit durchgeführt.

Die Tensoralgebra, die Grassmannalgebra und die symmetrische Algebra werden in §8 als Funktoren von der Kategorie (K–*Mod*) der K–Modulhomomorphismen in die Kategorie (K–*Alg*) der K–Algebrahomomorphismen angesehen, wenn K ein kommutativer und assoziativer Ring ist.

Die algebraische Behandlung der Differentialrechnung in §9 stützt sich auf den Begriff der Derivation. Man erhält den universellen Differentialmodul als funktorielle Beziehung. Der de Rham–Komplex einer K–Algebra A gibt Anlaß zu de Rham–Kohomologiemoduln $H_{dR}(A)$.

Die Grothendiecksche Konstruktion des affinen Schemas zu einem kommutativen, assoziativen Ring mit 1, die in §10 geschildert wird, hat sowohl die Kommutative Algebra als auch die Algebraische Geometrie verändert. Der Hilbertsche Nullstellensatz, der diese Konstruktion angeregt hat, wird bewiesen. Durch Verkleben von affinen Schemata erhält man den allgemeinen Schemabegriff, für den projektive Schemata wichtige Beispiele liefern.

In §11 wird eine knappe Einführung in die Homologische Algebra gegeben. Homologie ist ein Funktor von der Kategorie (R–*KK*) der Morphismen von Kettenkomplexen von R–Moduln in die Kategorie der R–Moduln. Der Komplex der singulären Ketten eines topologischen Raumes und der Čech–Komplex zu einer offenen Überdeckung eines topologischen Raumes und einer Prägarbe von abelschen Gruppen sind interessante Beispiele solcher Komplexe. Die Methode der Ableitung von Funktoren führt zu vielfältigen Homologie- und Kohomologietheorien wie Tor, Ext oder der Garbenkohomologie.

Ich danke Frau H. Visser und Frau M. Howahl für die Erstellung des Typoskripts und Herrn R. Holtkamp für das Lesen von Korrekturen. Herrn Dr. B. Brinkmann danke ich für vielfältige mathematische Anregungen und Verbesserungsvorschläge und für seine technische Hilfe.

Bochum, November 1993

Lothar Gerritzen

§1 Magmen

Einführung

Auf die Frage, was Algebra sei, wird heute mit Bourbaki, siehe [B2], Chap I, Introduction, oft geantwortet, es sei die mathematische Theorie der Verknüpfungen. Durch die Vorgabe von Verknüpfungen auf Mengen erhält man eine algebraische Struktur. Algebra wird dann angesehen als die Disziplin, in der solche Strukturen untersucht werden.

Gegen eine solche formale Auffassung sind schwerwiegende Einwände vorgebracht worden. Shafarevich hat darauf hingewiesen, daß es Myriaden von denkbaren algebraischen Strukturen gibt und für Mathematiker doch nur ein kleiner Teil davon interessant ist, siehe [KS], Preface. Er beschreibt Algebra als den Ort, in dem der Prozeß der Koordinatisierung stattfindet. Die Konstruktion und Untersuchung von Größen, die eingeführt werden, um mathematische Objekte zu messen oder zu koordinatisieren, charakterisiert den Platz der Algebra innerhalb der Mathematik, siehe [KS], §1.

Jede dieser Auffassungen der Algebra hat etwas für sich. Nach meiner Meinung können beide verwendet werden bei der Entwicklung von Gesichtspunkten zur Orientierung in diesem Wissenschaftszweig. Es erscheint mir unangebracht, eine von ihnen herabzuwürdigen oder einer einen absoluten Rang zu verleihen.

Wirft man einen Blick auf die Geschichte der Algebra, stellt man fest, daß sie eine altehrwürdige Wissenschaft ist. Es ist ein im achten Jahrhundert geschriebenes Werk von Muhammed ben Musa, der auch Alchorizmi genannt wurde, erhalten, in dem das Rechnen mit unbekannten Größen, das später als Buchstabenrechnen bezeichnet wurde, eingeführt worden ist. Der Autor bekundet, daß er die Absicht hatte, „ein kurzgefaßtes Buch zu schreiben von dem Rechenverfahren der Ergänzung und Ausgleichung mit Beschränkung auf das, was die Leute fortwährend brauchen bei ihren Geschäften", zitiert nach [R].

Für viele Jahrhunderte war Algebra die oft geheimnisvolle Kunst, algebraische Gleichungen aufzulösen. In der „Vollständigen Anleitung zur Algebra" von L. Euler, die 1770 erschienen ist, heißt es: „Der Hauptzweck der Algebra besteht darin, den Wert solcher Größen zu bestimmen, die bisher unbekannt gewesen sind", [E], Zweiter Teil, Erster Abschnitt, Kap. I, 1. „Dabei wird alles dasjenige eine Größe genannt, was einer Vermehrung oder Verminderung fähig ist. Die Mathematik ist überhaupt nichts anderes als eine Wissenschaft der Größen, welche Mittel ausfindig macht, wie man letztere ausmessen kann", Erster Teil, Erster Abschnitt, Kap. I, 1.

Im 19. Jahrhundert hat sich die Algebra stürmisch entwickelt. Im Vorwort des ersten Bandes des „Lehrbuches der Algebra" von H. Weber, [W], der 1894 erschienen ist, ist ausgeführt: „Zwei Dinge sind es, die für die neueste Entwicklung der Algebra ganz besonders von Bedeutung geworden sind; das ist auf der einen Seite die immer mehr zur Herrschaft gelangende Gruppentheorie, deren ordnender und klärender Einfluß überall zu spüren ist, und sodann das Eingreifen der (algebraischen) Zahlentheorie".

Zu Beginn des 20. Jahrhunderts entstand die abstrakte Algebra. In der Einleitung der „Modernen Algebra" von B.L. van der Waerden, [vW], heißt es: „Die abstrakte, formale oder axiomatische Richtung, der die Algebra ihren erneuten Aufschwung verdankt, hat vor allem in der Gruppentheorie, der Körpertheorie, der Bewertungstheorie, der Idealtheorie und der Theorie der hyperkomplexen Zahlen zu einer Reihe von neuartigen Begriffsbildungen, zur Einsicht in neue Zusammenhänge und zu weitreichenden Resultaten geführt". Da die Größen (Zahlen, Funktionen, Polynome, Restklassen), mit denen man in der Algebra und Arithmetik operiert von verschiedener Natur sind, ist es wünschenswert, alle diese Größenbereiche unter einen Begriff zu bringen und die Rechengesetze allgemein zu untersuchen. Es setzte sich die Auffassung durch, daß man in der Algebra Verknüpfungsgebilde zu untersuchen habe, die man zumeist als assoziativ voraussetzte.

Den Begriff des Magmas findet man in den Auflagen des Algebralehrbuchs von Bourbaki, die nach 1970 erschienen sind. Er ist ein Grundbegriff der Algebra von großer Allgemeinheit. Begriffsbildungen und Konstruktionen von grundsätzlicher Bedeutung sind im Rahmen einer Theorie von Magmen möglich und sinnvoll.

Es wird das von einer Menge S frei erzeugte Magma $F(S)$ konstruiert und durch universelle Abbildungseigenschaften charakterisiert. Es wird die Konstruktion des Quotientenmagmas modulo einer geeigneten Äquivalenzrelation durchgeführt. Jedes Magma ist isomorph zum Quotientenmagma eines freien Magmas. Damit hat man ein Beispiel für ein Darstellungsprinzip an der Hand, das in vielen Bereichen der Algebra gültig ist: man kann freie Objekte und Quotientenobjekte konstruieren und jedes Objekt als Quotientenobjekt eines freien Objektes erhalten.

Das Rechnen in Magmen ist dadurch geprägt, daß man alle Mehrfachprodukte korrekt klammern muß, da die Verknüpfung nicht notwendig assoziativ ist. Man kann stets übergehen zum assoziativ gemachten Quotientenmagma, das man auch als zugehörige Halbgruppe eines Magmas bezeichnet. Die zum freien Magma $F(S)$ gehörende Halbgruppe ist die Worthalbgruppe über dem Alphabet S. Die Quotientenmagmen von Gruppen sind wieder Gruppen und der Kern des Restklassenmorphismus ist eine normale Untergruppe.

1 Grundbegriffe

Ist M eine Menge, so wird mit $M \times M$ das kartesische Produkt von M mit sich bezeichnet, deren Elemente die Paare (x, y) mit $x, y \in M$ sind.

Definition: *Ein Paar (M, v) heißt* **Magma**, *wenn M eine Menge ist und wenn v eine Abbildung $M \times M \longrightarrow M$ ist.*

Man nennt M die dem Magma (M, v) unterliegende Menge und v die Verknüpfung von (M, v).

Es seien (M, v), (M', v') Magmen.

Definition: *Ein* **Morphismus** *$\varphi : (M, v) \longrightarrow (M', v')$ ist eine Abbildung $\varphi : M \longrightarrow M'$, für welche gilt:*

$$\varphi(xvy) = \varphi(x)v'\varphi(y)$$

für alle $x, y \in M$.
Dabei ist $xvy := v(x, y)$ das Bild von $(x, y) \in M \times M$ unter v.

Es gilt:

i) Die identische Abbildung id_M von M ist ein Morphismus $(M, v) \longrightarrow (M, v)$

ii) Die Komposition von Morphismen ist ein Morphismus.

iii) Ist $\varphi : (M, v) \longrightarrow (M', v')$ ein Morphismus und ist φ als Abbildung von M in M' bijektiv, so ist auch die Umkehrabbildung φ^{-1} von φ ein Morphismus $(M', v') \longrightarrow (M, v)$. In diesem Fall nennt man φ Isomorphismus.

Beispiel 1: Freie Magmen

Es sei S eine Menge. Man definiert eine Menge $F_n = F_n(S)$ induktiv für $n \in \mathbb{N}$, $n \geq 1$, indem man setzt:

$$F_1 := S$$

$$F_n := \dot{\bigcup_{1 \leq i \leq n-1}} (F_i \times F_{n-i})$$

d. h. F_n ist die disjunkte Vereinigung der kartesischen Produktmengen $F_i \times F_{n-i}$.

Man setzt $F(S) := \dot{\bigcup\limits_{1 \leq n < \infty}} F_n$ und definiert eine Abbildung $\cdot : F(S) \times F(S) \longrightarrow F(S)$, indem man für $x \in F_n$, $y \in F_m$ setzt:

$$\cdot(x, y) := (x, y) \in F_n \times F_m \subset F_{n+m}$$

Dann ist $(F(S), \cdot)$ ein Magma.

Übung 1: Man zeige, daß $\sharp\, F_n(S) = (\sharp S)^n \cdot \frac{2^{n-1}}{n!} 1 \cdot 3 \cdot 5 \cdot \ldots \cdot (2n-3)$ ist für $n \geq 2$.

Hinweis: Man leite eine Funktionalgleichung für die Reihe $\sum\limits_{n=1}^{\infty} \sharp F_n(S) \cdot t^n$ her.

Satz 1: *(M, v) sei Magma, S Menge und $\alpha : S \longrightarrow M$ eine Abbildung.*
Es gibt genau einen Morphismus $\varphi = \varphi_\alpha : (F(S), \cdot) \longrightarrow (M, v)$ mit $\varphi | F_1(S) = \alpha$.

Beweis:

1) Existenz von φ: man definiert φ auf F_n induktiv.
Für $x \in F_1 = S$ setzt man $\varphi(x) - \alpha(x)$. Ist $n > 1$, $x \subset F_n$, so gibt es genau ein Paar (x_1, x_2) mit $x_1 \in F_i$, $x_2 \in F_{n-i}$ mit $x = (x_1, x_2)$. Dann ist $x = x_1 \cdot x_2$ und $\varphi(x_1)$, $\varphi(x_2)$ ist bereits definiert. Setzt man $\varphi(x) = \varphi(x_1) v \varphi(x_2)$, so ist φ wohldefiniert.
Es ist φ ein Morphismus, da zu $x \in F(S)$, $x \notin F_1(S)$, genau ein Paar $(x_1, x_2) \in F(S) \times F(S)$ gehört mit $x = x_1 \cdot x_2$. Es ist $\varphi(x) = \varphi(x_1) v \varphi(x_2)$, da das Paar (x_1, x_2) dasjenige ist, welches in der obigen Definition von $\varphi(x)$ auftritt.
2) Eindeutigkeitsbeweis: Sei $\Psi : (F(S), \cdot) \longrightarrow (M, v)$ ein weiterer Morphismus mit $\Psi | F_1 = \alpha$. Man zeigt, daß $\Psi | F_n = \varphi | F_n$ für $n \geq 1$ mit Induktion über n.
Es ist klar für $n = 1$. Ist $n > 1$ so existieren $x_1 \in F_i, x_2 \in F_{n-i}$ mit $x_1 \cdot x_2 = x$, $1 \leq i \leq n-1$, woraus $\varphi(x) = \varphi(x_1) v \varphi(x_2) = \Psi(x_1) v \Psi(x_2) = \Psi(x_1 \cdot x_2) = \Psi(x)$ folgt. □

Definition: *Das in Beispiel 1 konstruierte Magma $(F(S), \cdot)$ heißt wegen der in Satz 1 formulierten universellen Eigenschaft das von S frei erzeugte Magma.*

Es sei (M, v) Magma und N Teilmenge von M mit $v(N \times N) \subset N$. Dann kann man die Einschränkung $v | N \times N$ auffassen als Abbildung $N \times N \longrightarrow N$ und daher ist $(N, v | N \times N)$ ein Magma.

Definition: *Jedes auf solche Weise entstandene Magma* $(N, v|N \times N)$ *heißt* **Untermagma** *von* (M, v)

Es gilt:

i) Die Inklusionsabbildung $i : N \hookrightarrow M$ *ist ein Morphismus* $i : (N, v|N \times N) \longrightarrow (M, v)$.

ii) Ist $\varphi : (M, v) \longrightarrow (M', v')$ *Morphismus von Magmen, so gibt es ein Untermagma* $(N', v'|N' \times N')$ *von* (M', v') *mit* $N' = \varphi(M)$. *Man kann* φ *faktorisieren* $(M, v) \xrightarrow{\varphi_0} (N', v') \overset{\varphi_1}{\hookrightarrow} (M', v')$, *wobei* φ_0 *surjektiv und* φ_1 *injektiv ist.*
Man bezeichnet $(N', v'|N' \times N')$ *als das Bild von* φ.

Definition: *Eine Teilmenge* E *von* M *heißt* **Erzeugendensystem** *von* (M, v), *wenn gilt:*
Ist N *Untermagma von* (M, v) *mit* $E \subset N$, *so ist* $N = M$.

Es gilt:
E ist Erzeugendensystem von (M, v) genau dann, wenn gilt:
Der Morphismus φ: $(F(E), \cdot) \longrightarrow (M, v)$, *der die Inklusion* $E \hookrightarrow M$ *fortsetzt, ist surjektiv.*

Übung 2: Ein Magma (M, v) ist isomorph zu einem frei erzeugten Magma genau dann, wenn gilt:
(i) $E := M - v(M \times M)$ ist ein Erzeugendensystem von (M, v)
(ii) Sind $x_1, x_2, y_1, y_2 \in M$ mit $x_1 v x_2 = y_1 v y_2$, so ist $x_1 = y_1$ und $x_2 = y_2$.

Übung 3: Es sei $N = \bigcup_{n=2}^{\infty} F_n(S)$. Man zeige, daß N ein Untermagma von $(F(S), \cdot)$ ist und bestimme ein minimales Erzeugendensystem von N. Ist N ein freies Magma?

Beispiel 2: Direkte Produkte

Es sei (M_i, v_i), $i \in I$, eine Familie von Magmen und $M := \prod_{i \in I} M_i$ das kartesische Produkt der Mengen $(M_i)_{i \in I}$. Man definiert eine Verknüpfung $v : M \times M \longrightarrow M$ durch $v((x_i), (y_i)) := (x_i v_i y_i)$. Dann ist (M, v) ein Magma und die Projektionen $\mathrm{pr}_i : M \longrightarrow M_i$ sind Morphismen $(M, v) \longrightarrow (M_i, v_i)$.

Es gilt die folgende universelle Eigenschaft: Sind $\varphi_i : (N, \cdot) \longrightarrow (M_i, v_i)$ Morphismen für $i \in I$, so gibt es genau einen Morphismus $\varphi : (N, \cdot) \longrightarrow (M, v)$ mit

$$\mathrm{pr}_i \circ \varphi = \varphi_i$$

für alle i. Für $x \in N$ setzt man $\varphi(x) = (\varphi_i(x))_{i \in I}$ und rechnet nach, daß φ ein Morphismus ist. Das Magma (M, v) wird auch mit $\prod_{i \in I} (M_i, v_i)$ bezeichnet und heißt **Produkt** der Magmen (M_i, v_i). Ist $I = \{1, 2\}$, so wird es auch mit $(M_1, v_1) \times (M_2, v_2)$ bezeichnet. □

Es sei $X = (M, v)$ ein Magma und $v^{op} : M \times M \longrightarrow M$ die Abbildung gegeben durch $(x, y) \mapsto y\ v\ x$ für alle $x, y \in M$. Dann ist $X^{op} := (M, v^{op})$ ein Magma, das man als **Opposit-Magma** von X bezeichnen kann.

Übung 4: Man zeige, daß $(F(S), \cdot)^{op}$ isomorph zu $(F(S), \cdot)$ ist.

2 Quotientenbildung

Konvention: Es sei $X = (M, v)$ ein Magma. Man definiert: $x \in X$, wenn $x \in M$, und $x \cdot y := x\ v\ y$ für $x, y \in X$. Auf diese Weise wird (M, v) mit $(X, \cdot)$ und mit X identifiziert.

Bemerkung: Es sei $\varphi : (M, \cdot) \longrightarrow (M', \cdot)$ ein Morphismus von Magmen und $R_\varphi := \{(x_1, x_2) \in M \times M : \varphi(x_1) = \varphi(x_2)\}$.
Dann gilt:
(i) R_φ ist eine Äquivalenzrelation auf M.
(ii) R_φ ist ein Untermagma des Produktes $(M, \cdot) \times (M, \cdot)$

Beweis:
(i) ist trivial.
Um (ii) zu beweisen, nimmt man (x_1, x_2), $(y_1, y_2) \in R_\varphi$. Dann ist $(x_1, x_2) \cdot (y_1, y_2) = (x_1 \cdot y_1, x_2 \cdot y_2)$ und $\varphi(x_1 y_1) = \varphi(x_1) \cdot \varphi(y_1) = \varphi(x_2) \cdot \varphi(y_2) = \varphi(x_2 y_2)$. Also ist $(x_1, x_2) \cdot (y_1, y_2) \in R_\varphi$. □

Satz 2: *Es sei R Untermagma von $(M, \cdot) \times (M, \cdot)$.*
Ist R eine Äquivalenzrelation auf M, so gilt:
(i) es gibt ein Magma $\overline{M}$ und einen surjektiven Morphismus $\pi = \pi_R : M \longrightarrow \overline{M}$ mit

$$R_\pi = R$$

(ii) $(\overline{M}, \pi_R)$ ist durch R eindeutig bestimmt.

Definition: *$\overline{M}$ heißt Quotientenmagma von M modulo R; man schreibt $\overline{M} = M/R = M$ mod R. Der Morphismus $\pi_R : M \longrightarrow \overline{M}$ heißt* **Äquivalenzklassen- oder Restklassenmorphismus**.

Beweis von Satz 2:
(i) Da R Äquivalenzrelation auf M ist, gibt es eine Menge $\overline{M}$ und eine surjektive Abbildung $\pi : M \longrightarrow \overline{M}$ mit $R = \{(x_1, x_2) \in M \times M : \pi(x_1) = \pi(x_2)\}$
Nun wird die Verknüpfung $\cdot : \overline{M} \times \overline{M} \longrightarrow \overline{M}$ definiert: es seien $y_1, y_2 \in \overline{M}$.
Es seien $x_1, x_2, x_1', x_2' \in M$ mit $\pi(x_1) = \pi(x_1') = y_1$, $\pi(x_2) = \pi(x_2') = y_2$. Man zeigt, daß $\pi(x_1 \cdot x_2) = \pi(x_1' \cdot x_2')$ ist.
Es ist (x_1, x_1'), $(x_2, x_2') \in R$ und daher ist $(x_1, x_1') \cdot (x_2, x_2') = (x_1 x_2, x_1' x_2') \in R$, da R Untermagma von $M \times M$ ist.
Setzt man

$$y_1 \cdot y_2 := \pi(x_1 \cdot x_2)$$

so ist dieses Produkt wohldefiniert, da es unabhängig von den Repräsentanten (x_1, x_2) ist.
Man rechnet leicht nach, daß π ein Morphismus von $(M, \cdot)$ auf $(\overline{M}, \cdot)$ ist.
(ii) Es wird eine etwas allgemeinere Aussage gezeigt.
Es sei $\varphi : M \longrightarrow N$ ein Morphismus mit $R \subset R_\varphi$. Dann kann man eine Abbildung $\overline{\varphi} : \overline{M} \longrightarrow N$ definieren, indem man setzt:
$\overline{\varphi}(y) := \varphi(x)$, wobei $x \in M$ ein Repräsentant von y ist. Diese Vorschrift ist wohldefiniert, da für $x' \in M$ mit $\pi(x') = \pi(x)$ auch gilt $\varphi(x') = \varphi(x)$ wegen $R \subset R_\varphi$.
Man zeigt leicht, daß $\overline{\varphi}$ ein Morphismus ist.
Ist φ surjektiv, so ist auch $\overline{\varphi}$ surjektiv. Ist $R = R_\varphi$, so ist $\overline{\varphi}$ auch injektiv und damit ein Isomorphismus. □

Damit ist auch die folgende universelle Abbildungseigenschaft nachgewiesen:

Zusatz zu Satz 2: *Ist $\varphi : M \longrightarrow N$ ein Morphismus mit $R \subset R_\varphi$, so existiert genau ein Morphismus $\overline{\varphi} : M/R \longrightarrow N$ mit $\varphi = \overline{\varphi} \circ \pi_R$.*

Definition: *Ein Magma $(M, \cdot)$ heißt* **assoziativ**, *wenn die Verknüpfung $\cdot$ assoziativ ist, d.h., wenn $(x_1 \cdot x_2) \cdot x_3 = x_1 \cdot (x_2 \cdot x_3)$ für alle $x_1, x_2, x_3 \in M$ gilt.*
Ein assoziatives Magma heißt auch **Halbgruppe**.

Beispiel 3: Worthalbgruppe

Es sei S eine Menge und $F^a(S) := \bigcup_{n=1}^{\infty} S^n$, wobei $S^n := \{x = (x_1, \ldots, x_n) : x_i \in S\}$ das n-fache Produkt von S ist. Auf $F^a(S)$ wird die Verknüpfung $\cdot$ definiert durch die Zuordnung

$$(x, y) \mapsto x \cdot y := (x_1, \ldots, x_n, y_1, \ldots, y_m)$$

für $x = (x_1, \ldots, x_n) \in S^n$, $y = (y_1, \ldots, y_m) \in S^m$. Die Verknüpfung heißt auch Verkettung oder Konkatenation.

Es gilt: $(F^a(S), \cdot)$ ist ein assoziatives Magma. Es wird auch als Worthalbgruppe über dem Alphabet S bezeichnet. Es gibt einen kanonischen surjektiven Morphismus $\pi : F(S) \longrightarrow F^a(S)$ mit $\pi(s) = s$ für alle $s \in S$.

Es gilt die folgende universelle Eigenschaft: Ist $\alpha : S \longrightarrow M$ eine Abbildung und $(M, \cdot)$ ein assoziatives Magma, so existiert genau ein Morphismus $\varphi_\alpha : F^a(S) \longrightarrow M$ mit $\varphi_\alpha(s) = \alpha(s)$ für alle $s \in S$.

Man definiert φ_a, indem man setzt $\varphi_a(x) := \varphi(x_1) \cdot \ldots \cdot \varphi(x_n)$ für $x = (x_1, \ldots, x_n) \in S^n \subset F^a(S)$, wobei man beachtet, daß das n-fache Produkt $\varphi(x_1) \cdot \ldots \cdot \varphi(x_n)$ wohldefiniert ist, weil die Verknüpfung auf M assoziativ ist. □

Bemerkung: Es sei $(M, \cdot)$ ein Magma und $S \subset M \times M$. Dann gibt es ein kleinstes Untermagma $R(S)$ von $(M, \cdot) \times (M, \cdot)$ mit den Eigenschaften:

$S \subset R(S)$

$R(S)$ ist Äquivalenzrelation auf M

Beweis: Es sei $\mathfrak{R}$ das Mengensystem aller Teilmengen $R \subset M \times M$, die S enthalten, Äquivalenzrelationen sind und Untermagmen von $(M, \cdot) \times (M, \cdot)$. Sei $R_\circ = \bigcap_{R \in \mathfrak{R}} R$.
Man zeigt leicht, daß $R_\circ \in \mathfrak{R}$. Es ist $R(S) = R_\circ$. □

Definition: *$(M, \cdot)$ mod $S := (M, \cdot)$ mod $R(S)$. Man nennt es das von den Relationen in S bestimmte* **Quotientenmagma** *von $(M, \cdot)$.*

Beispiel 4: Assoziativ gemachtes Magma

Es sei M ein Magma und $A := \{(x_1(x_2x_3), (x_1x_2)x_3) : x_1, x_2, x_3 \in M\} \subseteq M \times M$. Das von den Relationen in A bestimmte Quotientenmagma $M^a := M$ mod A ist assoziativ. Man nennt es das assoziativ gemachte Quotientenmagma zu M.

Ist $\varphi : M \longrightarrow N$ ein Morphismus, so gibt es genau einen Morphismus $\varphi^a : M^a \longrightarrow N^a$ derart, daß das Diagramm

$$\begin{array}{ccc} M & \xrightarrow{\varphi} & N \\ \pi \downarrow & & \downarrow \pi \\ M^a & \xrightarrow{\varphi^a} & N^a \end{array}$$

kommutativ ist. Dabei sind die senkrechen Pfeile π die kanonischen Restklassenmorphismen.

Das assoziativ gemachte Quotientenmagma $(F(S))^a$ zum freien Magma $F(S)$ ist gerade die Worthalbgruppe $F^a(S)$.

Beispiel 5: Koprodukt

$(M_i,\cdot)_{i\in I}$ sei eine Familie von Magmen. Es gibt ein Magma M und Morphismen $in_i : M_i \longrightarrow M$ mit folgender Eigenschaft:
Sind $\varphi_i : M_i \longrightarrow N$ Morphismen, $i \in I$, so gibt es genau einen Morphismus $\varphi : M \longrightarrow N$ mit:

$$\varphi \circ in_i = \varphi_i$$

für alle i.

Das Magma M und die Morphismen in_i sind durch diese Eigenschaft bis auf Isomorphie eindeutig bestimmt. Man nennt M das Koprodukt der Familie $(M_i)_{i\in I}$ und in_i die kanonischen Einbettungen. (Man kann zeigen, daß in_i injektiv ist). Man schreibt:

$$M = \bigsqcup_{i\in I} M_i$$

Es ist $M = \bigsqcup_{i\in I} F(S_i) = F(\dot{\bigcup_{i\in I}} S_i)$, wobei $\dot{\bigcup} S_i$ die disjunkte Vereinigung der Mengen S_i bezeichnet. Man hat kanonische injektive Abbildungen $S_i \longrightarrow \dot{\bigcup_{i\in I}} S_i$, welche die Einbettungen $in_i : F(S_i) \longrightarrow F(\dot{\bigcup_{i\in I}} S_i)$ induzieren. Es ist $\bigsqcup_{i\in I} M_i = F(\dot{\bigcup_{i\in I}} M_i) \bmod R$ wobei $R = \bigcup_{i\in I} R_i$ und $R_i = \{(in_i^F(xy),\ in_i^F(x)\cdot in_i^F(y)) : x,y \in M_i\}$. Dabei bezeichnet in_i^F die Inklusion $M_i \hookrightarrow F(\dot{\bigcup_{i\in I}} M_i)$, die induziert wird von der kanonischen Einbettung $M_i \hookrightarrow \dot{\bigcup_{i\in I}} M_i$.

3 Neutrales Element und Inverse

$(M,\cdot)$ sei Magma und $e \in M$.

Definition: *e heißt* **neutrales Element** *von* $(M,\cdot)$, *wenn gilt:*

$$x\cdot e = e\cdot x = x \text{ für alle } x \in M$$

Es gilt: $(M,\cdot)$ *besitzt höchstens ein neutrales Element.*

Adjunktion eines neutralen Elements:

Sei $1 \notin M$ und $M' := \{1\}\,\dot{\cup}\, M$. Die Verknüpfung

$$\cdot : M' \times M' \longrightarrow M'$$

sei definiert durch

$$x\cdot y = \begin{cases} x\cdot y & : x,y\in M \\ y & : x = 1 \\ x & : y = 1 \end{cases}$$

$(M',\cdot)$ ist Magma mit neutralem Element 1. M und $\{1\}$ sind Untermagmen von $(M',\cdot)$. $M' \bmod (1,e) = M$, wenn e neutrales Element in M ist.

Definition: $(M, \cdot)$ *sei assoziatives Magma mit neutralem Element 1.*
$(M, \cdot)$ *heißt* **Gruppe**, *wenn gilt:*
Für alle $x \in M$ *gibt es ein* $x' \in M$ *mit* $x \cdot x' = x' \cdot x = 1$

Es gilt: x' ist durch x eindeutig bestimmt und heißt **Inverses** von x; es wird oft mit x^{-1} bezeichnet.
denn: sei auch x'' invers zu x.
Dann ist $x \cdot x'' = x'' \cdot x = 1$. Es ist $(x'x)x'' = x'(xx'')$, da $\cdot$ assoziativ ist und $(x'x)x'' = 1x'' = x''$ während $x'(xx'') = x' \cdot 1 = x'$ ist. Somit ist $x' = x''$. □

Korollar zu Satz 2: *G sei Gruppe, M sei Quotientenmagma von G und* $\pi : G \longrightarrow M$ *sei der Restklassenmorphismus.*
Dann gilt: M ist Gruppe und $N := \pi^{-1}(1)$ *ist eine* **normale Untergruppe** *von G (d.h. N ist ein Untermagma, welches eine Gruppe ist und für alle* $g \in G$ *ist* $gNg^{-1} = N$*).*
Es ist $\pi(x) = \pi(y)$ *genau dann, wenn* $xy^{-1} \in N$.

Beweis:

1) M ist assoziativ: sind $y_1, y_2, y_3 \in M$, so wählt man $x_1, x_2, x_3 \in G$ mit $\pi(x_i) = y_i$. Es ist $\pi((x_1x_2) \cdot x_3) = (y_1y_2) \cdot y_3$ und $\pi(x_1(x_2x_3)) = (y_1(y_2y_3))$. Da $(x_1x_2)x_3 = x_1(x_2x_3)$ ist auch $(y_1y_2)y_3 = y_1(y_2y_3)$.
2) $\pi(1)$ ist neutrales Element von M, da π surjektiv ist. Ist $y \in M$, $x \in G$ mit $\pi(x) = y$, so ist $\pi(1 \cdot x) = \pi(x \cdot 1) = \pi(x) = \pi(1) \cdot \pi(x) = \pi(x) \cdot \pi(1)$; also ist $\pi(1)$ neutrales Element von M.
3) Da $\pi(xx^{-1}) = \pi(x^{-1}x) = \pi(x) \cdot \pi(x^{-1}) = \pi(x^{-1})\pi(x) = \pi(1)$, ist $\pi(x^{-1})$ Inverses zu $\pi(x)$.
4) Wenn $x, y \in N$, so ist $\pi(xy) = \pi(x) \cdot \pi(y) = 1 \cdot 1 = 1$, also $xy \in N$ Wenn $x \in N$, so ist $\pi(x^{-1}) = \pi(x)^{-1} = 1$, also $x^{-1} \in N$.
   Somit ist N Untergruppe von G.
5) Ist $g \in G$ und $x \in N$, so ist $\pi(gxg^{-1}) = \pi(g) \cdot 1 \cdot \pi(g^{-1}) = \pi(g)\pi(g^{-1}) = \pi(gg^{-1}) = 1$.
   Also ist $gNg^{-1} = N$ und N ist normale Untergruppe von G. □

Beispiel 6: Permutationen

Es sei S eine Menge und $Abb(S, S)$ die Menge aller Abbildungen $f : S \longrightarrow S$. Die Komposition von Abbildungen ist eine assoziative Verknüpfung $\circ$ auf $Abb(S, S)$. Somit ist $(Abb(S, S), \circ)$ eine Halbgruppe. Die identische Abbildung id_S auf S ist das neutrale Element. Ein Element $f \in Abb(S, S)$ hat ein Inverses genau dann, wenn f bijektiv ist und das Inverse zu f ist die Umkehrabbildung von f.

Die Menge $Perm\ S$ der bijektiven Abbildungen $f : S \longrightarrow S$ ist bezüglich der Komposition eine Gruppe, die auch als Gruppe der Permutationen von S bezeichnet wird.

Übung 5: Es sei $X = (M, \cdot)$ ein Magma und $Aut\ X$ die Menge der bijektiven Abbildungen $f : M \longrightarrow M$, welche Morphismen $(M, \cdot) \longrightarrow (M, \cdot)$ sind. Dann ist $Aut\ X$ eine Untergruppe von $Perm\ M$. Man bezeichnet sie als **Automorphismengruppe** von X.
Man zeige: $Aut\ F(S)$ ist kanonisch isomorph zu $Perm\ S$.

§2 Abelsche Gruppen

Einführung

Die 1917 publizierte Habilitationsschrift von F. Levi ist die erste Arbeit, in der eine systematische Theorie der abelschen Gruppen aufgebaut wurde. Wichtige Resultate über abelsche Gruppen sind viel länger bekannt. Der wesentliche Teil des Struktursatzes für endliche abelsche Gruppen ist implizit in den Untersuchungen von Gauß aus dem Jahre 1801 über die Zerlegungen quadratischer Formen enthalten. Er wurde explizit 1870 von Kronecker bewiesen.

Ein Magma, das kommutativ und assoziativ ist, wird auch abelsche Halbgruppe genannt nach N.H. Abel, der um 1830 auflösbare algebraische Gleichungen studierte, die Anlaß zu kommutativen Gruppen gaben. Zu jeder abelschen Halbgruppe kann man in kanonischer Weise eine abelsche Gruppe konstruieren, in welche eine kanonisch gebildete Restklassenhalbgruppe eingebettet ist. Es gibt eine Reihe von bemerkenswerten Struktursätzen über abelsche Gruppen. Jede abelsche Torsionsgruppe kann kanonisch zerlegt werden in eine direkte Summe $\bigoplus T_p$, wobei p eine Primzahl ist und die Ordnung eines jeden Elementes von T_p eine Potenz von p ist. Jede endlich erzeugte abelsche Gruppe ist eine direkte Summe von zyklischen Gruppen. Sind A, B abelsche Gruppen, so ist die Menge $\mathrm{Hom}(A, B)$ der Homomorphismen $\varphi : A \longrightarrow B$ in natürlicher Weise wieder eine abelsche Gruppe. Man kann ein Tensorprodukt $A \otimes B$ konstruieren, das dadurch charakterisiert werden kann, daß $\mathrm{Hom}(A\otimes B, C)$ kanonisch isomorph zu $\mathrm{Hom}(A, \mathrm{Hom}(B, C))$ ist für jede weitere abelsche Gruppe C.

Es gibt eine Reihe von Büchern, in der die Theorie der abelschen Gruppen ausschließlich und ausführlich behandelt wird, siehe etwa [Fu].

[1] Kommutative Halbgruppen

Definition: *Ein Magma $(M, \cdot)$ heißt* **kommutativ**, *wenn die Verknüpfung $\cdot$ kommutativ ist, d.h. wenn*

$$x_1 \cdot x_2 = x_2 \cdot x_1$$

für alle $x_1, x_2 \in M$.

Beispiel 1: Hom-Gruppen

Seien $(K, +)$, $(K', +)$ kommutative Halbgruppen und $H := \mathrm{Hom}((K, +), (K', +))$ die Menge der Morphismen des Magmas $(K, +)$ in das Magma $(K', +)$. Ein Morphismus von Halbgruppen wird oft Homomorphismus genannt.

Es seien $\varphi, \psi \in H$. Setzt man

$$(\varphi + \psi)(x) := \varphi(x) + \psi(x)$$

für $x \in K$, so ist $\varphi + \psi$ eine Abbildung von K in K'.

Es gilt: $\varphi + \psi \in H$, denn: seien $x, y \in K$. Dann ist

$$\begin{aligned}(\varphi+\psi)(x+y) &= \varphi(x+y) + \psi(x+y)\\ &= \varphi(x) + \varphi(y) + \psi(x) + \psi(y)\\ &= \varphi(x) + \psi(x) + \varphi(y) + \psi(y)\\ &= (\varphi+\psi)(x) + (\varphi+\psi)(y)\end{aligned}$$

Damit ist gezeigt, daß $\varphi + \psi \in H$. Die Verknüpfung + auf H ist kommutativ und assoziativ. Also ist $(H, +)$ eine kommutative Halbgruppe.
Es ist leicht zu zeigen, daß $(H, +)$ eine Gruppe ist, falls $(K', +)$ Gruppe ist. □

Es sei $(K, +)$ kommutative Halbgruppe und $S \subset K$.

Definition: *S heißt* **Basis** *von $(K, +)$ als kommutative Halbgruppe, wenn gilt:*

i) Für alle $x \in K$ gibt es $s_1, \ldots, s_r \in S$ mit $x = \sum_{i=1}^{r} s_i$.

ii) wenn $s_1, \ldots, s_r, s'_1, \ldots, s'_{r'} \in S$ mit

$$\sum_{i=1}^{r} s_i = \sum_{j=1}^{r'} s'_j.$$

so gilt $r' = r$ und es gibt eine Permutation $\sigma : \{1, \ldots, r\} \longrightarrow \{1, \ldots, r\}$ mit $s'_i = s_{\sigma(i)}$ für alle i.

Analog zu §1, Satz 1 gilt: *Ist S Basis von $(K, +)$ als kommutative Halbgruppe und $\alpha : S \longrightarrow K'$ eine Abbildung, so existiert genau ein Morphismus $\varphi : (K, +) \longrightarrow (K', +)$ mit $\varphi(s) = \alpha(s)$ für alle $s \in S$.*

Denn: Man definiert $\varphi(\sum_{i=1}^{n} s_i) := \sum_{i=1}^{n} \alpha(s_i)$. Wegen i) und ii) ist damit eine Abbildung $\varphi : K \longrightarrow K'$ definiert. Man zeigt leicht, daß φ ein Morphismus ist. □

Übung 1: Es sei $\mathbb{N} = \{0, 1, 2, \ldots\}$ die Menge der natürlichen Zahlen und $\mathbb{N}^n$ die Menge der n-tupel von natürlichen Zahlen. Es ist $(\mathbb{N}^n - \{0\}, +)$ eine kommutative Halbgruppe, wenn + die komponentenweise Addition von Zahlen bezeichnet. Die Menge $\{e_1, \ldots, e_n\}$ ist Basis, wenn $e_i = (\delta_{i1}, \ldots, \delta_{in})$, $\delta_{ij} := \begin{cases} 1 : i = j \\ 0 : i \neq j. \end{cases}$ (Kroneckers Delta). □

Adjunktion von Inversen: Es sei $(K, +)$ eine kommutative Halbgruppe mit neutralem Element 0. Es sei $(X, +) = (K, +) \times (K, +)$ das direkte Produkt des Magmas $(K, +)$ mit sich. Es ist $X = K \times K$ das kartesische Produkt der Menge K mit sich. Man definiert auf X eine Relation $R \subset X \times X$, indem man setzt:

$$R := \{((a, b), (a', b')) : \exists\, k \in K \text{ mit } k + a + b' = k + a' + b\}.$$

Es gilt:

i) R ist Unterhalbgruppe von X.
ii) R ist Äquivalenzrelation auf X.

Beweis:
i) Es sei $x = ((a,b),(a',b')) \in R$ und $y = ((c,d),(c',d')) \in R$.
Dann ist $x + y = ((a+c, b+d), (a'+c', b'+d'))$. Wenn

$$k + a + b' = k + a' + b$$
$$l + c + d' = l + c' + d$$

für $k, l \in K$, so gilt, wenn man beide Gleichungen addiert:

$$(k+l) + (a+c) + (b'+d') = (k+l) + (a'+c') + (b+d)$$

Aus dieser Gleichung folgt $x + y \in R$

ii) Offensichtlich ist R reflexiv und symmetrisch. Um zu zeigen, daß sie transitiv ist, nimmt man

$$((a,b),(a',b')) \in R$$
$$((a,b),(a'',b''')) \in R$$

Dann ist

$$k + a + b' = k + a' + b$$
$$l + a + b'' = l + a'' + b.$$

Wenn man beide Gleichungen über Kreuz addiert, erhält man $(k + l + a + b) + (a' + b'') = (k + l + a + b) + (a'' + b')$ d.h. $((a',b'),\ (a'',b'')) \in R$. □

Satz 1: *$A(K) := (X,+)$ mod R ist eine kommutative Gruppe. Man nennt sie die zu K* **assoziierte Gruppe**

Beweis: Es sei $\pi : X \longrightarrow A(K)$ die Äquivalenzklassenabbildung. Sie ist ein surjektiver Morphismus $(X,+) \longrightarrow (A(K),+)$. Da $(X,+)$ assoziativ und kommutativ, ist auch $(A(K),+)$ eine Halbgruppe. Es ist $\pi(0,0)$ das neutrale Element von $A(K)$. Zu $y \in A(K)$, $y = \pi(x)$, $x \in X$, $x = (a,b)$ ist $\pi(b,a)$ das Inverse, weil $(a,b) + (b,a) = (a+b, a+b)$ R-äquivalent ist zu $(0,0)$. □

Sei $\alpha : (K,+) \longrightarrow (X,+)$ gegeben durch $\alpha(a) = (a,0)$. Dann ist α Morphismus und $i_K := \pi \circ \alpha : K \longrightarrow A(K)$ Morphismus. Es ist $i_K(a) = i_K(a')$ genau dann, wenn ein $k \in K$ existiert mit $k + a = k + a'$.

Zusatz zu Satz 1: *Ist $\varphi : (K,+) \longrightarrow (K',+)$ ein Homomorphismus von kommutativen Halbgruppen, so existiert ein eindeutig bestimmter Homomorphismus $A(\varphi) : A(K) \longrightarrow A(K')$, für welchen das Diagramm*

$$\begin{array}{ccc} K & \xrightarrow{i_K} & A(K) \\ \varphi \downarrow & & \downarrow A(\varphi) \\ K' & \xrightarrow{i_{K'}} & A(K') \end{array}$$

kommutativ ist.

Beweis: Ist $y \in A(K)$, $\pi(x) = y$, $x = (a,b), a, b \in K$, setzt man

$$A(\varphi)(y) := \pi'(\varphi(a), \varphi(b))$$

wenn $\pi' : K' \times K' \longrightarrow A(K')$ der Restklassenmorphismus ist. Man zeigt leicht, daß diese Abbildung wohldefiniert und ein Morphismus ist. □

Bemerkung: Die zur additiven Halbgruppe $\mathbb{N}$ der natürlichen Zahlen assoziierte abelsche Gruppe ist die additive Gruppe $\mathbb{Z}$ der ganz-rationalen Zahlen $\{0, \pm 1, \pm 2, \ldots\} = \mathbb{N} \cup (-\mathbb{N})$.

Übung 2: Es sei A eine endlich erzeugte abelsche Gruppe, $\lambda_1, \ldots, \lambda_r \in \mathrm{Hom}(A, \mathbb{Z})$, $n_1, \ldots, n_r \in \mathbb{N}$ und $K = \{a \in A : \lambda_i(a) \geq n_i \text{ für alle } i\}$. Man zeige, daß K endlich erzeugte Unterhalbgruppe von A und $A(K)$ die von K erzeugte Untergruppe von A ist. Es sollen die verwendeten Begriffe kanonisch definiert werden.

2 Direkte Summen und Produkte

Es sei $(A, +)$ eine kommutative (= **abelsche**) Gruppe. Für $n \in \mathbb{N}$, $a \in A$ definiert man induktiv

$$n \cdot a := \begin{cases} 0 & : n = 0 \\ (n-1)a + a & : n > 0 \end{cases}$$

und $(-n) \cdot a = -(na)$. Dann gilt:

$$n(a + b) = na + nb$$
$$(n + m)a = na + ma$$
$$(n \cdot m)a = n(ma)$$

für alle $a, b \in A, n, m \in \mathbb{Z}$.

Es sei nun $(A_i, +)$, $i \in I$, eine Familie von abelschen Gruppen und $P := \prod_{i \in I} A_i$ das kartesische Produkt der Mengen A_i, $i \in I$. Ein Element $a \in P$ ist eine Familie $(a_i)_{i \in I}$ (d.h. eine Abbildung $a : I \longrightarrow \dot{\bigcup}_{i \in I} A_i$ mit $a(i) = a_i \in A_i$ für $i \in I$). Man definiert

$$a + b := (a_i + b_i)_{i \in I} \text{ wenn } a = (a_i)_{i \in I},\ b = (b_i)_{i \in I} \in P.$$

Dann ist $(P, +)$ eine abelsche Gruppe und die Projektion $\mathrm{pr}_j : P \longrightarrow A_j$, $\mathrm{pr}_j(a) = a_j$, ist ein Homomorphismus.

Man schreibt: $(P, +) = \prod_{i \in I}(A_i, +)$ und nennt $(P, +)$ das **Produkt der Gruppen** $(A_i, +)_{i \in I}$. Ist $(A_i, +) = A$ für alle i, so schreibt man auch A^I statt $\prod_{i \in I}(A_i, +)$.

Sei nun $S := \{a \in P : \ \mathrm{Tr}\, a := \{i \in I : a_i \neq 0\} \text{ ist endlich }\}$. Dann ist S Untergruppe von P. Weiter sei $\mathrm{in}_j : A_j \longrightarrow S$ die Abbildung, die $a \in A_j$ abbildet auf

$$b = (b_i)_{i \in I},\ b_i = \begin{cases} 0 : i \neq j \\ a : i = j. \end{cases}$$

Es ist in_j ein Homomorphismus.

Man schreibt $(S, +) = \bigoplus_{i \in I}(A_i, +)$ und nennt es **direkte Summe** oder Koprodukt von $(A_i, +)_{i \in I}$. Ist $(A_i, +) = A$ für alle i, so schreibt man auch $A^{(I)}$ statt $\bigoplus_{i \in I}(A_i, +)$.

Satz 2: *$A_i, i \in I$, und B seien abelsche Gruppen. Dann gilt:*

$$\mathrm{Hom}(B, \prod_{i\in I} A_i) \cong \prod_{i\in I} \mathrm{Hom}(B, A_i)$$
$$\mathrm{Hom}(\bigoplus_{i\in I} A_i, B) \cong \prod_{i\in I} \mathrm{Hom}(A_i, B)$$

Dabei ist $\cong$ das Zeichen für kanonische Isomorphie.

Beweis:

i) Es sei $\alpha \in \mathrm{Hom}(B, \prod_{i\in I} A_i)$ und $\eta(\alpha) := (\mathrm{pr}_i \circ \alpha)_{i\in I} \in \prod_{i\in I} \mathrm{Hom}(B, A_i)$. Dann ist η Homomorphismus.

η ist injektiv: Dazu genügt es zu zeigen, daß Kern $\eta = \{\alpha : \eta(\alpha) = 0\} = \{0\}$ ist. Wenn $\eta(\alpha) = 0$, so ist $\mathrm{pr}_i \circ \alpha = 0$ für alle i. Dies bedeutet, daß für alle $b \in B$ gilt: $(\mathrm{pr}_i)\alpha(b) = 0$ für alle i. Also sind alle Komponenten von $\alpha(b)$ identisch Null und damit ist $\alpha(b) = 0$. Also $\alpha = 0$.

η ist auch surjektiv: wenn $(\alpha_i)_{i\in I} \in \prod_{i\in I} \mathrm{Hom}(B, A_i)$, also $\alpha_i : B \longrightarrow A_i$ Homomorphismus, so setzt man $\alpha(b) := (\alpha_i(b))_{i\in I}$. Dann ist $\alpha : B \longrightarrow \prod_{i\in I} A_i$ und $\eta(\alpha) = (\alpha_i)_{i\in I}$.

Somit ist η ein Isomorphismus.

ii) Nun wird die zweite Gleichung nachgerechnet.

Es sei $\alpha \in \mathrm{Hom}(\bigoplus_{i\in I} A_i, B)$ und $\eta'(\alpha) := (\alpha \circ \mathrm{in}_i)_{i\in I} \in \prod_{i\in I} \mathrm{Hom}(A_i, B)$. Offenbar ist η' Homomorphismus.

η' ist injektiv: Wenn $\eta'(\alpha) = 0$ ist, dann enthält die Untergruppe

$$\text{Kern } \alpha := \{x \in \bigoplus_{i\in I} A_i : \alpha(x) = 0\}$$

von $\bigoplus_{i\in I} A_i$ die Menge $\bigcup_{i\in I} \mathrm{in}_i(A_i)$. Sie ist jedoch ein Erzeugendensystem von $\bigoplus_{i\in I} A_i$. Daher ist Kern $\alpha = \bigoplus_{i\in I} A_i$ und $\alpha = 0$.

η' ist surjektiv: wenn $(\alpha_i)_{i\in I} \in \prod_{i\in I} \mathrm{Hom}(A_i, B)$, so setzt man

$$\alpha(a) := \sum_{i\in I} \alpha_i(a_i)$$

wobei $a = (a_i)_{i\in I}$. Es ist α wohldefiniert, da die Summe auf der rechten Seite endlich ist (d.h. $\alpha_i(a_i) = 0$ für fast alle i). Es ist $\alpha \in \mathrm{Hom}(\bigoplus_{i\in I} A_i, B)$ und $\eta'(\alpha) = (\alpha_i)_{i\in I}$. Somit ist η' ein Isomorphismus. $\square$

Definition: *Es sei $(A,+)$ eine abelsche Gruppe und $S \subset A$. S heißt* **Basis** *von $(A,+)$ als abelsche Gruppe, wenn gilt:*

i) Für alle $a \in A$ gibt es $s_1,\dots,s_r \in S$ und $\lambda_1,\dots,\lambda_r \in \mathbb{Z}$ mit $a = \sum_{i=1}^{r} \lambda_i s_i$

ii) wenn $s_1,\dots,s_r \in S$, $s_i \neq s_j$ für $i \neq j$, und $\lambda_1,\dots,\lambda_r \in \mathbb{Z}$ mit $\sum_{i=1}^{r} \lambda_i s_i = 0$, so sind alle $\lambda_i = 0$ (d.h. $s_1,\dots,s_r$ sind $\mathbb{Z}$-linear unabhängig).

Es gilt:

$(A,+)$ hat Basis genau dann, wenn A isomorph ist zu $\mathbb{Z}^{(I)}$

Beweis:

1) Ist S Basis von $(A,+)$, $S = \{s_i : i \in I\}$, $s_i \neq s_j$ für $i \neq j$, und $A_i = \mathbb{Z} \cdot s_i$, so ist der kanonische Homomorphismus $\varphi : \bigoplus_{i\in I} A_i \longrightarrow A$, für welchen $\varphi \circ in_i$ die Inklusion $A_i \subset A$ ist, ein Isomorphismus.
2) Es sei $e_i \in \bigoplus_{i\in I} A_i$, $A_i = \mathbb{Z}$, das Element mit $e_i = \mathrm{in}_i\,(1)$. Dann ist $\{e_i : i \in I\}$ Basis. □

Torsionsgruppen: Ist $A = (A,+)$ eine Gruppe, so ist $T(A) := \{a \in A : na = 0$ für ein $n > 0,\ n \in \mathbb{N}\}$ eine Untergruppe von A. Ist n die kleinste Zahl > 0 mit $n \cdot a = 0$, so heißt n die Ordnung von a.
Ist p eine Primzahl in $\mathbb{N}$, so ist

$$T_p(A) := \{a \in A : p^n \cdot a = 0 \text{ für ein } n \in \mathbb{N}\}$$

eine Untergruppe von $T(A)$.

Satz 3: $T(A) = \bigoplus_{p\in P} T_p(A)$ *wobei P die Menge der Primzahlen in $\mathbb{N}$ bezeichnet.*

Beweis: Es sei $\varphi : \bigoplus_{p\in P} T_p(A) \longrightarrow T(A)$ der Homomorphismus, für welchen $\varphi \circ in_p$ die Inklusion $T_p(A) \hookrightarrow T(A)$ ist.

Es wird gezeigt, daß φ surjektiv ist: Es sei $a \in T(A)$, $na = 0$, $n = p_1^{k_1} \dots p_r^{k_r}$, wobei $p_i \in P$ und $p_i \neq p_j$ für $i \neq j$. Ist $r = 1$, so ist $a \in T_{p_1}(A)$. Sei nun $r \geq 2$.

Sei $q_i = \frac{n}{p_i^{k_i}}$. Jede Untergrupppe von $\mathbb{Z}$ wird von einem Element erzeugt. Die von $q_1,\dots,q_r$ erzeugte Untergruppe ist daher $\mathbb{Z}$, weil $r \geq 2$ und $p_1,\dots,p_r$ keinen gemeinsamen Teiler > 1 haben. Somit gibt es $\lambda_1,\dots,\lambda_r \in \mathbb{Z}$ mit $\sum_{i=1}^{r} \lambda_i q_i = 1$. Es ist $q_i a \in T_{p_i}(A)$, da $p_i^{k_i}(q_i a) = 0$ ist. Da $\sum_{i=1}^{r} \lambda_i q_i a = a$, folgt $\varphi((q_i a)_{p_i \in P}) = a$.

Es wird gezeigt, daß φ injektiv ist: Wenn $a_i \in T_{p_i}$, $p_i \neq p_j$ für $i \neq j$, $1 \leq i \leq r$, mit $\sum_{i=1}^{r} \mathrm{in}_i(a_i) = 0$, so wird gezeigt, daß $a_i = 0$ für alle i. Es gibt $k_i \geq 1$ mit $p_i^{k_i} a_i = 0$. Ist etwa $a_1 \neq 0$, so ist $p_2^{k_2} \cdot \ldots \cdot p_r^{k_r} a_1 = \sum_{i=2}^{r} (-p_2^{k_2} \dots \cdot p_r^{k_r}) a_i = 0$. Es gibt $\lambda_1,\ \lambda \in \mathbb{Z}$ mit $\lambda_1\, p_1^{k_1} + \lambda(p_2^{k_2} \cdot \ldots \cdot p_r^{k_r}) = 1$ und nach Multiplikation mit a_1 folgt

$$\lambda(p_2^{k2} \cdot \ldots \cdot p_r^{kr}) \cdot a_1 = a_1$$

Dies ist ein Widerspruch, da die linke Seite 0 ist. □

Beispiel 2: Komplettierung von $\mathbb{Z}$

Es sei $P = \prod_{n=2}^{\infty} \mathbb{Z}/n\mathbb{Z}$. Es gibt eine kanonische Einbettung $\mathbb{Z} \xrightarrow{\varphi} P$ mit $\mathrm{pr}_n \circ \varphi =$ Restklassenmorphismus $\mathbb{Z} \longrightarrow \mathbb{Z}/n\mathbb{Z}$. Sei $(x_k)_{k\geq 1}$ eine Folge mit $x_k \in P$ und $y \in P$.

Definition: $y = \lim_{k\longrightarrow\infty} x_k$ bedeutet: für alle n ist $\lim_{k\longrightarrow\infty} \mathrm{pr}_n(x_k) = \mathrm{pr}_n(y)$ bezüglich der diskreten Topologie auf $\mathbb{Z}/n\mathbb{Z}$, was heißt, daß die Folge $(\mathrm{pr}_n(x_k))_{k\geq 1}$ fast konstant $\mathrm{pr}_n(y)$ ist.

Setzt man

$$\hat{\mathbb{Z}} := \{y \in P: \text{ es gibt eine Folge } (x_k)_{k\geq 1},\ x_k \in \mathbb{Z}, \text{ mit: } y = \lim_{k\longrightarrow\infty} \varphi(x_k)\},$$

so ist $\hat{\mathbb{Z}}$ eine Untergruppe. Versieht man P mit der Produkttopologie, wobei alle Faktoren $\mathbb{Z}/n\mathbb{Z}$ mit der diskreten Topologie versehen werden, so ist $\hat{\mathbb{Z}}$ die Komplettierung von $\mathbb{Z}$. $\hat{\mathbb{Z}}$ ist eine sogenannte pro-endliche Gruppe.

Ist $y \in \hat{\mathbb{Z}}$, $y = \lim_{k\longrightarrow\infty} \varphi(x_k)$, $x_k \in \mathbb{Z}$, so wird durch die Zuordnung

$$q \mapsto \lim_{k\longrightarrow\infty} x_k q$$

ein Homomorphismus $\varphi_y : \mathbb{Q}/\mathbb{Z} \longrightarrow \mathbb{Q}/\mathbb{Z}$ definiert, da wegen $n \cdot q = 0$ für ein $n \in \mathbb{N}$ gilt: Sind k, k' groß, so ist $x_k - x_{k'} \in n\mathbb{Z}$ und damit ist $x_k q - x_{k'} q = 0$. Die Zuordnung $y \longmapsto \varphi_y$ ist ein Homomorphismus $\hat{\mathbb{Z}} \longrightarrow \mathrm{Hom}(\mathbb{Q}/\mathbb{Z},\ \mathbb{Q}/\mathbb{Z})$.

Satz 4: *A sei eine endlich erzeugbare abelsche Gruppe. Dann gilt: A ist isomorph zu $\bigoplus_{k=1}^{r} \mathbb{Z}/g_k\mathbb{Z}$ mit $g_k \in \mathbb{Z}$. Man kann g_k als Primzahlpotenz wählen, wenn $g_k \neq 0$.*

Beweisskizze:

1) $A/T(A)$ ist eine freie abelsche Gruppe, isomorph zu $\mathbb{Z}^n = \mathbb{Z} \bigoplus \ldots \bigoplus \mathbb{Z}$ (n Faktoren).
2) $A = \mathbb{Z}^n \bigoplus T(A)$.
3) $T(A) = T_{p_1}(A) \bigoplus \ldots \bigoplus T_{p_r}(A)$ nach Satz 3.
4) $T_p(A) = \bigoplus_{k=1}^{r} \mathbb{Z}/p^{m_k}\mathbb{Z}$.

Vollständig ausgeführte Beweise findet man zum Beispiel in [Fu], §10 oder [L], Chap. I, §10. □

3 Tensorprodukt

Es seien A, B abelsche Gruppen. $F(A, B) = \mathbb{Z}^{(A\times B)}$ abelsche Gruppe mit Basis $A \times B$ und $U(A, B)$ die Untergruppe von $F(A, B)$, die von den Elementen

$$(a_1 + a_2, b) - (a_1, b) - (a_2, b)$$
$$(a, b_1 + b_2) - (a, b_1) - (a, b_2)$$

für alle $a, a_i \in A$, $b, b_i \in B$ erzeugt wird.

Definition: *Die Restklassengruppe $F(A,B)/U(A,B)$ heißt* **Tensorprodukt** *von A und B und wird mit $A \otimes B$ bezeichnet.*

Ist $a \otimes b$ die Restklasse von $(a,b) \in F(A,B)$ in $A \otimes B$, so gilt:

$$(a_1 + a_2) \otimes b = a_1 \otimes b + a_2 \otimes b$$

$$a \otimes (b_1 + b_2) = a \otimes b_1 + a \otimes b_2$$

für alle $a, a_i \in A, b, b_i \in B$.

Satz 5: $\mathrm{Hom}(A \otimes B, C) \cong \mathrm{Hom}(A, \mathrm{Hom}(B,C))$, *wenn C abelsche Gruppe ist.*

Beweis:

1) Es sei L die Menge aller Abbildungen $\beta : A \times B \longrightarrow C$, für welche gilt:

$$\beta(a_1 + a_2, b) = \beta(a_1, b) + \beta(a_2, b)$$
$$\beta(a, b_1 + b_2) = \beta(a, b_1) + \beta(a, b_2).$$

   Man nennt $\beta \in L$ eine bilineare Abbildung.
   Für $\beta, \beta' \in L$ setzt man: $(\beta + \beta')(a,b) := \beta(a,b) + \beta'(a,b)$. Dann ist $\beta + \beta' \in L$ und die Zuordnung $+ : L \times L \longrightarrow L$ gegeben durch $(\beta, \beta') \mapsto \beta + \beta'$ ist eine abelsche Gruppenverknüpfung auf L.
2) Es sei $\beta \in L, a \in A$ und $\beta(a)$ die Abbildung $B \longrightarrow C$ gegeben durch $b \mapsto \beta(a,b)$. Es ist $\beta(a) \in \mathrm{Hom}(B,C)$ und die Zuordnung $a \longrightarrow \beta(a)$ ist ein Homomorphismus $\hat{\beta} : A \longrightarrow \mathrm{Hom}(B,C)$.
   Man rechnet leicht nach, daß die Abbildung $\beta \longrightarrow \hat{\beta}$ ein Isomorphismus $L \longrightarrow \mathrm{Hom}(A, \mathrm{Hom}(B,C))$ ist.
3) Es sei $\pi : A \times B \longrightarrow A \otimes B$ die Abbildung, die (a,b) auf $a \otimes b$ sendet.
   Es sei $\alpha \in \mathrm{Hom}(A \otimes B, C)$ und $\tilde{\alpha} := \alpha \circ \pi$. Dann ist $\tilde{\alpha} \in L$ und die Zuordnung $\alpha \mapsto \tilde{\alpha}$ ist ein Homomorphismus $\sim$: $\mathrm{Hom}(A \otimes B, C) \longrightarrow L$. Man rechnet leicht nach, daß $\sim$ ein Isomorphismus ist. □

Es seien $\alpha : A \longrightarrow A', \beta : B \longrightarrow B'$ Homomorphismnen von abelschen Gruppen.

Satz 6: *Es gibt genau einen Homomorphismus $\otimes(\alpha, \beta) : A \otimes B \longrightarrow A' \otimes B'$ mit*

$$\otimes(\alpha,\beta)(a \otimes b) = \alpha(a) \otimes \beta(b)$$

für alle $a \in A, b \in B$.
Weiter gilt: Sind α, β surjektiv, so ist $\otimes(\alpha,\beta)$ surjektiv und ein Element $x \in A \otimes B$ mit $\otimes(\alpha,\beta)(x) = 0$ besitzt eine Darstellung $x = \sum_{i=1}^{n} a_i \otimes b_i$ mit : $\alpha(a_i) = 0$ oder $\beta(b_i) = 0$ für jedes i.
Diese Eigenschaft wird auch Rechtsexaktheit des Tensorproduktes genannt.

Beweis:

1) Es gibt genau einen Homomorphismus $\varphi = F(\alpha,\beta) : F(A,B) \longrightarrow F(A',B')$, der (a,b) auf $(\alpha(a), \beta(b))$ abbildet für alle $a \in A, b \in B$ wegen Satz 2. Es ist $\varphi(U(A,B)) \subset U(A',B')$ und daher induziert φ einen Restklassenhomomorphismus $\overline{\varphi} : A \otimes B \longrightarrow A' \otimes B'$ mit $\overline{\varphi}(a \otimes b) = \alpha(a) \otimes \beta(b)$.
   Die Eindeutigkeitsaussage ist trivial.

2) Es seien nunmehr α, β surjektiv. Jedes Element $y \in A' \otimes B'$ besitzt eine Darstellung $y = \sum_{i=1}^{r} a_i' \otimes b_i'$ mit $a_i' \in A', b_i \in B'$. Es seien $a_i \in A, b_i \in B$ mit $\alpha(a_i) = a_i', \beta(b_i) = b_i'$ und $x = \sum_{i=1}^{r} a_i \otimes b_i$. Dann ist $\otimes(\alpha, \beta)(x) = y$.
3) Es sei π' der Restklassenhomomorphismus $F(A', B') \longrightarrow A' \otimes B', \Psi = \pi' \circ F(\alpha, \beta)$ und $C := \{x \in F(A, B) : \Psi(x) = 0\}$.
Man rechnet nach, daß C erzeugt wird von $U(A, B) \cup (C_1 \times B) \cup (A \times C_2)$, wobei

$$C_1 := \{a \in A : \alpha(a) = 0\}, C_2 := \{b \in B : \beta(b) = 0\},$$

wenn α und β surjektiv sind, denn: $\varphi(U(A, B)) = U(A', B')$ und $C' := \{x \in F(A, B) : \varphi(x) = 0\}$ wird erzeugt von

$$\{(a_1, b_1) - (a_2, b_2) : a_i \in A, b_i \in B, \alpha(a_1) = \alpha(a_2), \beta(b_1) = \beta(b_2)\}. \quad \square$$

Übung 3:
Es gibt einen kanonischen Isomorphismus

$$\bigoplus_{i \in I}(A_i \otimes B) \longrightarrow (\bigoplus_{i \in I} A_i) \otimes B.$$

Es gibt einen kanonischen Homomorphismus

$$(\prod_{i \in I} A_i) \otimes B \longrightarrow \prod_{i \in I}(A_i \otimes B).$$

Hinweis: Man verwende Satz 2 und Satz 6.

Übung 4: Es seien A, A', B, B' abelsche Gruppen
Es gibt genau einen Homomorphismus

$$\eta : \mathrm{Hom}(A, A') \otimes \mathrm{Hom}(B, B') \longrightarrow \mathrm{Hom}(A \otimes B, A' \otimes B'),$$

der $\alpha \otimes \beta$ auf $\otimes(\alpha, \beta)$ abbildet für alle $\alpha \in \mathrm{Hom}(A, A'), \beta \in \mathrm{Hom}(B, B')$.
Man zeige, daß η nicht injektiv ist, wenn $A = A' = \mathbb{Z}/2\mathbb{Z}$ und $B = B' = \mathbb{Q}/\mathbb{Z}$, wobei $\mathbb{Q}$ die additive Gruppe der rationalen Zahlen ist.
Man zeige, daß η nicht surjektiv ist, wenn $A = B = \mathbb{Z}^{(\mathbb{N})}, A' = B' = \mathbb{Z}$ ist.

Übung 5: Es seien A, B, C abelsche Gruppen
Es gibt genau einen Homomorphismus $\zeta : \mathrm{Hom}(A, B) \otimes \mathrm{Hom}(B, C) \longrightarrow \mathrm{Hom}(A, C)$ mit $\zeta(\alpha \otimes \beta) = \beta \circ \alpha$ für alle $\alpha \in \mathrm{Hom}(A, B), \beta \in \mathrm{Hom}(B, C)$.
Ist $B = \mathbb{Z}$, so ist $\mathrm{Hom}(\mathbb{Z}, C$

§3 Kategorien

Einführung

Die Idee, Abbildungen durch Pfeile darzustellen, tauchte zuerst um 1940 in der Topologie auf und erwies sich als sehr nützlich. Sie führte zum Begriff der Kategorie, der 1942 von Eilenberg-MacLane angegeben wurde. MacLane erläutert: „Es beruht die Entdeckung von Begriffen, die ebenso allgemein wie die hier vorliegenden sind, hauptsächlich auf der Bereitschaft, eine kühne spekulative Abstraktion zu vollziehen", siehe [M], Kap I, Anmerkungen, p.31.

Die Theorie der Kategorien erlaubt es häufig, Eigenschaften mathematischer Systeme mittels Diagrammen von Pfeilen einheitlich zu erfassen. Sie ist ein Ordnungsprinzip von großer Wirksamkeit und Bedeutung, wenn man es versteht, sich nicht in inhaltsleerer Abstraktion zu verlieren, die man nach Steenrod als „general abstract nonsense" zu bezeichnen gewohnt ist.

Es werden einige wenige Grundbegriffe aus der Theorie der Kategorien und Funktoren eingeführt. Es wird damit bezweckt, in den folgenden Abschnitten algebraische Theorien mit ihrer Hilfe kürzer und prägnanter darzustellen.

Eine Kategorie wird gegeben durch eine assoziative, partiell definierte Verknüpfung auf einer Menge $\mathcal{M}$, die genügend viele Identitäten besitzt. Die Elemente von $\mathcal{M}$ nennt man Morphismen; sie können durch Pfeile dargestellt werden.

Die Morphismen von Magmen bilden zusammen mit der Komposition eine Kategorie (Mag). Die Morphismen von Halbgruppen, von abelschen Halbgruppen, von Gruppen von abelschen Gruppen, bilden jeweils volle Unterkategorien von (Mag).

Funktoren sind Zuordnungen zwischen Kategorien, welche die Verknüpfungen und die Identitäten respektieren. Die Gesamtheit der Funktoren bildet zusammen mit der Komposition eine Metakategorie.

Man kann natürliche Transformationen zwischen Funktoren einführen und sie wieder als Morphismen einer Kategorie auffassen. Wenn ein mengenwertiger Funktor auf einer Kategorie $\mathcal{M}$ natürlich äquivalent ist zu einem Funktor h_A, der durch ein Objekt A von M gegeben wird, nennt man ihn darstellbar. Man kann damit Produkte und Koprodukte in Kategorien definieren.

Es wird der Begriff des Paares adjungierter Funktoren angegeben. Der Vergißfunktor auf (Mag), der einem Magma die unterliegende Menge zuordnet, besitzt einen Linksadjungierten, welcher einer Menge S das von S frei erzeugte Magma $F(S)$ zuordnet. Entsprechendes gilt für einige Unterkategorien von (Mag) und man hat damit insbesondere die Begriffe „freie abelsche Gruppe", „freie Gruppe", „freie abelsche Halbgruppe" und „freie Halbgruppe" in einheitlicher Weise definiert.

1 Grundbegriffe

$\mathcal{M}$ sei eine Menge und $\cdot$ sei eine Abbildung $\mathfrak{D} \longrightarrow \mathcal{M}$, wobei $\mathfrak{D}$ eine Teilmenge von $\mathcal{M} \times \mathcal{M}$ ist.

Dann ist $\cdot$ eine partiell definierte Verknüpfung auf $\mathcal{M}$.

Definition: *Das Paar* $(\mathcal{M},\cdot)$ *heißt* **Kategorie**, *wenn gilt:*

1) $\mathcal{M} = \dot{\bigcup\limits_{(i,j)\in\mathfrak{J}\times\mathfrak{J}}} \mathcal{M}_{ij}$, *d.h.* $\mathcal{M}$ *ist die disjunkte Vereinigung der Teilmengen* $\mathcal{M}_{ij}$, *wobei* $\mathfrak{J} = \mathfrak{J}(\mathcal{M},\cdot) := \{i \in \mathcal{M} :$ *wenn* $(\alpha, i) \in \mathfrak{D}$, *so ist* $\alpha \cdot i = \alpha$ *und wenn* $(i,\alpha) \in \mathfrak{D}$ *so ist* $i \cdot \alpha = \alpha\}$ *und* $\mathcal{M}_{ij} := \{\alpha \in \mathcal{M} : (j,\alpha) \in \mathfrak{D}, (\alpha, i) \in \mathfrak{D}\}$.

2) $\mathfrak{D} = \bigcup\limits_{(i,j,k)\in\mathfrak{J}^3} \mathcal{M}_{jk} \times \mathcal{M}_{ij}$ *und* $\mathcal{M}_{jk} \cdot \mathcal{M}_{ij} \subset \mathcal{M}_{ik}$ *für alle* $i,j,k \in \mathfrak{J}$

3) $\cdot$ *ist assoziativ, d.h.* $(\gamma\beta)\alpha = \gamma(\beta\alpha)$, *wenn* $\alpha \in \mathcal{M}_{ij}, \beta \in \mathcal{M}_{jk}$, $\gamma \in \mathcal{M}_{kl}$ *für alle* $i,j,k,l \in \mathfrak{J}$

$\mathfrak{J}$ heißt Menge der **Identitäten** der Kategorie $(\mathcal{M},\cdot)$. Manchmal stellt man sich $i \in \mathfrak{J}$ als identische Abbildung auf einem Objekt O_i vor. Dann kann man $\mathfrak{J}$ identifizieren mit einer Menge $Ob(\mathcal{M},\cdot)$ von Objekten.

$\mathcal{M}$ nennt man die Morphismenmenge von $(\mathcal{M},\cdot)$. Ein Morphismus $\alpha \in \mathcal{M}_{ij}$ heißt Morphismus von i nach j; er wird durch das Zeichen $i \xrightarrow{\alpha} j$ dargestellt. In Bedingung 2) hat man die Diagramme

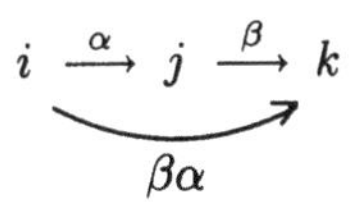

In Bedingung 3) treten die Diagramme

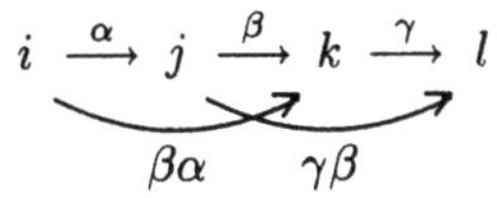

auf.

Man beachte die vertrackte Umkehrung der Reihenfolge in der Bezeichnung der Produkte $\beta\alpha$ zu der Reihenfolge in den darstellenden Diagrammen. Diese unglückliche und oft verwirrende Tatsache hat ihre Ursache in der traditionellen Definition der Komposition von Abbildungen.

Bemerkung: Ist $\mathcal{M}$ eine Gesamtheit von Elementen (wie zum Beispiel die Gesamtheit aller Abbildungen von Mengen), die keine Menge ist, so spricht man von einer **Metakategorie**, wenn $(\mathcal{M},\cdot)$ die obigen Eigenschaften 1) - 3) erfüllt. Genaueres zu diesem Phänomen findet man in [M]. Es ist vielfach üblich, Metakategorien auch als Kategorien zu bezeichnen.

Die obige Definition von Kategorie ist eine kleine Variante der von P. Freyd gegebenen, siehe [Fr].

Beispiel 1: Metakategorie der Mengen

Es sei $\mathcal{M}$ die Gesamtheit aller Abbildungen von Mengen und $\mathfrak{D} := \{(\alpha,\beta) \in \mathcal{M} \times \mathcal{M}$: der Definitionsbereich von α ist der Bildbereich von $\beta\}$. Die Abbildung $\cdot : \mathfrak{D} \longrightarrow \mathcal{M}$ sei gegeben durch die Zuordnung $(\alpha,\beta) \longmapsto \alpha \circ \beta :=$ Komposition der Abbildungen α und β. Ist β eine Abbildung $M \longrightarrow N$ und α eine Abbildung $N \longrightarrow P$ so ist der Bildbereich von β die Menge N und sie ist auch Definitionsbereich von α. Man kann leicht zeigen, daß $(\mathcal{M},\cdot)$ eine Metakategorie ist. Sie soll mit (Mg) bezeichnet werden; sie wird oft Metakategorie der Mengen genannt. $\mathfrak{J}(\mathcal{M},\cdot)$ ist die Gesamtheit $\{id_M : M$ Menge $\}$ der identischen Abbildungen von Mengen. $\mathcal{M}_{id_M, id_N}$ ist die Menge Abb (M,N) der Abbildungen von M in N.

Bemerkung: Es sei $(\mathcal{M}, \cdot)$ eine Metakategorie, $\mathfrak{J}$ die Gesamtheit der Identitäten von $(\mathcal{M}, \cdot)$ und $\mathfrak{D}$ der Definitionsbereich der Verknüpfung $\cdot$.

Es sei $\mathfrak{D}^{op} := \{(\alpha, \beta) \in \mathcal{M} \times \mathcal{M} : (\beta, \alpha) \in \mathfrak{D}\}$ und $\underset{op}{\cdot} : \mathfrak{D}^{op} \longrightarrow \mathcal{M}$ die Zuordnung, die $(\alpha, \beta) \in \mathfrak{D}^{op}$ abbildet auf $\beta \cdot \alpha$. Es ist leicht zu sehen, daß $(\mathcal{M}, \underset{op}{\cdot})$ eine Metakategorie $(\mathcal{M}, \cdot)^{op}$ ist. Die Gesamtheit der Identitäten von $(\mathcal{M}, \cdot)^{op}$ ist $\mathfrak{J}$ und $(\mathcal{M}, \cdot)^{op}_{ij} = \mathcal{M}_{ji}$. Man nennt $(\mathcal{M}, \cdot)^{op}$ die zu $(\mathcal{M}, \cdot)$ **duale Kategorie**.

Definition: *Es seien $(\mathcal{M}, \cdot)$ und $(\mathcal{M}', \cdot)$ Metakategorien und $F : \mathcal{M} \longrightarrow \mathcal{M}'$ eine Abbildung. F heißt* **Funktor** *von $(\mathcal{M}, \cdot)$ in $(\mathcal{M}', \cdot)$ wenn gilt:*

1) Ist i Identität von $(\mathcal{M}, \cdot)$, so ist $F(i)$ Identität von $(\mathcal{M}', \cdot)$

2) $F(\alpha\beta) = F(\alpha) \cdot F(\beta)$, wenn $(\alpha, \beta) \in \mathfrak{D}$, wobei $\mathfrak{D}$ der Definitionsbereich der Verknüpfung von $(\mathcal{M}, \cdot)$ ist. Genauer: wenn $(\alpha, \beta) \in \mathfrak{D}$, so ist $(F\alpha, F\beta)$ im Definitionsbereich $\mathfrak{D}'$ der Verknüpfung von $(\mathcal{M}', \cdot)$ und $F(\alpha\beta) = F(\alpha) \cdot F(\beta)$, wobei $F\alpha := F(\alpha), F\beta := F(\beta)$.

Es gilt: $F(\mathcal{M}_{ij}) \subset \mathcal{M}'_{Fi,Fj}$

Denn: wenn $\alpha \in \mathcal{M}_{ij}$, so ist (α, i), $(j, \alpha) \in \mathfrak{D}$ und $(F\alpha, Fi)$, $(Fj, F\alpha) \in \mathfrak{D}'$. Wegen $F\alpha \cdot Fi = F(\alpha i) = F\alpha$ und $Fj \cdot F\alpha = F(j\alpha) = F(\alpha)$, folgt $F\alpha \in \mathcal{M}'_{Fi,Fj}$, weil Fi und Fj Identitäten von $(\mathcal{M}', \cdot)$ sind.

Übung 1: Die Gesamtheit der Morphismen von Magmen zusammen mit der Komposition (= Hintereinanderschaltung) von Morphismen ist eine Metakategorie (Mag), siehe § 1, [1].

Es wird eine Zuordnung $F : (Mg) \longrightarrow (Mag)$ gegeben durch folgende Vorschrift: Ist S eine Menge, so sei $F(S)$ das von S frei erzeugte Magma. Ist $\alpha : S \longrightarrow S'$ eine Abbildung von Mengen, so sei $F(\alpha) : F(S) \longrightarrow F(S')$ der eindeutig bestimmte Morphismus mit $F(\alpha)(s) = \alpha(s)$ für alle $s \in S$. Dabei wird $S = F_1(S)$ als Teilmenge von $F(S)$ aufgefaßt, siehe § 1, Beispiel 1 und Satz 1. Man rechnet nach, daß F ein Funktor ist.

Übung 2: Es wird eine Zuordnung $(\ )^a : (Mag) \longrightarrow (Mag)$ durch folgende Vorschrift gegeben:

Ist M ein Magma, so sei M^a das zu M gehörende assoziative Magma und $\pi_M : M \longrightarrow M^a$ die kanonische Restklassenabbildung, siehe § 1, Beispiel 4. Ist $\varphi : M \longrightarrow N$ ein Morphismus von Magmen, so gibt es genau einen Morphismus $\varphi^a : M^a \longrightarrow N^a$, für welchen das Diagramm

$$\begin{array}{ccc} M & \xrightarrow{\varphi} & N \\ \pi_M \downarrow & & \downarrow \pi_N \\ M^a & \xrightarrow{\varphi^a} & N^a \end{array}$$

kommutativ ist. Man kann leicht nachrechnen, daß $(\ )^a$ ein Funktor ist.

Übung 3: Es sei $(abHgr)$ die Metakategorie der Morphismen von abelschen Halbgruppen und $(abGr)$ die Metakategorie der Morphismen von abelschen Gruppen.

Es wird eine Zuordnung $A : (abHgr) \longrightarrow (abGr)$ gegeben durch folgende Vorschrift: Ist K eine abelsche Halbgruppe, so sei $A(K)$ die assoziierte abelsche Gruppe zu K, wie sie in § 2, [1] konstruiert wurde. Es sei $i_K : K \longrightarrow A(K)$ der natürliche Homomorphismus von K in $A(K)$, siehe § 2, [1].

Zu einem Homomorphismus $\varphi : K \longrightarrow K'$ gibt es einen eindeutig bestimmten Homomorphismus $A(\varphi) : A(K) \longrightarrow A(K')$, für welchen das Diagramm

$$\begin{array}{ccc} K & \xrightarrow{i_K} & A(K) \\ \varphi \downarrow & & \downarrow A(\varphi) \\ K' & \xrightarrow{i_{K'}} & A(K') \end{array}$$

kommutativ ist.

Zur Definition von $A(\varphi)$: es sei $z \in A(K)$ und $(x, y) \in K \times K$ ein Repräsentant von z. Setzt man $A(\varphi)(z) :=$ Restklasse von $(\varphi(x), \varphi(y)) \in K' \times K'$ in $A(K')$, so läßt sich leicht zeigen, daß diese Zuordnung wohldefiniert ist, weil sie unabhängig ist von der Wahl des Repräsentanten (x, y). Man rechnet leicht nach, daß $A(\varphi)$ ein Homomorphismus ist.
Man zeige: A ist ein Funktor.

Es sei $(\mathcal{M}, \cdot)$ Kategorie oder Metakategorie und $\mathcal{M}'$ sei Teilgesamtheit von $\mathcal{M}$ mit folgenden Eigenschaften:
1) Ist $\alpha \in \mathcal{M}'$ ein Morphismus von i nach j, so sind $i, j \in \mathcal{M}'$
2) wenn $\alpha, \beta \in \mathcal{M}'$ und das Produkt $\alpha \cdot \beta$ in $(\mathcal{M}, \cdot)$ definiert ist, so ist $\alpha \cdot \beta \in \mathcal{M}'$.

Dann gilt: $\mathcal{M}'$ zusammen mit der Einschränkung der Verknüpfung von $(\mathcal{M}, \cdot)$ auf

$$\mathfrak{D} \cap (\mathcal{M}' \times \mathcal{M}')$$

ist eine Kategorie.

Definition: $(\mathcal{M}', \cdot)$ *heißt* **Unterkategorie** *von* $(\mathcal{M}, \cdot)$.

Beispiel 2: Es sei $\mathfrak{J}'$ eine Teilmenge der Gesamtheit $\mathfrak{J}$ der Identitäten (= Objekte) von $(\mathcal{M}, \cdot)$ und $\mathcal{M}' := \bigcup_{i,j \in \mathfrak{J}'} \mathcal{M}_{ij}$. Dann ist $\mathcal{M}'$ Unterkategorie von $(\mathcal{M}, \cdot)$; man nennt sie **volle Unterkategorie** über der Menge $\mathfrak{J}'$. Es ist $\mathcal{M}'_{ij} = \mathcal{M}_{ij}$, wenn $i, j \in \mathfrak{J}'$ sind. Ist $\mathfrak{J}' = \{i_0\}$, so ist $\mathcal{M}'$ eine Kategorie mit einem einzigen Objekt. $\mathcal{M}'$ ist dann eine Halbgruppe mit neutralem Element.

Bemerkung: Eine Metakategorie, die keine Kategorie ist, soll aufgefaßt werden als die Meta-Vereinigung ihrer vollen Unterkategorien.

Definition: *Es sei* $\alpha \in \mathcal{M}$ *ein Morphismus von* i *nach* j; $i \xrightarrow{\alpha} j$.
α *heißt* **Isomorphismus** *von* $(\mathcal{M}, \cdot)$, *wenn es ein* $\beta \in \mathcal{M}$, $j \xrightarrow{\beta} i$, *gibt mit*

$$\beta\alpha = i, \ \alpha\beta = j$$

Es gilt: *β ist durch α eindeutig bestimmt; man schreibt $\beta = \alpha^{-1}$ und nennt α^{-1} das Inverse zu α in $(\mathcal{M}, \cdot)$.*

Definition: *Es seien i, j Identitäten von $(\mathcal{M}, \cdot)$.*
i ist isomorph zu j genau dann, wenn es einen Isomorphismus $\alpha : i \longrightarrow j$ gibt.

Es gilt: *Es gibt eine volle Unterkategorie $\mathcal{M}'$ von $\mathcal{M}$ mit folgender Eigenschaft: zu jedem Objekt i von $\mathcal{M}$ gibt es genau ein Objekt $i' \in \mathcal{M}'$ mit: i' ist isomorph zu i. Man sagt: $\mathcal{M}'$ ist ein* **Skelett** *von $\mathcal{M}$.*
Der Beweis ergibt sich leicht aus dem Auswahlaxiom der Mengentheorie.

Beispiel 3: Metakategorie (Kat) der Funktoren von Kategorien.

Ist $\mathcal{M}$ eine Kategorie, so ist die identische Abbildung $Id_{\mathcal{M}} : \mathcal{M} \longrightarrow \mathcal{M}$ ein Funktor, der identische Funktor auf $\mathcal{M}$. Sind $F : \mathcal{M} \longrightarrow \mathcal{M}'$, $G : \mathcal{M}' \longrightarrow \mathcal{M}''$ Funktoren, so ist auch die Komposition $G \circ F : \mathcal{M} \longrightarrow \mathcal{M}''$ ein Funktor.

Die Gesamtheit der Funktoren zusammen mit der Komposition von Abbildungen bildet eine Kategorie (Kat). Die Identitäten von (Kat) sind die identischen Funktoren $Id_{\mathcal{M}}$. Die Kategorien kann man als die Objekte von (Kat) auffassen. $(Kat)_{\mathcal{M},\mathcal{M}'}$ ist die Menge der Funktoren von $\mathcal{M}$ in $\mathcal{M}'$.

Zwei Kategorien $\mathcal{M}, \mathcal{M}'$ sind isomorph, wenn sie als Objekte von (Kat) isomorph sind. Ist $\mathcal{M}'$ Unterkategorie von $\mathcal{M}$, so ist die Inklusionsabbildung ein Funktor $\mathcal{M}' \hookrightarrow \mathcal{M}$.

[2] Darstellbare Funktoren

Es seien $F, G : \mathcal{M} \longrightarrow \mathcal{M}'$ Funktoren und $\mathfrak{J}(\mathcal{M})$ die Gesamheit der Identitäten von $\mathcal{M}$.

Definition: *Eine* **natürliche Transformation** *η von F in G, in Zeichen: $\eta : F \longrightarrow G$, ist eine Abbildung*

$$\eta : \mathfrak{J}(\mathcal{M}) \longrightarrow \mathcal{M}'$$

mit folgenden Eigenschaften:

(1) $\eta(i)$ ist ein Morphismus von $F(i)$ in $G(i)$

(2) Ist $\alpha \in \mathcal{M}$ ein Morphismus von i nach j, so ist das Diagramm

$$\begin{array}{ccc} F(i) & \xrightarrow{F\alpha} & F(j) \\ \eta(i) \downarrow & & \downarrow \eta(j) \\ G(i) & \xrightarrow{G\alpha} & G(j) \end{array}$$

kommutativ.

Übung 4: Die Bezeichnungen seien wie in Übung 2.

Es gibt eine natürliche Transformation $\pi : Id_{(Mag)} \longrightarrow (\ )^a$, gegeben durch $\pi(id_M) := \pi_M =$ Restklassenmorphismus $M \longrightarrow M^a$, wenn M Magma ist.

Übung 5: Die Bezeichnungen seien wie in Übung 3.

Es gibt eine natürliche Transformation $i : Id_{(abHgr)} \longrightarrow A$, gegeben durch $i(id_K) = i(K) = i_K =$ kanonischer Homomorphismus $K \longrightarrow A(K)$.

Satz 1: *Die Gesamtheit $\mathfrak{T}(\mathcal{M}, \mathcal{M}')$ der natürlichen Transformationen von Funktoren $\mathcal{M} \longrightarrow \mathcal{M}'$ zusammen mit der partiellen Verknüpfung*

$$(\eta, \eta') \longmapsto \eta \circ \eta'$$

$\eta : G \longrightarrow H$, $\eta' : F \longrightarrow G$, $(\eta \circ \eta')(i) := \eta(i) \circ \eta'(i)$ ist eine Metakategorie.
Die Gesamtheit der Identitäten von $\mathfrak{T}(\mathcal{M},\mathcal{M}')$ steht in eindeutiger Beziehung zur Gesamtheit der Funktoren $\mathcal{M} \longrightarrow \mathcal{M}'$.
Andere Bezeichnungen für diese Kategorie: Funkt$(\mathcal{M}, \mathcal{M}')$, $(\mathcal{M}')^{\mathcal{M}}$.

Beweis:

1) $\eta \circ \eta' : F \longrightarrow H$ ist eine natürliche Transformation, da die beiden kleinen Quadrate im folgenden Diagramm kommutieren:

$$\begin{array}{ccc} F(i) & \xrightarrow{F\alpha} & F(j) \\ \eta'(i) \downarrow & & \downarrow \eta'(j) \\ G(i) & \xrightarrow{G\alpha} & G(j) \\ \eta(i) \downarrow & & \downarrow \eta(j) \\ H(i) & \xrightarrow{H\alpha} & H(j) \end{array}$$

und deswegen $H\alpha \circ \eta(i) \circ \eta'(i) = \eta(j) \circ G\alpha \circ \eta'(i) = \eta(j) \circ \eta'(j) \circ F\alpha$

2) Die Identitäten von $\mathfrak{T}(\mathcal{M}, \mathcal{M}')$ sind die identischen Transformationen $id_F : F \longrightarrow F$, $F : \mathcal{M} \longrightarrow \mathcal{M}'$ Funktor, $id_F(i) = i$ für jede Identität i von $\mathcal{M}$.

3) $\mathfrak{T}(\mathcal{M}, \mathcal{M}')_{id_F, id_G}$ ist die Gesamtheit der natürlichen Transformationen $\eta : F \longrightarrow G$. Bezeichnet man sie mit $\mathfrak{T}(F, G)$, so ist die Verknüpfung von natürlichen Transformationen eine Zuordnung

$$\mathfrak{T}(G, H) \times \mathfrak{T}(F, G) \longrightarrow \mathfrak{T}(F, H)$$

4) Die partielle Verknüpfung von natürlichen Transformationen ist assoziativ, da Familien von Morphismen in $\mathcal{M}'$ verknüpft werden und die Verknüpfung in $\mathcal{M}'$ assoziativ ist. □

Definition: *Eine natürliche Transformation $\eta : F \longrightarrow G$ heißt* **natürlicher Isomorphismus** *oder natürliche Äquivalenz, wenn η in der Metakategorie $\mathfrak{T}(\mathcal{M}, \mathcal{M}')$ ein Isomorphismus ist.*

Es gilt: *η ist natürlicher Isomorphismus genau dann, wenn $\eta(i) : F(i) \longrightarrow G(i)$ Isomorphismus in der Kategorie $\mathcal{M}'$ ist für jede Identität i von $\mathcal{M}$.*

Beispiel 4: $\mathcal{M}$ sei Kategorie oder Metakategorie und A Objekt von $\mathcal{M}$.
$h_A : \mathcal{M} \longrightarrow (Mg)$ sei die folgende Zuordnung:
Ist B Objekt von $\mathcal{M}$, so sei $h_A(B) := \mathcal{M}_{AB} =: \mathcal{M}(A, B)$ die Menge der Morphismen in $\mathcal{M}$ von A nach B.
Ist $\beta : B \longrightarrow B'$ ein Morphismus in $\mathcal{M}$, so sei $h_A(\beta) : h_A(B) \longrightarrow h_A(B')$ die Abbildung, die φ auf $\beta \circ \varphi$ wirft.
Es ist leicht zu sehen, daß h_A Funktor ist.
Nun sei $A \xrightarrow{\alpha} A'$ ein Morphismus in $\mathcal{M}$.
Es wird nun eine natürliche Transformation $h(\alpha) : h_{A'} \longrightarrow h_A$ konstruiert.
Für jedes Objekt B in M sei $h(\alpha)(B) : h_{A'}(B) \longrightarrow h_A(B)$ definiert durch die Vorschrift $\varphi \longmapsto \varphi \circ \alpha$.
Es ist leicht zu sehen, daß die Familie $(h(\alpha)(B))_B$ dieser Morphismen eine natürliche Transformation $h_{A'} \longrightarrow h_A$ ist. Ist nämlich $\beta : B \longrightarrow B'$ ein Morphismus in $\mathcal{M}$, so ist das Diagramm

$$\begin{array}{ccc} h_{A'}(B) & \xrightarrow{h_{A'}(\beta)} & h_{A'}(B') \\ h(\alpha)(B) \downarrow & & \downarrow h(\alpha)(B') \\ h_A(B) & \xrightarrow{h_A(\beta)} & h_A(B') \end{array}$$

kommutativ, weil die Zuordnungen im Diagramm gegeben sind durch

$$\begin{array}{ccc} \varphi & \longmapsto & \beta \circ \varphi \\ \downarrow & & \downarrow \\ \varphi \circ \alpha & \longmapsto & (\beta \circ \varphi) \circ \alpha = \beta \circ (\varphi \circ \alpha) \end{array}$$

Weiter gilt: Die Zuordnung $\alpha \longmapsto h(\alpha)$ ist ein Funktor $\mathcal{M}^{op} \longrightarrow \hat{\mathcal{M}} :=$ Metakategorie der natürlichen Transformationen von Funktoren $\mathcal{M} \longrightarrow (Mg)$

Satz 2: *(Yoneda) Die Zuordnung*

$$\hat{\mathcal{M}}(h_A, F) \longrightarrow F(A)$$

gegeben durch $\eta \longmapsto \eta(A)(A)$ ist bijektiv.
Dabei ist $\hat{\mathcal{M}}(h_A, F)$ die Gesamtheit der natürlichen Transformationen $h_A \longrightarrow F, A$ Objekt von $\mathcal{M}$ und $F : \mathcal{M} \longrightarrow (Mg)$ ein Funktor.

Beweis: Es sei $\eta : h_A \longrightarrow F$ natürliche Transformation. Dann ist $\eta(B) : h_A(B) \longrightarrow F(B)$ eine Abbildung von Mengen. Es ist $A \in h_A(A) = \mathcal{M}(A, A)$, wenn A als Identität von A in sich aufgefaßt wird. Somit ist $\rho := \eta(A)(A) \in F(A)$

Betrachtet man $\eta(B) : h_A(B) \longrightarrow F(B)$, so läßt sich $\varphi \in h_A(B)$, $\varphi : A \longrightarrow B$ als Produkt $\varphi = \varphi \circ id_A$ schreiben. Nun ist das Diagramm

$$\begin{array}{ccc} h_A(A) & \xrightarrow{\eta(A)} & F(A) \\ h_A(\varphi)\downarrow & & \downarrow F(\varphi) \\ h_A(B) & \xrightarrow{\eta(B)} & F(B) \end{array}$$

kommutativ und es ist

$$\eta(B)(\varphi) = (\eta(B) \circ h_A(\varphi))(id_A) = (F(\varphi) \circ \eta(A))(id_A) = F(\varphi)(\rho)$$

Diese Gleichung zeigt, daß $\eta(B)$ durch ρ und F eindeutig bestimmt ist, d.h. die Zuordnung im Satz ist injektiv. Ist ρ gegeben und setzt man $\eta(B)(\varphi) = F(\varphi)(\rho)$, so läßt sich leicht nachrechnen, daß die Familie $(\eta(B))_B$ eine natürliche Transformation $h_A \longrightarrow F$ ist. □

Folgerung:
Ist $F = h_{A'}$, so ist $F(A) = h_{A'}(A) = \mathcal{M}(A', A)$ und somit ist $\hat{\mathcal{M}}(h_A, h_{A'}) = \mathcal{M}(A', A) = \mathcal{M}^{op}(A, A')$.
Somit kann man $\mathcal{M}^{op}$ als volle Unterkategorie von $\hat{\mathcal{M}}$ auffassen.

Definition: *Ein Funktor $F : \mathcal{M} \longrightarrow (Mg)$ heißt* **darstellbar** *in $\mathcal{M}$, wenn es ein Objekt A in $\mathcal{M}$ gibt und einen natürlichen Isomorphismus $\eta : h_A \longrightarrow F$.*

Es gilt: *Wegen Satz 2 ist η vollständig bestimmt durch $\eta(A)(A) = \rho \in F(A)$.*

Beispiel 5: Koprodukt
Es sei $(A_\lambda)_{\lambda \in \Lambda}$ eine Familie von Objekten in $\mathcal{M}$.
Es wird ein Funktor $F : \mathcal{M} \longrightarrow (Mg)$ gegeben durch folgende Vorschrift:
Für ein Objekt B von $\mathcal{M}$ sei $F(B) := \prod_{\lambda \in \Lambda} \mathcal{M}(A_\lambda, B)$ das Produkt der Mengen $\mathcal{M}(A_\lambda, B)$, $\lambda \in \Lambda$.
Ist $\beta : B \longrightarrow B'$ ein Morphismus in $\mathcal{M}$, so sei $F(\beta) : F(B) \longrightarrow F(B')$ gegeben durch $(\varphi_\lambda)_{\lambda \in \Lambda} \longmapsto (\beta \circ \varphi_\lambda)_{\lambda \in \Lambda}$, $\varphi_\lambda \in \mathcal{M}(A_\lambda, B)$. Wird F dargestellt durch ein Objekt C von $\mathcal{M}$, so nennt man C das **Koprodukt** der Familie $(A_\lambda)_{\lambda \in \Lambda}$. Es wird oft mit $\coprod_{\lambda \in \Lambda} A_\lambda$ bezeichnet. Es sei $\eta : h_C \longrightarrow F$ natürlicher Isomorphismus und $\rho = \eta(C)(C) \in F(C)$. Dann ist $\rho = (in_\lambda)_{\lambda \in \Lambda}$ eine Familie von Morphismen $in_\lambda : A_\lambda \longrightarrow C$.

Für jedes Objekt B von $\mathcal{M}$ ist $\eta(B) : h_C(B) \longrightarrow F(B)$ eine bijektive Abbildung. Da $\eta(B)(\varphi) = F(\varphi)(\rho) = (\varphi \circ in_\lambda)_{\lambda\in\Lambda}$ für $\varphi : C \longrightarrow B$, erhält man die folgende universelle Eigenschaft: Ist $(\varphi_\lambda)_{\lambda\in\Lambda}$, $\varphi_\lambda : A_\lambda \longrightarrow B$ Morphismus in M, gegeben, so gibt es genau ein $\varphi : C \longrightarrow B$ mit $\varphi \circ in_\lambda = \varphi_\lambda$ für alle $\lambda \in \Lambda$. Diese universelle Eigenschaft ist äquivalent zur Eigenschaft, daß F durch C dargestellt wird.

Das Objekt C ist wegen Satz 2 bis auf Isomorphie eindeutig bestimmt. Die Morphismen $in_\lambda : A_\lambda \longrightarrow C$ werden **Injektionen** genannt und sind durch $\eta : h_C \longrightarrow F$ bestimmt. Ist $\eta' : h_C \longrightarrow F$ ein weiterer natürlicher Isomorphismus, so ist $\eta^{-1} \circ \eta' : h_C \longrightarrow h_C$ ein natürlicher Isomorphismus. Er wird nach der Folgerung zu Satz 2 induziert von einem Isomorphismus $C \longrightarrow C$. Daher sind die Injektionen in_λ bis auf einen Automorphismus von C eindeutig bestimmt.

Definition: *Ein Objekt P von $\mathcal{M}$ heißt* **Produkt** *von $(A_\lambda)_{\lambda\in\Lambda}$, wenn P Koprodukt von $(A_\lambda)_{\lambda\in\Lambda}$ in $\mathcal{M}^{op}$ ist. Die Injektionen in $\mathcal{M}^{op}$ sind Morphismen $pr_\lambda : P \longrightarrow A_\lambda$ in $\mathcal{M}$; sie werden* **Projektionen** *genannt.*

Übung 6: Es sei $F(S_\lambda)$ das von der Menge S_λ frei erzeugte Magma. Das Koprodukt der Familie $(F(S_\lambda))_{\lambda\in\Lambda}$ in (Mag) existiert und ist

$$F(\dot{\bigcup_{\lambda\in\Lambda}} S_\lambda)$$

Die Injektionen $in_\lambda : F(S_\lambda) \longrightarrow F(\dot{\bigcup\limits_{\lambda\in\Lambda}} S_\lambda)$ sind induziert von der Einbettung der Menge S_λ in $\dot{\bigcup\limits_{\lambda\in\Lambda}} S_\lambda$.

Beispiel 6: Differenzkokern

Es sei $\mathcal{M}$ Kategorie, A, B Objekte von $\mathcal{M}$ und $S \subset \mathcal{M}(A, B)$.
Es sei $F : \mathcal{M} \longrightarrow (Mg)$ der Funktor, der gegeben wird durch:
Ist X Objekt von $\mathcal{M}$, so sei $F(X) := \{\varphi \in \mathcal{M}(B, X) : \varphi \circ \sigma_1 = \varphi \circ \sigma_2 \text{ für } \sigma_1, \sigma_2 \in S\}$.
Ist $\alpha : X \longrightarrow Y$ Morphismus von $\mathcal{M}$, so sei $F(\alpha) : F(X) \longrightarrow F(Y)$ gegeben durch $\varphi \mapsto \alpha \circ \varphi$.

Ist F darstellbar durch ein Objekt C, so heißt C Differenzkokern von S bezüglich $\mathcal{M}$. Der Differenzkokern von S bezüglich $\mathcal{M}^{op}$ heißt Differenzkern von S bezüglich $\mathcal{M}$.

[3] Adjungierte Funktoren

Produktkategorie: Es seien $(\mathcal{M}, \cdot), (\mathcal{M}', \cdot)$ Kategorien oder Metakategorien und $\mathcal{M} \times \mathcal{M}'$ die Gesamtheit aller Paare (α, α'), $\alpha \in \mathcal{M}$, $\alpha' \in \mathcal{M}'$.
Es wird eine partielle Verknüpfung auf $\mathcal{M} \times \mathcal{M}'$ erklärt durch:

$$(\alpha, \alpha') \cdot (\beta, \beta') := (\alpha \cdot \beta,\ \alpha' \cdot \beta')$$

wenn $\alpha \cdot \beta$ und $\alpha' \cdot \beta'$ in $\mathcal{M}$ bzw. $\mathcal{M}'$ definiert sind.
Es ist $(\mathcal{M} \times \mathcal{M}', \cdot)$ Metakategorie; sie heißt Produkt von $(\mathcal{M}, \cdot)$ und $(\mathcal{M}', \cdot)$, in Zeichen: $(\mathcal{M}, \cdot) \times (\mathcal{M}', \cdot)$.
Die Gesamtheit $\mathfrak{J}(\mathcal{M} \times \mathcal{M}', \cdot)$ der Identitäten von $(\mathcal{M} \times \mathcal{M}', \cdot)$ ist $\mathfrak{J}(\mathcal{M}) \times \mathfrak{J}(\mathcal{M}')$ und die Zuordnung $(\alpha, \alpha') \longmapsto \alpha$ bzw. $(\alpha, \alpha') \longmapsto \alpha'$ ist ein Funktor $\mathcal{M} \times \mathcal{M}' \longrightarrow \mathcal{M}$ bzw. $\mathcal{M} \times \mathcal{M}' \longrightarrow \mathcal{M}'$.

Sind $F : \mathcal{M} \longrightarrow \mathcal{M}_1$ und $F' : \mathcal{M}' \longrightarrow \mathcal{M}'_1$ Funktoren, so ist die Zuordnung $(\alpha, \alpha') \longmapsto (F\alpha, F'\alpha')$ ein Funktor $F \times F' : \mathcal{M} \times \mathcal{M}' \longrightarrow \mathcal{M}_1 \times \mathcal{M}'_1$.

Beispiel 7: Es sei $h = h_{\mathcal{M}} : \mathcal{M}^{op} \times \mathcal{M} \longrightarrow (Mg)$ gegeben durch folgende Vorschrift: Für Objekte A, B von $\mathcal{M}$ sei $h(A, B) := \mathcal{M}(A, B)$.
Wenn $\alpha : A \longrightarrow A'$, $\beta : B \longrightarrow B'$ Morphismen sind, so sei $h(\alpha, \beta) : \mathcal{M}(A', B) \longrightarrow \mathcal{M}(A, B')$ gegeben durch $\varphi \longmapsto \beta\varphi\alpha$. Man zeigt leicht, daß $h_{\mathcal{M}} : \mathcal{M}^{op} \times \mathcal{M} \longrightarrow (Mg)$ Funktor ist. □

Es seien $F : \mathcal{M} \longrightarrow \mathcal{M}'$, $G : \mathcal{M}' \longrightarrow \mathcal{M}$ Funktoren.

Definition: *(F, G) heißt Paar* **adjungierter Funktoren**, *wenn gilt:*
Es gibt einen natürlichen Isomorphismus

$$\eta : h_{\mathcal{M}'} \circ (F \times Id_{\mathcal{M}'}) \longrightarrow h_{\mathcal{M}} \circ (Id_{\mathcal{M}} \times G)$$

Dabei ist $F \times Id_{\mathcal{M}'}$ ein Funktor $\mathcal{M}^{op} \times \mathcal{M}' \longrightarrow (\mathcal{M}')^{op} \times \mathcal{M}'$ und $Id_{\mathcal{M}} \times G$ ein Funktor $\mathcal{M}^{op} \times \mathcal{M}' \longrightarrow \mathcal{M}^{op} \times \mathcal{M}$. Man sagt auch, F ist linksadjungiert zu G und G ist rechtsadjungiert zu F, wenn (F, G) ein adjungiertes Paar ist.

Satz 3: *Jeder der* **Vergißfunktoren**

$$\begin{aligned} (abGr) &\longrightarrow (Mg) \\ (Gr) &\longrightarrow (Mg) \\ (abHgr) &\longrightarrow (Mg) \\ (Hgr) &\longrightarrow (Mg) \\ (Mag) &\longrightarrow (Mg) \end{aligned}$$

besitzt einen linksadjungierten Funktor F. Dabei bezeichnet (Gr) bzw. (Hgr) die Metakategorie der Homomorphismen von Gruppen bzw. Halbgruppen. Die obigen Kategorien $(abGr)$, (Gr), $(abHgr)$, (Hgr) sind volle Unterkategorien von (Mag). Der Vergißfunktor $V : (Mag) \longrightarrow (Mg)$ ordnet einem Magma $(M, \cdot)$ die unterliegende Menge M zu und einem Morphismus φ von Magmen die durch φ beschriebene Abbildung auf den unterliegenden Mengen zu.

Beweis:

1) Ist S Menge, so sei $F(S) := \mathbb{Z}^{(S)} := \bigoplus_{s \in S} A_s$, $A_s = \mathbb{Z}$.
Es sei $e : S \longrightarrow F(S)$ die Abbildung $s \longmapsto in_s(1)$. Somit ist $e(s)$ die Familie $(a_{s'})_{s' \in S}$ mit $a_{s'} = \delta_{ss'} = \begin{cases} 1 & : s = s' \\ 0 & : s \neq s' \end{cases}$ Es ist $\{e(s) : s \in S\}$ Basis der abelschen Gruppe $F(S)$. Ist $\alpha : S \longrightarrow S'$ eine Abbildung, so gibt es einen eindeutig bestimmten Homomorphismus $F(\alpha) : F(S) \longrightarrow F(S')$ mit $F(\alpha)(e_s) = e_{\alpha(s)}$ für alle $s \in S$.
Es ist F Funktor $(Mg) \longrightarrow (abGr)$. Für jede Menge S und jede abelsche Gruppe A sei

$$\eta_{SA} : \mathrm{Hom}(\mathbb{Z}^{(S)}, A) \longrightarrow \mathrm{Abb}(S, A)$$

die Abbildung gegeben durch $\varphi \longmapsto \varphi \circ e$. Es ist η_{SA} bijektiv, siehe Satz 2, aus §2 und beachte, daß $\mathrm{Hom}(\mathbb{Z}, A) \longrightarrow A, \varphi \longmapsto \varphi(1)$, eine bijektive Zuordnung ist.

Die Familie $\eta = (\eta_{SA})$ dieser bijektiven Abbildungen η_{SA} ist ein natürlicher Isomorphismus $h_{(abGr)} \circ (F \times Id) \longrightarrow h_{(Mg)} \circ (Id \times V)$. Dies zeigt, daß F linksadjungiert ist zum Vergißfunktor $V : (abGr) \longrightarrow (Mg)$.

2) Nun wird $V : (Gr) \longrightarrow (Mg)$ betrachtet.

Es sei S Menge und $' : S \longrightarrow S'$ eine bijektive Abbildung, $\bar{S} = S \dot{\bigcup} S'$. Es sei $W(\bar{S})$ die Worthalbgruppe über $\bar{S}$ und $W_1 = 1 \dot{\bigcup} W(\bar{S})$ die durch Adjunktion eines neutralen Elements 1 entstehende Halbgruppe. Es sei $F(S)$ die Quotientenhalbgruppe $W_1 \bmod T$, $T := \{(s's, 1) : s \in S\} \cup \{(ss', 1) : s \in S\}$. Dabei wird $\bar{S}$ als Teilmenge von W_1 aufgefaßt und T als Relation auf W_1. Es ist $F(S) = W_1 \bmod R(T)$, wenn $R(T)$ die kleinste T umfassende Äquivalenzrelation ist, die auch Unterhalbgruppe von $W_1 \times W_1$ ist, siehe § 1, $\boxed{2}$.

Nun gilt: $F(S)$ ist Gruppe.

Denn: es sei $\pi : W_1 \longrightarrow F(S)$ der Restklassenhomomorphismus und $x \in W_1$. Ist $x = x_1 \cdot x_2 \cdot \ldots \cdot x_r$, $x_i \in \bar{S}$, so sei $y = y_r y_{r-1} \ldots y_1$ mit $y_i = x_i'$ wobei $(s')' = s$ gesetzt wird. Da $\pi(x_i x_i') = \pi(x_i' x_i) = 1$ ist, erhält man $\pi(xy) = \pi(yx) = 1$ und damit ist gezeigt, daß jedes Element in $F(S)$ ein Inverses besitzt.

Ist $\alpha : S \longrightarrow T$ Abbildung von Mengen, so induziert der natürliche Morphismus $W(\alpha) : W(S) \longrightarrow W(T)$ einen Homomorphismus $F(\alpha) : F(S) \longrightarrow F(T)$ und die Zuordnung $\alpha \longmapsto F(\alpha)$ ist Funktor. Man zeigt leicht, daß F linksadjungiert zu V ist.

3) Man konstruiert leicht einen Linksadjungierten F zu $V : (abHgr) \longmapsto (Mg)$. Es ist $F(S) = \mathbb{N}^{(S)} - \{0\}$, wobei $\mathbb{N}^{(S)}$ die S-fache direkte Summe der Halbgruppe $\mathbb{N} = \{0, 1, 2, \ldots\}$ ist.

4) Für den Linksadjungierten F zum Vergißfunktor $(Hgr) \longrightarrow (Mg)$ gilt: $F(S) =$ Worthalbgruppe über S

5) Für den Linksadjungierten F zum Vergißfunktor $(Mag) \longrightarrow (Mg)$ gilt: $F(S) :=$ von S frei erzeugtes Magma. □

Übung 7: Es sei $(\ )^{ab} : (Gr) \longrightarrow (abGr)$ der Funktor, der jedem Homomorphismus $\alpha : G \longrightarrow H$ den kanonisch induzierten Homomorphismus $\overline{\alpha} : \overline{G} \longrightarrow \overline{H}$ der Kommutatorfaktorgruppen zuordnet. Die Kommutatorfaktorgruppe $\overline{G}$ ist dabei definiert als die Restklassengruppe von G nach der normalen Untergruppe $[G, G]$ von G, die von den Elementen $\{aba^{-1}b^{-1} : a, b \in G\}$ erzeugt wird.

Man zeige, daß $((\ )^{ab}, I)$ ein adjungiertes Paar ist, wenn I der Inklusionsfunktor $(abGr) \longrightarrow (Gr)$ ist.

§4 Ringe

Einführung

Der Begriff des Ringes in abstrakter Definition wurde von A.Fraenkel in einer 1914 erschienenen Arbeit eingeführt. Er schreibt: „Das trivialste Beispiel eines solchen, mit Herrn Hilbert als Ring zu bezeichnenden Bereiches, stellt jedes Kongruenzklassensystem dar; als weitere Beispiele derartiger Ringe seien verschiedene Arten von Systemen höherer komplexer Zahlen genannt, ferner Ringe von Matrizen oder von Modulsystemen und schließlich die Bereiche der Henselschen g-adischen Zahlen", siehe [F]. In den Untersuchungen von S. Lie und seinen Schülern gegen Ende des 19. Jahrhunderts über kontinuierliche Gruppen wurde für Vektorfelder ein Klammerprodukt eingeführt, das zur Konstruktion von Ringen mit nichtassoziativer Multiplikation Anlaß gab.

Ein Ring R im allgemeinen Sinn ist eine abelsche Gruppe, deren Verknüpfung als Addition von R bezeichnet wird, zusammen mit einer Multiplikation genannten bilinearen Abbildung $R \times R \longrightarrow R$. Ringhomomorphismen sind solche Abbildungen, die Morphismen bezüglich der Addition und der Multiplikation sind. Damit hat man die Kategorie der Ringe definiert. Auf der von einem Magma M frei erzeugten abelschen Gruppe $\mathbb{Z}$ [M] induziert die Magmaverknüpfung eine bilineare Abbildung, mit welcher $\mathbb{Z}$ [M] ein Ring wird, den man als Magmaring von M bezeichnet. Man kann ihn durch eine universelle Abbildungseigenschaft charakterisieren. Die $n \times n$-Matrizen mit Einträgen aus einem Ring R bilden zusammen mit der Matrizenaddition und -multiplikation einen Ring $R^{n\times n}$. Versieht man einen assoziativen Ring mit dem Klammerprodukt, so erhält man einen Liering, dessen Multiplikation in den nichttrivialen Fällen nicht assoziativ ist.

Ist I ein Ideal in einem Ring R, so kann man einen Restklassenring R/I konstruieren und einen surjektiven Restklassenhomomorphismus $R \longrightarrow R/I$, dessen Kern I ist. Man kann jeden Ring als Restklassenring des Magmarings $\mathbb{Z}$ [F(S)] des von einer Menge S frei erzeugten Magmas $F(S)$ darstellen.

Ist S eine multiplikativ abgeschlossene Menge im Zentrum eines assoziativen Rings R, so kann für Brüche mit Zählern aus R und Nennern aus S eine Addition und Multiplikation eingeführt werden, die diese Menge der Brüche zu einem Ring macht. Ist $R = \mathbb{Z}$, $S = \mathbb{Z} - \{0\}$, so erhält man den Körper $\mathbb{Q}$ der rationalen Zahlen.

[1] Grundbegriffe

Definition: *Ein Tripel* $(R, +, \cdot)$ *heißt* **Ring**, *wenn gilt:*

i) $(R, +)$ *ist eine abelsche Gruppe.*

ii) $(R, \cdot)$ *ist Magma.*

iii) $(x + y) \cdot z = x \cdot z + y \cdot z$

$x \cdot (y + z) = x \cdot y + x \cdot z$

für alle $x, y, z \in R$.

Konvention: $\cdot$ vor $+$, d. h. $x \cdot z + y \cdot z = (x \cdot z) + (y \cdot z)$.

Es gilt:

1) Ist 0 *neutrales Element von* $(R,+)$, *so ist* $x \cdot 0 = 0 \cdot x = 0$.

2)

$$\begin{aligned}(-x)\cdot y &= -(xy)\\ x\cdot(-y) &= -(xy)\\ (-x)\cdot(-y) &= xy\end{aligned}$$

für alle $x, y \in R$.

Dabei bezeichnet $(-x)$ *das Inverse zu* x *bezüglich* $+$.

Beweis:

1) $x\cdot 0 = x\cdot(0+0) = x\cdot 0 + x\cdot 0$ und daher $0 = x\cdot 0 + (-(x\cdot 0)) = x\cdot 0 + x\cdot 0 + (-(x\cdot 0)) = x\cdot 0$.

2) $0 = 0\cdot y = (x+(-x))\cdot y = x\cdot y + (-x)\cdot y$ und somit $(-x)\cdot y = -(xy)$.

Es seien $(R,+,\cdot)$, $(R',+,\cdot)$ Ringe und $\varphi : R \longrightarrow R'$ eine Abbildung.

Definition: φ *heißt Ringhomomorphismus* $(R,+,\cdot) \longrightarrow (R',+,\cdot)$, *wenn gilt:*

i) φ *ist Morphismus* $(R,+) \longrightarrow (R',+)$.

ii) φ *ist Morphismus* $(R,\cdot) \longrightarrow (R',\cdot)$

Es gilt:

(1) Die identische Abbildung $id_R : R \longrightarrow R$ *ist Ringhomomorphismus.*

(2) Die Komposition von Ringhomomorphismen ist ein Ringhomomorphismus.

(3) Die Gesamtheit der Ringhomomorphismen zusammen mit der Komposition ist Metakategorie (Rg).

(4) Die Zuordnung

$$(R,+,\cdot) \longmapsto (R,+),\ \varphi \longmapsto \varphi$$

ist ein Funktor (Rg) $\longmapsto$ *(abGr)* .

(5) Die Zuordnung

$$(R,+,\cdot) \longmapsto (R,\cdot),\ \varphi \longmapsto \varphi$$

ist ein Funktor (Rg) $\longrightarrow$ *(Mag).* □

Es sei $(R,+,\cdot)$ ein Ring.

Definition: *Man sagt,* $(R,+,\cdot)$ *besitzt ein Einselement, wenn* $(R,\cdot)$ *ein neutrales Element besitzt.*

$(R,+,\cdot)$ *heißt kommutativ, wenn* $(R,\cdot)$ *kommutativ ist.*

$(R,+,\cdot)$ *heißt assoziativ, wenn* $(R,\cdot)$ *assoziativ ist.*

Beispiel 1: Es sei $\mathbb{Z} = \{0, \pm, 1, \pm 2, \ldots, \pm n, \ldots\}$ die Menge der ganz-rationalen Zahlen. Es ist $(\mathbb{Z},+,\cdot)$ ein Ring, wenn $+$ bzw. $\cdot$ die Zahlenaddition bzw. die Zahlenmultiplikation ist.

$(\mathbb{Z},+,\cdot)$ ist assoziativ, kommutativ und besitzt die Zahl 1 als Einselement.

Beispiel 2: Magmaring

Es sei $(M, \underset{M}{\cdot})$ ein Magma und $R = \mathbb{Z}[M]$ abelsche Gruppe mit Basis M, $M \subset R$.

Dann gilt: es gibt genau eine Abbildung $\cdot : R \times R \longrightarrow R$ mit:

1) $m \cdot m' = m \underset{M}{\cdot} m'$ für alle $m, m' \in M$.

2) $x\cdot(y+z) = xy + xz$ und $(x+y)\cdot z = xz + yz$ für alle $x, y, z \in R$.

Denn: Ist $x = \sum_{i=1}^{r} \lambda_i m_i$, $\lambda_i \in \mathbb{Z}$, $m_i \in M$, $m_i \neq m_j$ für $i \neq j$, und ist $x' = \sum_{j=1}^{s} \lambda'_j m'_j$, $\lambda'_j \in \mathbb{Z}$, $m'_j \in M$, $m'_j \neq m'_i$ für $j \neq i$, so setzt man:

$$x \cdot x' = \sum_{m \in M} \mu_m \cdot m \text{ mit } \mu_m := \sum_{m_i \cdot m'_j = m} \lambda_i \lambda'_j.$$

Die damit definierte Abbildung $\cdot$ erfüllt (1), (2). Die Eindeutigkeit von $\cdot$ ist trivial. Es gilt: $(\mathbb{Z}[M], +, \cdot)$ ist Ring; er heißt Magmaring von $(M, \underset{M}{\cdot})$ über $\mathbb{Z}$. Die Inklusionsabbildung $e : M \hookrightarrow \mathbb{Z}[M]$ ist ein Magmamorphismus $(M, \cdot) \longrightarrow (\mathbb{Z}[M], \cdot)$. □

Übung 1: Der Magmaring $\mathbb{Z}$ [M] besitzt ein Einselement genau dann, wenn das Magma M eine Eins hat.

Bemerkung: Der Magmaring $R = \mathbb{Z}[(\mathbb{Z}^n, +)]$ heißt auch **Gruppenring** von $(\mathbb{Z}^n, +)$ über $\mathbb{Z}$. Betrachtet man $k \in \mathbb{Z}^n$ als Element von R, so schreibt man es als Monom x^k. Dann besitzt jedes Element $f \in R$ eine eindeutige Darstellung $f = \sum_{k \in K} \lambda_k \cdot x^k$, wobei K endliche Teilmenge von $\mathbb{Z}^n$ ist, $\lambda_k \in \mathbb{Z}$. Ist $k = (k_1, \ldots, k_n)$, so schreibt man auch $x^k = x_1^{k_1} \ldots x_n^{k_n}$. R heißt oft auch kommutativer und assoziativer Ring der Laurentpolynome in den Variablen $x_1, \ldots, x_n$, mit Koeffizienten aus $\mathbb{Z}$.
$R' = \mathbb{Z}[(\mathbb{N}^n, +)]$ ist in natürlicher Weise Unterring von R. R' heißt auch kommutativer und assoziativer Polynomring in den Variablen $x_1, \ldots, x_n$ über $\mathbb{Z}$ und wird oft mit $\mathbb{Z}[x_1, \ldots, x_n]$ bezeichnet.

Übung 2: Für einen Ring R sei $V(R) := \{(a, b) \in R \times R : a^2 + b^2 - 2b = 0\}$ die Menge der R-wertigen Lösungen der algebraischen Gleichung $x^2 + y^2 - 2y = 0$.
Ist $\alpha : R \longrightarrow R'$ Ringhomomorphismus, so ist die Zuordnung $(a, b) \mapsto (\alpha(a), \alpha(b))$ eine Abbildung $V(\alpha) : V(R) \longrightarrow V(R')$.
Die Zuordnung $\alpha \mapsto V(\alpha)$ ist ein darstellbarer Funktor $V : (Rg) \longrightarrow (Mg)$. Man bestimme den Ring, durch den V dargestellt wird.
Man nennt V die durch die obige algebraische Gleichung gegebene Varietät.
Die angegebene Konstruktion kann man für jedes System algebraischer Gleichungen durchführen.

Satz 1: *Es sei $(A, +, \cdot)$ Ring und $\alpha : (M, \cdot) \longrightarrow (A, \cdot)$ Morphismus von Magmen. Dann gilt: es gibt genau einen Ringhomomorphismus $\varphi = \varphi_\alpha : \mathbb{Z}[M, \cdot] \longrightarrow (A, +, \cdot)$ mit $\varphi_\alpha(m) = \alpha(m)$ für alle $m \in M$. Dabei wird M als Teilmenge von $\mathbb{Z}[M]$ aufgefaßt.*

Beweis: Jedes $x \in \mathbb{Z}[M]$ besitzt eine eindeutige Darstellung $x = \sum_{i=1}^{r} \lambda_i m_i$, $m_i \in M$, $\lambda_i \in \mathbb{Z}$, $m_i \neq m_j$ für $i \neq j$. Man setzt $\varphi(x) = \sum_{i=1}^{r} \lambda_i \alpha(m_i)$ und hat damit eine Abbildung $\mathbb{Z}[M] \longrightarrow A$ erklärt. φ ist offenbar der durch α induzierte Gruppenhomomorphismus $(\mathbb{Z}[M], +) \longrightarrow (A, +)$.

Ist $x' = \sum_{j=1}^{r'} \lambda'_j m'_j$, so ist

$$\varphi(x \cdot x') = \varphi(\sum_{i,j} \lambda_i \lambda'_j m_i m'_j) = \sum_{i,j} \lambda_i \lambda'_j \varphi(m_i m'_j)$$
$$= \sum \lambda_i \lambda'_j \varphi(m_i) \varphi(m'_j) = (\sum \lambda_i \varphi(m_i)) \cdot (\sum \lambda'_j \varphi(m'_j)) = \varphi(x) \cdot \varphi(x'). \quad \square$$

Also ist φ Ringhomomorphismus. Die Eindeutigkeitsaussage ist trivial. □

Folgerung 1: Es sei $\alpha : (M,\cdot) \longrightarrow (M',\cdot)$ ein Morphismus von Magmen. Es gibt genau einen Ringhomomorphismus $[\alpha]$: $\mathbb{Z}[M,\cdot] \longrightarrow \mathbb{Z}[M',\cdot]$ mit $e_{M'} \circ \alpha = [\alpha] \circ e_M$. Dabei ist e_M bzw. $e_{M'}$, die Inklusionsabbildung $M \hookrightarrow \mathbb{Z}[M,\cdot]$ bzw. $M' \hookrightarrow \mathbb{Z}[M',\cdot]$.

Beweis: Man wendet Satz 1 an auf den Morphismus $e_{M'} \circ \alpha$. □

Folgerung 2: Die Zuordnung $\alpha \longmapsto [\alpha]$ ist ein Funktor $[\ ] : (Mag) \longrightarrow (Rg)$ und $[\ ]$ ist linksadjungiert zum Vergißfunktor $(Rg) \longrightarrow (Mag)$, $(R,+,\cdot) \longmapsto (R,\cdot)$, $\varphi \longmapsto \varphi$.

Beweis: Die Menge $(Rg)(\mathbb{Z}[M], (R,+,\cdot))$ der Ringhomomorphismen sind in natürlicher Weise identifizierbar mit der Menge $Mag((M,\cdot), (A,\cdot))$ der Morphismen von $(M,\cdot)$ nach $(A,\cdot)$. □

Beispiel 3: Matrizenring

Es sei R ein Ring und $R^{n\times n} := \{r = (r_{ij})_{1\le i,j\le n} : r_{ij} \in R\}$ die Menge der $n \times n$-Matrizen mit Einträgen $r_{ij} \in R$.

Ist $r' = (r'_{ij})_{1\le i,j\le n} \in R^{n\times n}$, so setzt man

$$\begin{aligned} r + r' &:= (r_{ij} + r'_{ij})_{1\le i,j\le n} \\ r \cdot r' &:= (s_{ij})_{1\le i,j\le n} \text{ mit} \\ s_{ij} &:= \sum_{k=1}^{n} r_{ik} \cdot r'_{kj}. \end{aligned}$$

Man zeigt leicht, daß $(R^{n\times n},+,\cdot)$ ein Ring ist; er heißt Ring der $n \times n$-Matrizen über R.

Ist $\varphi : R \longrightarrow R'$ Ringhomomorphismus und $\varphi^{n\times n} : R^{n\times n} \longrightarrow (R')^{n\times n}$ die durch $(r_{ij}) \longmapsto (\varphi(r_{ij}))$ gegebene Abbildung, so ist $\varphi^{n\times n}$ Ringhomomorphismus und die Zuordnung $\varphi \longmapsto \varphi^{n\times n}$ ist Funktor $(\ )^{n\times n} : (Rg) \longrightarrow (Rg)$. Man kann zeigen, daß $(\ )^{n\times n} \circ (\ )^{m\times m} = (\ )^{(nm)\times(nm)}$ ist.

Beispiel 4: Endomorphismenring

Es sei A eine abelsche Gruppe und End $A := \mathrm{Hom}(A,A)$ die abelsche Gruppe der Homomorphismen $A \longrightarrow A$.

Die Komposition $\circ$ von Homomorphismen $\varphi_1 \circ \varphi_2$ mit $\varphi_1, \varphi_2 \in$ End A ist wieder ein Homomorphismus $A \longrightarrow A$.

(End $A, \circ$) ist ein assoziativer Ring mit Einselement id_A. Er heißt Endomorphismenring von A.

Übung 3: Man zeige, daß der Matrizenring $\mathbb{Z}^{n\times n}$ kanonisch isomorph zu End $\mathbb{Z}^n$ ist, wobei $\mathbb{Z}^n$ freie abelsche Gruppe mit Basis $\{e_1,\ldots,e_n\}$ ist, $e_i \neq e_j$ für $i \neq j$.

Definition: *$(R',+,\cdot)$ und $(R,+,\cdot)$ seien Ringe. Man sagt, $(R',+,\cdot)$ ist Unterring von $(R,+,\cdot)$, wenn $R' \subset R$ und die Inklusionsabbildung $R' \hookrightarrow R$ ein Ringhomomorphismus ist.*

Es gilt: *Es sei $(R,+,\cdot)$ Ring und $R' \subset R$ mit: wenn $x,y \in R'$, so sind $x-y$ und $x \cdot y \in R'$.*

Dann sind die Beschränkungen von $+,\cdot$ auf $R' \times R'$ Verknüpfungen $+',\cdot'$ auf R' und $(R',+',\cdot')$ ist Unterring von $(R,+,\cdot)$.

Definition: *Eine Teilmenge E von R heißt Erzeugendensystem des Rings $(R, +, \cdot)$, wenn gilt: Ist R' Unterring von $(R, +, \cdot)$ und $E \subset R'$, so ist $R' = R$.*

Ist E Teilmenge von R, so ist der Durchschnitt R_E aller Unterringe R' von R, die E enthalten, selbst ein Unterring, der E enthält. Es ist E Erzeugendensystem von R_E und R_E ist die von

$$E' := \bigcup_{n=1}^{\infty} E_n, \ E_1 = E,$$

$$E_n := \bigcup_{i=1}^{n-1} E_i \cdot E_{n-i} \text{ für } n \geq 2$$

$$E_i \cdot E_{n-i} := \{x \cdot y : x \in E_i, \ y \in E_{n-i}\}$$

erzeugte Untergruppe von $(R, +)$.

Definition: *Ein Ring $(L, +, \cdot)$ heißt* **Liering**, *wenn gilt:*
i) $a^2 = 0$ *für alle* $a \in L$.
ii) $(ab)c + (bc)a + (ca)b = 0$ *für alle* $a, b, c \in L$.

Beispiel 5: Assoziierter Liering

Es sei $(R, +, \cdot)$ ein assoziativer Ring. Das **Klammerprodukt** $[,]$ von $(R, +, \cdot)$ wird definiert durch

$$[a, b] := a \cdot b - b \cdot a$$

Es ist $(R, +, [,])$ Liering, denn:
i) $[a, a] = a \cdot a - a \cdot a = 0$ für alle $a \in L$.
ii)

$$\begin{aligned}
[[a, b], c] &= (ab - ba)c - c(ab - ba) \\
&= abc - bac - cab + cba \\
[[b, c], a] &= bca - cba - abc + acb \\
[[c, a], b] &= cab - acb - bca + bac. \quad \square
\end{aligned}$$

Ein Ringhomomorphismus $\varphi : (R, +, \cdot) \longrightarrow (R', +, \cdot)$ von assoziativen Ringen ist auch ein Ringhomomorphismus $(R, +, [,]) \longrightarrow (R', +, [,])$ von Lieringen. Man hat damit einen Funktor $[,] : (ass\ Rg) \longrightarrow (LRg)$ von der Kategorie der assoziativen Ringe in die Kategorie der Lieringe.

Beispiel 6: Derivationen

Es sei R ein Ring und End R der Endomorphismenring der additiven Gruppe von R. Ein Endomorphismus $\partial \in \text{End}R$ heißt Derivation von R, wenn gilt: $\partial(a \cdot b) = \partial(a) \cdot b + a \cdot \partial(b)$ für alle $a, b \in R$.

Es sei Der R die Menge aller Derivationen von R. Dann ist Der R Untergruppe der additiven Gruppe von End R.

Er ist Der R Unterring des zu End R assoziierten Lieringes, d.h. sind $\partial_1, \partial_2 \in \text{Der}R$ so ist auch $\partial_1 \circ \partial_2 - \partial_2 \circ \partial_1 \in \text{Der}R$.

Der R heißt Liering der Derivationen von R.

Übung 4: Es sei L Liering, $a \in L$ und $\partial_a : L \longrightarrow L$ die Abbildung gegeben durch $x \mapsto a \cdot x$.

Es ist ∂_a Derivation von L und die Zuordnung $L \longrightarrow \text{Der}L$, gegeben durch $a \mapsto \partial_a$, ist ein Ringhomomorphismus

[2] Restklassenringe

Bemerkung: Es sei $\varphi : R \longrightarrow R'$ Ringhomomorphismus und Kern $\varphi := \{a \in R : \varphi(a) = 0\}$. Dann gilt:
(1) wenn $a, b \in$ Kern φ, so ist $a - b \in$ Kern φ
(2) wenn $a \in$ Kern φ und $b \in R$, so sind $a \cdot b$ und $b \cdot a \in$ Kern φ

Beweis:
1)
$$\varphi(a - b) = \varphi(a) - \varphi(b) = 0 - 0 = 0$$
2)
$$\varphi(a \cdot b) = \varphi(a) \cdot \varphi(b) = 0 \cdot \varphi(b) = 0 \text{ und}$$
$$\varphi(b \cdot a) = \varphi(b) \cdot \varphi(a) = \varphi(b) \cdot 0 = 0 \quad \square$$

Es sei R Ring und I nichtleere Teilmenge von R.

Definition: *I heißt* **Ideal** *von R wenn gilt:*
(1) wenn $a, b \in I$, so ist $a - b \in I$
(2) wenn $a \in I$, $b \in R$, so sind $a \cdot b$ und $b \cdot a \in I$.
Nach obiger Bemerkung ist daher Kern φ ein Ideal, da $0 \in$ Kern φ.

Satz 2: *Es sei I Ideal von R, R Ring. Dann gilt:*
(i) es gibt einen surjektiven Ringhomomorphismus $\pi : R \longrightarrow \bar{R}$ mit Kern $\pi = I$.
(ii) $(\bar{R}, \pi)$ sind durch (i) bis auf Isomorphie eindeutig bestimmt. $\bar{R}$ heißt **Restklassenring** *(= Quotientenring) von R nach I, in Zeichen $\bar{R} = R/I$, und π heißt Restklassenhomomorphismus.*

Beweis:
1) Es sei $(\bar{R}, +)$ die Restklassengruppe von $(R, +)$ modulo der normalen Untergruppe $(I, +)$, siehe Korollar zu Satz 2 in §1,[3]. Es sei $\pi : R \longrightarrow \bar{R}$ der Restklassenhomomorphismus.
Man zeigt nun: wenn $a, a', b, b' \in R$ mit $\pi(a) = \pi(a'), \pi(b) = \pi(b')$, so ist
$$\pi(ab) = \pi(a' \cdot b')$$
denn: $\pi((a - a')b) = 0$, da $(a - a') \cdot b \subset I$ und daher ist $0 = \pi(ab - a'b) = \pi(ab) - \pi(a'b)$.
Ebenso ist $\pi(a'(b - b')) = 0$, da $a'(b - b') \in I$ und daher ist $0 = \pi(a'b - a'b') = \pi(a'b) - \pi(a'b')$. Es folgt $\pi(ab) = \pi(a'b) = \pi(a'b')$.
Nach dem Nachweis dieser Zwischenbehauptung setzt man für $\bar{a}, \bar{b} \in \bar{R}$:
$$\bar{a} \cdot \bar{b} := \pi(a \cdot b)$$
wobei $a, b \in R$ Repräsentanten von $\bar{a}, \bar{b}$ sind. Man erhält eine wohldefinierte Abbildung. $: \bar{R} \times \bar{R} \longrightarrow \bar{R}$. Man zeigt leicht, daß $(\bar{R}, +, \cdot)$ Ring ist und π Ringhomomorphismus mit Kern $\pi = I$.
2) Eindeutigkeit: es sei $\varphi : R \longrightarrow R'$ Ringhomomorphismus mit Kern $\varphi \supset I$. Man definiert $\bar{\varphi} : \bar{R} \longrightarrow R'$ durch
$$\bar{\varphi}(\bar{a}) := \varphi(a)$$
für $\bar{a} \in \bar{R}$, $a \in R$, $\pi(a) = \bar{a}$.
Man zeigt leicht, daß $\bar{\varphi}$ wohldefinierte Abbildung ist und ein Ringhomomorphismus.
Ist φ surjektiv, so ist $\bar{\varphi}$ surjektiv. Ist Kern $\varphi = I$, so ist $\bar{\varphi}$ injektiv. $\square$

Übung 5: Man bestimme alle Ideale I des zum Matrizenring $\mathbb{Z}^{2\times 2}$ assoziierten Lierings $\mathfrak{gl}(2,\mathbb{Z}) := (\mathbb{Z}^{2\times 2}, +, [,])$ und berechne für jedes Ideal I den Restklassenring modulo I. □

Es sei I Ideal in R und $F_I = F : (Rg) \longrightarrow (Mg)$ sei gegeben durch:

$$F(A) := \text{Menge der Ringhomomorphismen } \varphi : R \longrightarrow A \text{ mit } \varphi(I) = 0$$

Ist $\alpha : A \longrightarrow A'$ Ringhomomorphismus so sei $F(\alpha) : F(A) \longrightarrow F(A')$ gegeben durch die Vorschrift

$$\varphi \longmapsto \alpha \circ \varphi$$

Es ist F Funktor.

Folgerung zu Satz 2:
F ist darstellbar; es gibt einen natürlichen Isomorphismus $\eta : h_{\bar{R}} \longrightarrow F$, $\bar{R} = R/I$ Restklassenring von R nach I, mit: die bijektive Abbildung $\eta_{\bar{R}} : h_{\bar{R}}(\bar{R}) = \{$ Ringhomomorphismus $\bar{R} \longrightarrow \bar{R}\} \longrightarrow F(\bar{R})$ bildet $id_{\bar{R}}$ auf den Restklassenhomomorphismus $\pi : R \longrightarrow \bar{R}$ ab.

Beweis:
1) Das Paar $(\bar{R}, \pi)$ erfüllt folgende universelle Abbildungseigenschaft: Ist $\varphi : R \longrightarrow A$ Ringhomomorphismus mit $\varphi(I) = 0$, so gibt es genau einen Ringhomomorphismus $\bar{\varphi} : \bar{R} \longrightarrow A$ mit $\varphi = \bar{\varphi} \circ \pi$.
Es wurde $\bar{\varphi}$ im Teil 2) des Beweises von Satz 2 konstruiert. Da π surjektiv ist, ist $\bar{\varphi}$ eindeutig bestimmt.
2) Man definiert $\eta_A : h_{\bar{R}}(A) \longrightarrow F(A)$ durch die Vorschrift $\bar{\varphi} \longmapsto \bar{\varphi} \circ \pi$.
Es sei $\alpha : A \longrightarrow A'$ Ringhomomorphismus. Es ist $h_{\bar{R}}(\alpha)(\bar{\varphi}) = \alpha \circ \bar{\varphi}$ und $\eta_{A'}(\alpha \circ \bar{\varphi}) = \alpha \circ \bar{\varphi} \circ \pi$. Andererseits ist $\eta_A(\bar{\varphi}) = \varphi \circ \pi$ und $F(\alpha)(\varphi \circ \pi) = \alpha \circ (\bar{\varphi} \circ \pi) = \alpha \circ \bar{\varphi} \circ \pi$. Diese Rechnung zeigt, daß $\eta_{A'} \circ h_{\bar{R}}(\alpha) = F(\alpha) \circ \eta_A$. Somit ist die Familie $\eta = (\eta_A)$, A Ring, eine natürliche Transformation $\eta : h_{\bar{R}} \longrightarrow F$. Sie ist natürlicher Isomorphismus, da η_A bijektiv ist für alle A nach 1). □

Definition: *Es sei I Ideal in einem Ring R und E Teilmenge von I.
E heißt* **Erzeugendensystem** *von I, wenn gilt: Ist I' Ideal von R mit $E \subset I'$, so ist $I \subset I'$.*

Erzeugung von Idealen: Es sei R Ring und E Teilmenge von R.
Es gibt ein Ideal I_E von R mit : E ist Erzeugendensystem von I_E.
Im folgenden wird I_E explizit angegeben.
Es ist $I_E = \{0\}$ das Nullideal in R, wenn E die leere Menge $\varnothing$ ist oder $E = \{0\}$ ist.
Sei nun $E \neq \varnothing$. Es sei $E' := \bigcup_{n=1}^{\infty} E_n$, $E_1 := E$, $E_n := R \cdot E_{n-1} \cup E_{n-1} \cdot R$ für $n \geq 2$.
Dann gilt: *I_E ist die von E' erzeugte Untergruppe von $(R, +)$, d.h.*

$$I_E = \{\sum_{i=1}^{r} \lambda_i e_i' : r \geq 1, \lambda_i \in \mathbb{Z}, e_i' \in E'\}$$

Beweis:
1) Ist $f \in R$ und $x = \sum_{i=1}^{r} \lambda_i e_i' \in I_E$, so ist $fx = \sum_{i=1}^{r} \lambda_i (f e_i')$ und es ist $f e_i' \in E'$, da $e_i' \in E_n$ für ein n und $f e_i' \in R \cdot E_n \subset E_{n+1} \subset E'$. Somit ist $fx \in I_E$. Ebenso

zeigt man, daß $xf \in I_E$ ist. Da I_E bezüglich + eine Untergruppe ist, ist I_E Ideal in R.

2) Es ist $E \subset E' \subset I_E$. Ist I' ein Ideal von R mit $E \subset I'$, so gilt $E_n \subset I'$ für alle n, wie man mit Induktion über n leicht zeigt. Somit ist $E' \subset I'$ und $I_E \subset I'$. □

Ist R assoziativ mit Einselement, so läßt sich I_E direkter beschreiben. Es ist nämlich

$$I_E = \{\sum_{i=1}^{r} f_i e_i g_i : r \geq 1, f_i, g_i \in R, e_i \in E\}$$

Ist R zusätzlich kommutativ, so ist $I_E = \{\sum_{i=1}^{r} f_i e_i : f_i \in R, e_i \in E\}$. Ist zusätzlich $E = \{e\}$, so ist $I_E = \{fe : f \in R\}$ die Menge der Vielfachen von e in R.

Beispiel 7: Assoziativ gemachter Ring

Es sei R Ring, I das von $\{(y_1y_2) \cdot y_3 - y_1 \cdot (y_2y_3) : y_1, y_2, y_3 \in R\}$ erzeugte Ideal, $R^a := R/I$ der Restklassenring von R nach I und $\pi_R : R \longrightarrow R^a$ der Restklassenhomomorphismus.

Es gilt:

1) R^a ist assoziativer Ring.
2) Ist $\varphi : R \longrightarrow R'$ Ringhomomorphismus, so gibt es genau einen Ringhomomorphismus $\varphi^a : R^a \longrightarrow (R')^a$ mit: $\varphi^a \circ \pi_R = \pi_{R'} \circ \varphi$
3) Die Zuordnung $\varphi \longmapsto \varphi^a$ ist ein Funktor $(\ )^a : (Rg) \longrightarrow (Rg)$ und die Familie $\pi = (\pi_R), R$ Ring, ist eine natürliche Transformation $Id_{(Rg)} \longrightarrow (\ )^a$.

Ist speziell $R = \mathbb{Z}[F(S)]$ der Magmaring des von $S = \{x_1, \ldots, x_r\}, x_i \neq x_j$ für $i \neq j$, frei erzeugten Magmas $F(S)$, so hat jedes Polynom $f \in R$ eine eindeutige Darstellung $f = \sum_{i=1}^{r} \lambda_i m_i, \lambda_i \in \mathbb{Z}$, $m_i \in F(S)$, m_i geklammertes Wort in den Variablen $x_1, \ldots, x_r$.

Es ist $R^a = \mathbb{Z}[F^a(S)]$, wobei $F^a(S)$ die von S erzeugte Worthalbgruppe ist. Es ist $\pi_R(f) = \sum_{i=1}^{r} \lambda_i \pi(m_i)$, wobei $\pi(m_i)$ das von m_i bestimmte ungeklammerte Wort in $F^a(S)$ ist. Der Ringhomomorphismus π_R wird induziert von dem kanonischen Morphismus $F(S) \longrightarrow F^a(S)$.

Beispiel 8: Es sei $F_1^a(S)$ die Halbgruppe, die durch Adjunktion eines Einselementes an $F^a(S)$ entsteht. Dann ist $\mathbb{Z}[F^a(S)]$ in natürlicher Weise Unterring von $\mathbb{Z}[F_1^a(S)]$. $\mathbb{Z}[F_1^a(S)]$ wird oft mit $\mathbb{Z} < x_1, \ldots, x_n >$ bezeichnet und Ring der assoziativen Polynome in den Variablen $x_1, \ldots, x_n$ über $\mathbb{Z}$ genannt.

Übung 6: Es sei I das von $\{x_ix_j - x_jx_i : 1 \leq i < j \leq n\}$ erzeugte Ideal in

$$\mathbb{Z} < x_1, \ldots, x_n > .$$

Man zeige, daß $\mathbb{Z} < x_1, \ldots, x_n > /I$ isomorph zu $\mathbb{Z}[\mathbb{N}^n]$ ist.

Beispiel 9:

Es sei R Ring und I das von $\{a^2 : a \in R\} \cup \{(ab)c + (bc)a + (ca)b : a, b, c \in R\}$ erzeugte Ideal in R. Es sei $L(R) = R/I$ und $\pi_R : R \longrightarrow L(R)$ der Restklassenhomomorphismus.

Es gilt:

1) $L(R)$ ist Liering; er kann der zu R assoziierte Lie-Restklassenring genannt werden.
2) Ist $\varphi : R \longrightarrow R'$ Ringhomomorphismus, so gibt es genau einen Ringhomomorphismus $L(\varphi) : L(R) \longrightarrow L(R')$ mit $\pi_{R'} \circ \varphi = L(\varphi) \circ \pi_R$.
3) Die Zuordnung $\varphi \longmapsto L(\varphi)$ ist Funktor $L : (Rg) \longrightarrow (Rg)$ und die Familie $\pi = (\pi_R), R$ Ring, ist natürliche Transformation $Id_{(Rg)} \longrightarrow L$.
Speziell ist $L(\mathbb{Z}[F(S)])$ der von S frei erzeugte Liering.

3 Adjunktion einer Eins und Brüche

Adjunktion von Eins:

R sei Ring und $R' = \mathbb{Z} \oplus R$ die direkte Summe der additiven Gruppen von $\mathbb{Z}$ und R. Die Abbildung $\cdot : R' \times R' \longrightarrow R'$ sei gegeben durch $(\lambda, a) \cdot (\lambda', a') := (\lambda \cdot \lambda', \lambda a' + \lambda' a + a \cdot a')$

Es gilt: $(R', +, \cdot)$ *ist ein Ring mit Einselement* $(1, 0)$.

Denn:

1)

$$\begin{aligned}(\lambda, a) \cdot ((\lambda', a') + (\lambda'', a'')) &= (\lambda, a)(\lambda' + \lambda'', a' + a'') \\ &= (\lambda(\lambda' + \lambda''), \lambda(a' + a'') + (\lambda' + \lambda'')a + a \cdot (a' + a'')) \\ &= (\lambda\lambda', \lambda a' + \lambda' a + aa') + (\lambda\lambda'', \lambda a'' + \lambda'' a + aa'') \\ &= (\lambda, a)(\lambda', a') + (\lambda, a)(\lambda'', a'').\end{aligned}$$

Ebenso zeigt man $((\lambda', a') + (\lambda'', a'')) \cdot (\lambda, a) = (\lambda', a')(\lambda, a) + (\lambda'', a'') \cdot (\lambda, a)$.

2)

$$(1, 0) \cdot (\lambda, a) = (1 \cdot \lambda, 1 \cdot a + \lambda \cdot 0 + 0 \cdot a)(\lambda, a) = (\lambda, a) \text{ und}$$
$$(\lambda, a)(1, 0) = (\lambda \cdot 1, \lambda \cdot 0 + 1 \cdot a + a \cdot 0) = (\lambda, a).$$

□

Man sagt: R' entsteht aus R durch Adjunktion von Eins, in Zeichen: $R' = \mathbb{Z} \dot{\oplus} R$.

Es gilt: *Die Zuordnung* $i_R : R \longrightarrow \mathbb{Z} \dot{\oplus} R$, $a \longmapsto (0, a)$, *ist Ringhomomorphismus.*

Es bezeichne $(Rg\,mit\,1)$ der Metakategorie aller Ringhomomorphismen $\alpha : A \longrightarrow A'$ mit: A, A' haben Einselemente $1_A, 1_{A'}$ und $\alpha(1_A) = 1_{A'}$. $(Rg\,mit\,1)$ ist eine nicht volle Unterkategorie von (Rg). Ein Ring R definiert eine Zuordnung $F_R = F : (Rg\,mit\,1) \longrightarrow (Mg)$, die gegeben ist durch: $F(A) := \{\text{Ringhomomorphismen } \varphi : R \longrightarrow A\}$.
Ist $\alpha : A \longrightarrow A'$ Ringhomomorphismus in $(Rg\,mit\,1)$, so sei $F(\alpha) : F(A) \longrightarrow F(A')$ gegeben durch $\varphi \longmapsto \alpha \circ \varphi$. F_R ist Funktor.

Satz 3: *F_R ist darstellbar; es gibt einen natürlichen Isomorphismus $\eta : h_{\mathbb{Z}\oplus R} \longrightarrow F_R$. Die bijektive Abbildung $\eta_{\mathbb{Z}\oplus R}$ bildet $id_{\mathbb{Z}\oplus R}$ auf den oben definierten Homomorphismus $i_R : R \longrightarrow \mathbb{Z} \dot{\oplus} R$ ab.*

Beweis:

1) Es sei $\varphi : R \longrightarrow A$ Ringhomomorphismus und A besitze ein Einselement 1_A. Man definiert $\varphi' : \mathbb{Z} \dot{\oplus} R \longrightarrow A$ durch die Vorschrift $(\lambda, a) \longrightarrow \lambda \cdot 1_A + \varphi(a)$. Dann ist $\varphi'(1, 0) = 1_A$ und man zeigt leicht, daß φ' ein Ringhomomorphismus ist. Es ist $\varphi' \circ i_R = \varphi$.
Offensichtlich ist die Zuordnung $\varphi' \longmapsto \varphi' \circ i_R$ injektiv.

2) Die Zuordnung $\eta_A : h_{\mathbb{Z}\oplus A}(A) \longrightarrow F(A)$, $\varphi' \longmapsto \varphi' \circ i_R$, ist bijektiv und $\eta := (\eta_A)$, A Ring mit 1, ist ein natürlicher Isomorphismus. □

Bezeichnet $\mathbb{Z} \oplus$ den Funktor $(Rg) \longrightarrow (Rg\ mit\ 1)$ und I den Inklusionsfunktor $(Rg\ mit\ 1) \hookrightarrow (\mathrm{Rg})$, so gilt: $(\mathbb{Z} \oplus, I)$ ist ein adjungiertes Paar.

Einheitengruppe

Es sei A ein assoziativer Ring mit Einselement 1. Es sei $A^* := \{a \in A :$ es gibt $a' \in A$ mit $a \cdot a' = a' \cdot a = 1\}$

Es gilt: $(A^*, \cdot)$ ist Gruppe; sie heißt **Einheitengruppe** von A.

Beweis: Wenn $a \cdot a' = a' \cdot a = 1$ ist, so ist a' durch a eindeutig bestimmt. Man schreibt $a' = a^{-1}$. Wenn $a, b \in A^*$, so gilt $ab \cdot (b^{-1}a^{-1}) = (b^{-1}a^{-1}) \cdot ab = 1$. Daher ist $a \cdot b \in A^*$ Wenn $a \in A^*$, so ist auch $a^{-1} \in A^*$. Also ist A^* Gruppe. □

Definition: *A sei assoziativer Ring mit Einselement und $A \neq \{0\}$. A heißt* **Körper**, *wenn $A^* = A - \{0\}$*

Brüche

R sei assoziativer Ring und $Z(R) := \{c \in R : c \cdot x = x \cdot c$ für alle $x \in R\}$. Man nennt $Z(R)$ das Zentrum von R; es ist ein kommutativer Unterring von R.
Es sei $S \subset Z(R)$ eine Unterhalbgruppe bezüglich $\cdot$ und $S \neq \varnothing$. Auf der Menge $R \times S$ der Paare (a, s), $a \in R$, $s \in S$ wird eine Relation definiert durch:

$$(a, s) \sim (a', s'),$$

wenn gilt: es gibt $t \in S$ mit $t(as' - a's) = 0$.

Es gilt: $\sim$ *ist Äquivalenzrelation auf $R \times S$.*

Beweis: Offensichtlich ist $\sim$ reflexiv und symmetrisch. Sei nun $(a, s) \sim (a', s')$, $(a', s') \sim (a'', s'')$. Es sei

$$t(a's - as') = 0$$
$$t'(a''s' - a's'') = 0$$

für $t, t' \in S$. Somit ist $t'a''s' = t'a's''$ und $tas' = ta's$.
Dann ist

$$\begin{aligned} tt's'(a''s - as'') &= ts\ t'a''s' - t's''tas' \\ &= ts\ t'a's'' - t's''tas' \\ &= ts\ t'a's'' - t's''ta's \\ &= 0 \end{aligned}$$

und somit $(a, s) \sim (a'', s'')$. □
Es sei $S^{-1}R$ die Menge der Äquivalenzklassen von $R \times S$ modulo $\sim$. Man bezeichnet mit $\frac{a}{s}$ die Äquivalenzklasse von (a, s) modulo $\sim$.
Nun setzt man:

$$\frac{a}{s} + \frac{a'}{s'} := \frac{as' + a's}{ss'}$$

Man zeigt leicht, daß $+$ wohldefiniert ist. Ist nämlich $\frac{a'}{s'} = \frac{a''}{s''}$, $t(a''s' - a's'') = 0$, so ist

$$\frac{as' + a's}{ss'} = \frac{as's''t + a'ss''t}{ss's''t} \quad \text{und}$$
$$\frac{a''s + as''}{ss''} = \frac{a''ss't + as's''t}{ss's''t}$$

Es ist + assoziativ, kommutativ und $\frac{a}{s}+\frac{(-a)}{s}=\frac{0}{s}$, $\frac{0}{s}$ neutrales Element bezüglich +. Somit gilt: $(S^{-1}R,+)$ ist abelsche Gruppe.
Man setzt: $\frac{a}{s}\cdot\frac{a'}{s'}=\frac{aa'}{ss'}$.
Man erhält die Abbildung

$$\cdot : S^{-1}R\times S^{-1}R\longrightarrow S^{-1}R$$

Satz 4: *$(S^{-1}R,+,\cdot)$ ist assoziativer Ring mit Eins. Er heißt Ring der Brüche über R mit Nennern aus S. Es ist $\frac{as}{s}$ unabhängig von s und die Zuordnung $a\longmapsto\frac{as}{s}$ ist ein Ringhomomorphismus $j_R : R\longrightarrow S^{-1}R$.*
j_R ist injektiv, wenn jedes $s\in S$ Nichtnullteiler von R ist (d.h. wenn $s\in S$, $a\in A$ und $s\cdot a=0$, so ist $a=0$)

Beweis: Die behaupteten Eigenschaften lassen sich durch einfache, direkte Rechnungen nachweisen. □

Zusatz: *Es ist $j_R(s)$ Einheit in $S^{-1}R$ für alle $s\in S$.*
Ist speziell R kommutativ und nullteilerfrei (d.h. wenn $a,b\in R$, $a\neq 0$, $b\neq 0$, so ist auch $ab\neq 0$) und $S=R-\{0\}$, so ist $S^{-1}R$ ein kommutativer Körper. Er wird manchmal Quotientenkörper von R genannt. R ist dann kanonisch isomorph zu einem Unterring von $S^{-1}R$.

Beweis:
1) $j_R(s)=\frac{s^2}{s}$ und $\frac{s}{s^2}\in S^{-1}R$. Es ist $\frac{s^2}{s}\cdot\frac{s}{s^2}=\frac{s}{s^2}\cdot\frac{s^2}{s}=\frac{s^3}{s^3}=1$.
2) Sei nun $S=R-\{0\}$ und $q\in S^{-1}R$, $q=\frac{a}{s}$. Ist $q\neq 0$, so ist $a\neq 0$ und $\frac{s}{a}\in S^{-1}R$. Es ist $\frac{a}{s}\cdot\frac{s}{a}=1$. Also ist $(S^{-1}R)^*=S^{-1}R-\{0\}$. □

Beispiel 10: Rationale Zahlen
Es sei $\mathbb{Z}$ der Ring der ganzrationalen Zahlen und $S=\mathbb{Z}-\{0\}$. Es ist $(S,\cdot)$ Unterhalbgruppe von $(\mathbb{Z},\cdot)$ und $\mathbb{Q}:=S^{-1}R$ ist ein kommutativer Körper; er heißt Körper der rationalen Zahlen. Sei nun $P:=\{\frac{a}{s}\in\mathbb{Q}:a\cdot s\in\mathbb{N}\}$.
es gilt:
1) Wenn $q_1,q_2\in P$, so sind $q_1+q_2, q_1\cdot q_2\in P$
2) $P\cup(-P)=\mathbb{Q}$ und $P\cap(-P)=\{0\}$ wenn $(-P):=\{-q:q\in P\}$.
Man setzt

$$|q|:=\begin{cases} q & : q\in P\\ -q & : q\notin P\end{cases}$$

$$q_1\leq q_2 \text{ wenn } q_2-q_1\in P$$

Dann gilt:
(1) Wenn $q_1\leq q_2$, $q\in\mathbb{Q}$, so ist $q_1+q\leq q_2+q$; und $q_1\cdot q\leq q_2\cdot q$, wenn $0\leq q$.
(2) Wenn $q_1,q_2\in\mathbb{Q}$, so gilt $q_1\leq q_2$ oder $q_2\leq q_1$.
Man sagt: $(\mathbb{Q},\leq)$ ist ein angeordneter Körper.
Die rationalen Zahlen faßt man auch auf als Punkte einer Geraden.

Bemerkung: In (Rg) existieren Produkte: Ist $(R_\lambda,+,\cdot)_{\lambda\in\Lambda}$ eine Familie von Ringen, so ist das Produkt $\prod_{\lambda\in\Lambda}(R_\lambda,+,\cdot)$ gegeben durch $(\sqcap_{\lambda\in\Lambda}(R_\lambda,+),\cdot)$, wobei $\cdot$ gegeben ist durch

$$a\cdot b:=(a_\lambda\cdot b_\lambda)_{\lambda\in\Lambda}$$

für $a=(a_\lambda)_{\lambda\in\Lambda}$, $b=(b_\lambda)_{\lambda\in\Lambda}\in\prod_{\lambda\in\Lambda}R_\lambda$.

Wenn $(R_\lambda, +, \cdot) = (R, +, \cdot)$ für alle $\lambda \in \Lambda$, so schreibt man R^Λ für $\prod_{\lambda \in \Lambda} (R_\lambda, +, \cdot)$. Ein Element $a \in R^\Lambda$ ist eine R-wertige Funktion auf Λ, $a : \Lambda \longrightarrow R$, und $+, \cdot$ ist Addition bzw. Multiplikation von Funktionen.

Beispiel 11: Reelle Zahlen

Es sei $\mathbb{Q}^{\mathbb{N}}$ der Ring der $\mathbb{Q}$-wertigen Funktionen a auf $\mathbb{N}$, $a : \mathbb{N} \longrightarrow \mathbb{Q}$. Man faßt a als Folge $(a_n)_{n \geq 0}$ auf: $a_n = a(n)$.
Es sei $C := \{a \in \mathbb{Q}^{\mathbb{N}}$: a ist Cauchyfolge, d.h. für alle $k \in \mathbb{N}$ gibt es $n_0(k)$ mit : wenn $n, m \geq n_0(k)$, so ist $|a_n - a_m| \leq \frac{1}{k}\}$.
Es gilt: C ist Unterring von $\mathbb{Q}^{\mathbb{N}}$ und $I := \{a \in C$: a ist Nullfolge, d.h. für alle $k \in \mathbb{N}$ gibt es $n_0(k)$ mit: $|a_n| \leq \frac{1}{k}$ für alle $n \geq n_0(k)\}$ ist Ideal in C.
es gilt: $\mathbb{R} := C/I$ ist kommutativer Körper; er heißt Körper der reellen Zahlen.

Denn:
1) Es sei $a \in C$, $a \notin I$ und $a(n) \neq 0$ für alle $n \in \mathbb{N}$. Dann ist das Inverse $a^{-1} \in \mathbb{Q}^{\mathbb{N}}$ und man kann leicht nachrechnen, daß $a^{-1} \in C$.
2) Zu $a \in C$, $a \notin I$, gibt es $b \in C$ mit $b(n) \neq 0$ für alle $n \in \mathbb{N}$ und $a - b \in I$. Dann ist $a \bmod I = b \bmod I$ und $b^{-1} \bmod I$ ist invers zu $a \bmod I$. □

Sei nun $\bar{P} := \{r \in \mathbb{R} : r$ wird repräsentiert durch Cauchyfolge a mit $a(n) \geq 0$ für alle $n \in \mathbb{N}\}$
es gilt:
(1) wenn $r_1, r_2 \in \bar{P}$, so sind $r_1 + r_2$, $r_1 \cdot r_2 \in \bar{P}$
(2) $\bar{P} \cap (-\bar{P}) = \{0\}$ und $\bar{P} \cup (-\bar{P}) = \mathbb{R}$. Man setzt $r_1 \leq r_2$, wenn $r_2 - r_1 \in \bar{P}$.

Dann gilt:
(1) wenn $r_1 \leq r_2$, $r \in \mathbb{R}$, so ist $r_1 + r \leq r_2 + r$ und $r_1 \cdot r \leq r_2 \cdot r$, wenn $0 \leq r$.
(2) Wenn $r_1, r_2 \in \mathbb{R}$, so ist $r_1 \leq r_2$ oder $r_2 \leq r_1$.

Man interpretiert die reellen Zahlen als Punkte einer Geraden (Zahlengerade). Eine ansprechende Diskussion dieses Problems findet man in der Schrift „Stetigkeit und irrationale Zahlen" von R. Dedekind, [D1].

Übung 7: Es sei C der Ring der Cauchyfolgen in $\mathbb{Q}^{\mathbb{N}}$ und D die Menge aller Folgen $\gamma = (\gamma_i)_{i \geq 0}$ mit $\gamma_i \in \mathbb{Z}$ für alle i und $0 \leq \gamma_i \leq 9$ für alle $i \geq 1$.
Man zeige:

1) Es sei $\gamma \in D$ und $c_\gamma \in \mathbb{Q}^{\mathbb{N}}$ sei gegeben surch $c_\gamma(n) := \sum_{i=0}^{n} \frac{\gamma^i}{10^i}$ für alle $n \in \mathbb{N}$.
   Dann ist $c_\gamma \in C$.
2) Zu $a \in C$ existiert $\gamma \in D$ mit $a - c_\gamma \in$ Ideal I der Nullfolgen von C.
3) Für jedes $r \in \mathbb{R} = C/I$ ist $\sharp\{\gamma \in D : \bar{c}_y = r\} = 1$ oder 2. Dabei bezeichnet $\bar{c}_\gamma$ die Restklasse von c_γ in $\mathbb{R}$.

§5 Moduln

Einführung

Die Theorie der Moduln über einen assoziativen Ring wird auch als Lineare Algebra bezeichnet. Grundlegende Begriffsbildungen dieser Theorie sind in dem 1844 erschienenen Buch „Die Lineale Ausdehnungslehre, ein neuer Zweig der Mathematik" von H. Graßmann enthalten. Er führte dort Addition und äußere Multiplikation von abstrakten Vektorgrößen ein und hatte die Freude zu sehen, daß die neue Analyse auf die schwierige Theorie der Ebbe und Flut erfolgreich angewendet werden konnte. Er schreibt: „Bei der sonst üblichen Methode zeigte sich durch die Einführung willkürlicher Koordinaten, die mit der Sache nichts zu schaffen haben, die Idee ganz verdunkelt. Hingegen hier, wo die Idee, durch nichts fremdartiges getrübt, überall durch die Formeln in voller Klarheit hindurchstrahlte, war auch bei jeder Formelentwicklung der Geist in der Fortentwicklung der Idee begriffen", [G], Vorrede, p.9 ·

Peano, einer der Schöpfer der axiomatischen Methode, hat ab 1888 die abstrakte Definition von reellen Vektorräumen angegeben. Erst zu Beginn des 20. Jahrhunderts wurde der allgemeine Modulbegriff behandelt. R-Moduln sind abelsche Gruppen, auf denen die Elemente $a \in R$ als Homomorphismen operieren. In der Kategorie der R-Modulhomomorphismen existieren Produkte und Koprodukte. Es existieren Restklassenmoduln nach Untermoduln. Ein R-Modul besitzt stets eine Basis, wenn R ein Körper ist. Ist $\rho : R \longrightarrow R'$ ein Ringhomomorphismus, so kann man durch Einschränkung des Skalarbereiches bezüglich ρ jeden R'-Modul als R-Modul auffassen und man kann durch Erweiterung des Skalarbereiches bezüglich ρ jedem R-Modul einen R'-Modul zuordnen. Diese Konstruktionen sind funktoriell und bilden ein adjungiertes Paar. Man muß Links- und Rechtsmoduln unterscheiden. Die Linearformen auf einem R-Linksmodul bilden in natürlicher Weise einen R-Rechtsmodul. Diese Konstruktion der Dualisierung ist funktoriell.

Hinweise auf Literatur zur Theorie der Moduln: [B2], Chap. II, [SS], Band 1, [L], Chap. III.

1 Grundlegende Konstruktionen

Es sei $R = (R, +, \cdot)$ ein assoziativer Ring mit Einselement 1.

Definition: *Ein Tripel $(M, +, \cdot)$ heißt R-***Modul***, wenn gilt:*

(1) $(M, +)$ ist abelsche Gruppe.

(2) $\cdot$ ist Abbildung $R \times M \longrightarrow M$ mit folgenden Eigenschaften:

(i) $a \cdot (x + y) = a \cdot x + a \cdot y$

(ii) $(a + b) \cdot x = a \cdot x + b \cdot x$

(iii) $(a \cdot b) \cdot x = a \cdot (b \cdot x)$

(iv) $1 \cdot x = x$

für alle $a, b \in R,\ x, y \in M$.

Konvention: Die Verknüpfung $\cdot$ ist vor der Verknüpfung $+$ auszuführen; es ist z. B. $a \cdot x + b \cdot y$ zu interpretieren als $(a \cdot x) + (b \cdot y)$.

Anmerkung: Ist R Körper, so nennt man R-Moduln auch R-Vektorräume.

$(M,+,\cdot),(M',+,\cdot)$ seien R-Moduln.

Definition: *Ein R-Modulhomomorphismus* $\varphi : (M,+,\cdot) \longrightarrow (M',+,\cdot)$ *ist eine Abbildung* $\varphi : M \longrightarrow M'$ *mit*

(i) $\varphi(x+y) = \varphi(x) + \varphi(y)$

(ii) $\varphi(a \cdot x) = a \cdot \varphi(x)$

für alle $a \in R,\ x, y \in M$.

Es gilt: *Die Gesamtheit der R-Modulhomomorphismen zusammen mit der Komposition von Abbildungen ist eine Meta-Kategorie (R-Mod).*

Die Zuordnung $V_R : (R\text{-}Mod) \longrightarrow (abGr),\ (M,+,\cdot) \longmapsto (M,+),\ \varphi \longmapsto \varphi$, ist ein Funktor; durch ihn wird ein R-Modulhomomorphismus als Homomorphismus von abelschen Gruppen aufgefaßt.

Es gilt: $V_{\mathbb{Z}}$ *ist ein Isomorphismus* $(\mathbb{Z}\text{-}Mod) \longrightarrow (abGr)$.

Beweis: Es sei $(M,+)$ eine abelsche Gruppe. In § 2, [2] wurde eine Abbildung $\cdot : \mathbb{Z} \times M \longrightarrow M$ definiert. Es wurden Rechenregeln angegeben, die $(M,+,\cdot)$ zu einem $\mathbb{Z}$-Modul machen. Ist $\varphi : (M,+) \longrightarrow (M',+)$ ein Homomorphismus von Gruppen, so gilt $\varphi(n \cdot x) = n \cdot \varphi(x)$ für $n \in \mathbb{Z},\ x \in M$. Dies bedeutet, daß φ $\mathbb{Z}$-Modulhomomorphismus ist. □

Beispiel 1: n-Tupel

Es sei $R^n := \{x = (x_1, \ldots, x_n) : x_i \in R \text{ für alle } i\}$ das n-fache kartesische Produkt von R. Für $x' = (x'_1, \ldots, x'_n),\ x'_i \in R$, und $a \in R$ setzt man

$$x + x' = (x_1 + x'_1, \ldots, x'_n + x'_n)$$
$$a \cdot x = (ax_1, \ldots, ax_n)$$

Dann ist $(R^n,+,\cdot)$ R-Modul und jedes $x \in R^n$ besitzt eine eindeutige Darstellung

$$x = \sum_{i=1}^{n} a_i e_i$$

mit

$$a_i \in R,\ e_i := (\delta_{i1}, \ldots, \delta_{in}),\ \delta_{ij} = \begin{cases} 1 & : i = j \\ 0 & : i \neq j \end{cases}$$ □

Es seien $(M',+,\cdot),\ (M,+,\cdot)$ R-Moduln.

Definition: $(M',+,\cdot)$ *heißt R-Untermodul von* $(M,+,\cdot)$, *wenn gilt:*

(i) M' *ist Teilmenge von* M

(ii) Die Inklusionsabbildung $M' \hookrightarrow M$ *ist ein R-Modulhomomorphismus.*

Es gilt: *Es sei* $(M,+,\cdot)$ *R-Modul und* M' *Teilmenge von* M. *Die Einschränkungen von* $+,\cdot$ *auf* $M' \times M'$ *bzw.* $R \times M'$ *definieren eine R-Modulstruktur auf* M' *genau dann, wenn gilt:*

(i) wenn $x, y \in M'$, *so ist* $x + y \in M'$

(ii) wenn $a \in R,\ x \in M'$ *so ist* $a \cdot x \in M'$. □

Es sei $(M,+,\cdot)$ R-Modul und $E \subset M$.

Definition: E *heißt Erzeugendensystem von* M, *wenn gilt: Ist* M' *R-Untermodul von* M *und* $E \subset M'$, *so ist* $M' = M$.

Übung 1: Es sei $R = \mathbb{R}^{n\times n}$ der Ring der reellen $n\times n$ Matrizen und $M = R^1$, $M' := \{x \in \mathbb{R}^{n\times n} : \text{die erste Spalte von } x \text{ ist } 0\}$.
Es ist M' R-Untermodul von M. Denn: $a \in \mathbb{R}^{n\times n}$, $x \in M'$, $a \cdot x = y$; es ist $y_{i1} = \sum_{j=1}^{n} a_{ij}x_{j1} = 0$, da $x_{j1} = 0$ für alle j.

Ein Erzeugendensystem E von M' wird gegeben durch $E := \{e_{22}, e_{33}, \ldots, e_{nn}\}$. Dabei bezeichnet e_{ij} die $n \times n$ Matrix, deren Eintrag an der Stelle (k,l) gleich

$$\begin{cases} 1 & : (i,j) = (k,l) \\ 0 & : \text{sonst} \end{cases}$$

Es ist $e_{ij} \cdot e_{kl} = \delta_{jk} \cdot e_{il}$ und daher ist $e_{ij} \cdot e_{jj} = e_{ij}$. Ist $x \in M'$, so ist

$$x = \sum_{j\geq 2}^{n} \sum_{i=1}^{n} a_{ij} \cdot e_{ij}, \quad a_{ij} \in \mathbb{R}$$

und

$$x = \sum_{j=2}^{n} a_j \cdot e_{jj}$$

mit

$$a_j = \sum_{i=1}^{n} \lambda_{ij} e_{ij} \in R$$

Dies zeigt, daß E ein Erzeugendensystem von M' ist.
Sei $e' := e_{22} + \ldots + e_{nn}$. Dann ist $\{e'\}$ Erzeugendensystem von M', weil $e_{jj} \cdot e' = e_{jj}$ für $j \geq 2$ und daher $e_{jj} \in \mathbb{R}^{n\times n} \cdot e'$ für $j \geq 2$. Ein R-Untermodul von M', der e' enthält, enthält daher e_{jj} für alle $j \geq 2$ und stimmt daher mit M' überein. □

Es sei $\varphi : M \longrightarrow M'$ ein R-Modulhomomorphismus.

Definition:

$$\textit{Kern } \varphi := \{x \in M : \varphi(x) = 0\}$$
$$\textit{Bild } \varphi := \{y \in M' : \textit{ es gibt } x \in M \textit{ mit } y = \varphi(x)\}$$

Es gilt: Kern φ *ist R-Untermodul von M und* **Bild** φ *ist R-Untermodul von M'.*

Übung 2: Es sei $a \in R$ und $\varphi_a : R \longrightarrow R$ sei gegeben durch $\varphi_a(x) = x \cdot a$ für alle $x \in R$.
Dann ist φ_a R-Modulhomomorphismus, da $\varphi_a(x + x') = (x + x') \cdot a = x \cdot a + x' \cdot a = \varphi_a(x) + \varphi_a(x')$ und $\varphi_a(bx) = (bx) \cdot a = b(xa) = b \cdot \varphi_a(x)$ für alle $a, b \in R$, $x, x' \in R$.
Es ist Kern $\varphi_a = \{x \in R : x \cdot a = 0\}$ und Bild $\varphi_a = R \cdot a$. □

Es seien M, M' R-Moduln und $\text{Hom}(M, M') := \text{Hom}((M,+), (M',+))$ die abelsche Gruppe der Homomorphismen von $(M,+)$ in $(M',+)$, wobei $(M,+)$ bzw. $(M',+)$ die M bzw M' unterliegende abelsche Gruppe bezeichnen soll.
Es sei $\text{Hom}_R(M, M') := \{\varphi \in \text{Hom}(M, M') : \varphi \text{ ist } R\text{-Modulhomomorphismus}\}$. Es ist $\text{Hom}_R(M, M')$ Untergruppe von $\text{Hom}(M, M')$.
Sind nämlich $\varphi_1, \varphi_2 \in \text{Hom}_R(M, M')$ und $\varphi = \varphi_1 + \varphi_2$, so gilt $\varphi(a \cdot x) = \varphi_1(a \cdot x) + \varphi_2(a \cdot x) = a \cdot \varphi_1(x) + a \cdot \varphi_2(x) = a \cdot (\varphi_1(x) + \varphi_2(x)) = a \cdot \varphi(x)$ für alle $a \in R$, $x \in M$.
Es sei End $M := \text{Hom}(M, M)$ und $\text{End}_R M := \text{Hom}_R(M, M)$. Es ist $\text{End}_R M$ Unterring des Endomorphismenrings End M, siehe §4, Beispiel 4.

Beispiel 2: Modul über dem Endomorphismenring

Es sei M R-Modul und $\cdot$: End $M \times M \longrightarrow M$ sei gegeben durch $(\varphi, x) \mapsto \varphi(x)$ für $\varphi \in$ End $M, x \in M$. Dann ist M End M-Modul und auch $\mathrm{End}_R M$-Modul..

Es sei $a \in R$ und $\rho_a : M \longrightarrow M$ sei gegeben durch $x \mapsto a \cdot x$. Dann ist $\rho_a \in$ End M und die Zuordnung $a \longrightarrow \rho_a$ ist ein Ringhomomorphismus $R \longrightarrow$ End M, der auch als reguläre Darstellung von R durch M bezeichnet wird.

Übung 3: $\mathrm{End}_{\mathbb{R}}\mathbb{R}^n$ ist kanonisch isomorph zum Ring $\mathbb{R}^{n\times n}$ der reellen $n \times n$-Matrizen. $\mathbb{R}^n$ ist daher $\mathbb{R}^{n\times n}$-Modul und jeder Vektor $v \neq 0$ in $\mathbb{R}^n$ ist ein Erzeugendensystem für den $\mathbb{R}^{n\times n}$-Modul $\mathbb{R}^n$.

Satz 1:

1) $(M, +, \cdot)$ *sei R-Modul und* $E \subset M, E \neq \varnothing$.

$$M_E := \{\sum_{i=1}^{r} a_i e_i : r \geq 1 \text{ , } a_i \in R,\ e_i \in E\}$$

ist R-Untermodul von M; er heißt R-Untermodul der Linearkombinationen über E.

Es ist E Erzeugendensystem von M_E.

2) M' *sei R-Untermodul von* $(M, +, \cdot)$. *Es gibt einen R-Modul* $\overline{M}$ *und einen surjektiven R-Modulhomomorphismus* $\pi : M \longrightarrow \overline{M}$ *mit Kern* $\pi = M'$. $\overline{M}$ *heißt Restklassenmodul von M nach* M'

3) Produkte und Koprodukte existieren in (R-Mod).

4) S sei Menge.

Es gibt einen R-Modul $F(S)$ *und eine Abbildung* $e : S \longrightarrow F(S)$ *mit: Ist* $\alpha : S \longrightarrow M$ *eine Abbildung, M R-Modul, so existiert genau ein R-Modulhomomorphismus* $\varphi_\alpha : F(S) \longrightarrow M$ *mit* $\varphi_a(e(s)) = \alpha(s)$ *für alle* $s \in S$.

Es ist e injektiv und $\{e(s) : s \in S\}$ *Erzeugendensystem von* $F(S)$. *Man nennt* $F(S)$ *den von S frei erzeugten R-Modul.*

Beweis:

1) Die Aussage 1) zeigt man durch leichte Rechnung.
2) Die Aussage 2) ist eine naheliegende Verallgemeinerung von §1 Satz 2.
3) Aussage 3) verallgemeinert die Konstruktion für direkte Summen und Produkte für abelsche Gruppen (= $\mathbb{Z}$-Moduln), siehe §2, Abschnitt 2.
4) $F(S) := R^{(S)} := \bigoplus_{\lambda\in S}(M_\lambda, +, \cdot)$ mit $(M_\lambda, +, \cdot) = (R, +, \cdot)$ für alle $\lambda \in S$. Der Beweis der universellen Eigenschaft ist analog zum Teil ii) im Beweis von Satz 4, §2. □

Übung 4: Es sei $S = \{1, 2, \ldots, n\}$. Dann ist $F(S)$ kanonisch isomorph zu R^n. Es seien $v_1, \ldots, v_n \in R^m$. Dann existiert genau ein $\varphi \in \mathrm{Hom}_R(R^n, R^m)$ mit $\varphi(e_i) = v_i$. Es ist $\varphi(\lambda_1, \ldots, \lambda_n) = \lambda_1 v_1 + \ldots + \lambda_n v_n$, wenn $(\lambda_1, \ldots, \lambda_n) \in R^n$.

Ist a die $n \times m$ Matrix, deren i-te Zeile v_i ist, so ist $\varphi(\lambda_1, \ldots, \lambda_n) = (\lambda_1, \ldots, \lambda_n) \cdot a =$ Matrizenprodukt der $1 \times n$ Matrix $(\lambda_1, \ldots, \lambda_n)$ mit der $n \times m$ Matrix a.

Beispiel 3: Quaternionen

Es sei $\mathcal{H}$ der Unterring von $\mathbb{C}^{2\times 2}$ erzeugt von $\mathbb{R}\cdot 1_{2\times 2}$, $1_{2\times 2} = \begin{pmatrix} 1 & 0 \\ 0 & 1 \end{pmatrix}$ und von $\{x, y\}$, $x := \begin{pmatrix} i & 0 \\ 0 & -i \end{pmatrix}$, $y := \begin{pmatrix} 0 & 1 \\ -1 & 0 \end{pmatrix}$. Es ist $x^2 = y^2 = -1_{2\times 2}$ und $xy + yx = 0$, da $xy = \begin{pmatrix} 0 & i \\ i & 0 \end{pmatrix}$ und $yx = \begin{pmatrix} 0 & -i \\ -i & 0 \end{pmatrix}$.

Dabei ist $\mathbb{C}$ der Körper der komplexen Zahlen und $i \in \mathbb{C}$ ein Element mit $i^2 = -1$.
$\mathcal{H}$ ist $\mathbb{R}$-Modul mit Basis $1, x, y, xy$.
Es gilt: $\mathcal{H}$ ist Körper; er heißt Körper der Hamiltonschen Quaternionen.

Beweis: Für $q \in \mathcal{H}$ hat man eine eindeutige Darstellung

$$q = \lambda_0 \cdot 1_{2\times 2} + \lambda_1 x + \lambda_2 y + \lambda_3 xy$$

mit $\lambda_i \in \mathbb{R}$.
Man setzt $\bar{q} := \lambda_0 \cdot 1_{2\times 2} - \lambda_1 x - \lambda_2 y - \lambda_3 xy$. Es ist $\overline{q_1 + q_2} = \bar{q}_1 + \bar{q}_2$ und $\overline{q_1 q_2} = \bar{q}_2 \cdot \bar{q}_1$ und $q \cdot \bar{q} = (\lambda_0^2 + \lambda_1^2 + \lambda_2^2 + \lambda_3^2) \cdot 1_{2\times 2}$.
Ist $q \neq 0$, so ist $q\bar{q} = \rho \cdot 1_{2\times 2}$ mit $\rho \in \mathbb{R}$, $\rho \neq 0$ und das Inverse von q ist $\rho^{-1} \cdot \bar{q}$. □

Es sei $(M, +, \cdot)$ R-Modul und $B \subset M$.

Definition: *B heißt* **Basis** *von $(M, +, \cdot)$, wenn der von der identischen Abbildung $B \longrightarrow B$ induzierte R-Modulhomomorphismus $\varphi_B : F(B) \longrightarrow M$ ein Isomorphismus ist.*

Definition: *M heißt* **freier** *R-Modul, wenn M eine Basis besitzt.*

Satz 2: *K sei Körper und M sei K-Modul, dann gilt:*
1) M ist freier K-Modul
2) Sind B, B' Basissysteme von M, so gibt es eine bijektive Abbildung $B \longrightarrow B'$. Man nennt $\sharp B$ den **Rang** $\mathrm{rg} M$ *oder die* **Dimension** $\dim M$ *von M.*

Beweis:

1) Es sei $B \subset M$. B heißt System K-linear unabhängiger Elemente von M, wenn der von der identischen Abbildung $B \longrightarrow B$ induzierte K-Modulhomomorphismus $F(B) \longrightarrow M$ injektiv ist.
Nach dem Lemma von Zorn gibt es maximale linear unabhängige Systeme in M. Ist B ein solches System, so ist B ein Erzeugendensystem von M, denn: es sei M' der von B erzeugte K-Untermodul von M. Wenn $M' \neq M$, wählt man $b \in M$, $b \notin M'$. Dann ist $B \cup \{b\}$ linear unabhängig, weil aus

$$\lambda_1 b_1 + \ldots + \lambda_r b_r + \lambda b = 0,\ \lambda_i, \lambda \in K,\ b_i \in B,\ b_i \neq b_j$$

für $i \neq j$, $\lambda \neq 0$ bereits folgt

$$b = \sum_{i=1}^{r} (-\lambda^{-1}\lambda_i) b_i \in M'$$

Ist $\lambda = 0$, so sind alle $\lambda_i = 0$.

2) Ist $b \in B$, so gibt es $b' \in B'$ mit: $(B - \{b\}) \cup \{b'\}$ ist ebenfalls Basis von M. (Steinitzscher Austauschsatz). Ist daher $\sharp B < \infty$, so kann man nach wiederholter Anwendung des Steinitzschen Austauschverfahrens erreichen, daß eine Basis B''

konstruiert ist mit $\sharp B = \sharp B''$ und $B'' \subset B'$. Es folgt dann $B'' = B'$ und $\sharp B = \sharp B'$, d.h. B und B' sind gleichmächtig.

3) Sei nun B abzählbar unendlich, d.h. es gibt eine bijektive Abbildung $\alpha : \mathbb{N} \longrightarrow B$, eine Abzählung von B.
Es soll gezeigt werden, daß auch B' abzählbar unendlich ist.
Es sei $P_e(B)$ das System der endlichen Teilmengen von B. Auch $P_e(B)$ ist abzählbar unendlich.
Es sei $T : B' \longrightarrow P_e(B)$ die folgende Abbildung: $b' \in B'$ besitzt eine eindeutige Darstellung $b' = \sum_{i=1}^{r} \lambda_i b_i$ mit $\lambda_i \in K$, $b_i \in B$, $b_i \neq b_j$ für $i \neq j$. Es wird gesetzt
$$T(b') := \{b_i : \lambda_i \neq 0\}$$
Die Fasern von T sind alle endlich und $T(B')$ ist abzählbar. Daher ist auch B' abzählbar. Da B' nicht endlich ist wegen 1) ist B' abzählbar unendlich.

4) Das Verfahren unter 3) erlaubt eine Verallgemeinerung, die zeigt, daß B und B' stets gleichmächtig sind. Man hat hierbei den Äquivalenzsatz von Bernstein zu verwenden. Er sagt: Sind M, N Mengen und $\alpha : M \longrightarrow N$, $\beta : N \longrightarrow M$ injektive Abbildungen so sind M, N gleichmächtig. Für Einzelheiten dieses Beweises sei verwiesen auf [SS], Teil 1, § 24. □

Folgerung: Es sei $\varphi : M \longrightarrow M'$ ein K-Modulhomomorphismus, K Körper.
Dann gilt:
$$\dim(\text{Kern } \varphi) + \dim(\text{Bild } \varphi) = \dim M$$

Beweis: B' sei Basis von Kern φ und B'' sei Basis von Bild φ. Zu $b'' \in B''$ wählt man $b = \tau(b'') \in M$ mit $\varphi(b) = b''$. Setzt man $B := \{\tau(b'') : b'' \in B''\}$, so ist $B \cup B'$ eine Basis von M. Wegen $B \cap B' = \varnothing$, ist $\sharp(B \cup B') = \sharp B + \sharp B'$ die Dimension von M. □

Beispiel 4: Magmaring über einem assoziativen Koeffizientenring.
Es sei R ein assoziativer Ring mit 1 und M ein Magma mit Verknüpfung $\cdot_M$. Es sei $R[M]$ der vor M frei erzeugte R-Modul und $e : M \hookrightarrow R[M]$ die kanonische Inklusionsabbildung. Es seien $f, f' \in R[M]$. Dann hat man eindeutige Darstellungen
$$f = \sum_{i=1}^{r} a_i e(m_i)$$
$$f' = \sum_{i=1}^{r'} a'_i e(m'_i)$$
mit $a_i, a'_i \in R$, $m_i, m'_i \in M$ mit $m_i \neq m_j$, $m'_i \neq m'_j$ für alle $i \neq j$. Es sei $N := \{n \in M : n = m_i \cdot m'_j$ für $i, j\}$ und $N = \{n_1, \ldots, n_s\}$ mit $n_i \neq n_j$ für $i \neq j$.
Setzt man
$$f \cdot f' = \sum_{k=1}^{s} \Big(\sum_{m_i \cdot m'_j = n_k} a_i \cdot a'_j \Big) \cdot e(n_k)$$
so ist eine Abbildung $\cdot : R[M] \times R[M] \longrightarrow R[M]$ erklärt.
Es gilt: $(R[M], +, \cdot)$ ist assoziativer Ring; er heißt Magmaring von M über R. Hat M ein Einselement 1, so ist $e(1)$ Einselement von $R[M]$.

Übung 5: Es sei W die Worthalbgruppe über $\{x,y\}, x \neq y$, und $W_1 = 1\dot{\cup}W$ die Halbgruppe, die durch Adjunktion einer Eins zu W entsteht. Es sei $\mathbb{R} < x,y >$ der Halbgruppenring $\mathbb{R}[W_1]$ und I das von $x^2+1, y^2+1, xy+yx$ erzeugte Ideal in $\mathbb{R} < x,y >$.
Man zeige, daß der Körper $\mathcal{H}$ der Hamiltonschen Quaternionen kanonisch isomorph zu $\mathbb{R} < x,y > /I$ ist.

2 Wechsel des Ringes

Es sei $\rho : R \longrightarrow R'$ ein Ringhomomorphismus in (*ass Rg* mit 1) und M' sei R'-Modul, $M' = (M', +, \cdot)$. Es sei $\rho_*(M') := (M', +, \cdot \circ (\rho \times id))$, wobei $\cdot \circ (\rho \times id)$ die Komposition der Abbildung $\rho \times id : R \times M' \longrightarrow R' \times M'$, $(a,x) \longmapsto (\rho(a), x)$, mit der Multiplikationsabbildung $\cdot : R' \times M' \longrightarrow M'$ ist.
Dann ist $\rho_*(M')$ R-Modul. Schreibt man für die Multiplikationsabbildung von $\rho_*(M')$ auch das Symbol $\cdot$, dann ist

$$a \cdot x = \rho(a) \cdot x$$

für $a \in R$, $x \in M'$, wobei $\rho(a) \cdot x$ das Produkt bezüglich des R'-Moduls M' ist.

Satz 3:

1) Es sei E' Erzeugendensystem von M' und E Erzeugendensystem von $\rho_*(R')$ Dann ist $E \cdot E' := \{e \cdot e' : e \in E,\ e' \in E'\}$ Erzeugendensystem von $\rho_*(M')$

2) Sind R, R' Körper, so ist

$$\dim \rho_*(M') = \dim \rho_*(R') \cdot \dim M'$$

Beweis:

1) Es sei $x \in M'$. Es gibt dann eine Darstellung

$$x = \sum_{i=1}^{r} a_i' \cdot e_i'$$

mit $a_i' \in R'$, $e_i' \in E'$, da E' den R'-Modul M' erzeugt. Für jedes i gibt es eine Darstellung

$$a_i' = \sum_{j=1}^{r_i'} \rho(b_{ij}) \cdot e_j$$

mit $b_{ij} \in R$, $e_j \in E$. Daher ist

$$x = \sum_{i,j} \rho(b_{ij}) e_j \cdot e_i'$$

2) Sei nun E' Basis von M' und E Basis von $\rho_*(R')$. Es ist $E \cdot E'$ Basis von $\rho_*(M')$,wenn $E \cdot E'$ R-linear unabhängig ist. Sei nun

$$\sum_{i,j} \rho(b_{ij}) e_j e_i' = 0$$

für $b_{ij} \in R$ mit $e_i \neq e_k$ für $i \neq k$ und $e_i' \neq e_k'$ für $i \neq k$, $e_i \in E$, $e_i' \in E'$.
Dann ist $a_i' := \sum_j \rho(b_{ij}) e_j \in R'$ und $\sum_i a_i' e_i' = 0$. Da E' R'-linear unabhängig, gilt $a_i' = 0$ für alle i. Da E R-linear unabhängig, ist $b_{ij} = 0$ für alle j. □

Übung 6: Es sei $\rho : \mathbb{R} \longrightarrow \mathbb{C}$ die Einbettung von $\mathbb{R}$ in $\mathbb{C}$, d.h. $Re\rho(a) = a$, $Im\rho(a) = 0$ für $a \in \mathbb{R}$, wenn Rez, Imz der Realteil bzw. Imaginärteil von $z \in \mathbb{C}$ ist. Ist $M' = \mathbb{C}^n$ als $\mathbb{C}$-Modul, so ist $\rho_*(\mathbb{C}^n)$ kanonisch isomorph zu $\mathbb{R}^{2n}$. Wenn $e_1, \ldots, e_n$ die Standardbasis von $\mathbb{C}^n$ ist, so ist $e_1, ie_1, \ldots, e_n, ie_n$ Basis von $\mathbb{R}^{2n}$, da $\{1, i\}$ Basis von $\rho_*(\mathbb{C})$. □

Es gilt:

1) Ist $\varphi : M' \longrightarrow N'$ R'-Modulhomomorphismus, so ist φ auch R-Modulhomomorphismus $\rho_*(M') \longrightarrow \rho_*(N')$, der auch mit $\rho_*(\varphi)$ bezeichnet wird.

2) Die Zuordnung $\varphi \longmapsto \rho_*(\varphi)$ ist Funktor $\rho_* : (R'\text{-Mod}) \longrightarrow (R\text{-Mod})$; er heißt „Einschränkung des Skalarbereichs bezüglich ρ", auch wenn ρ nicht injektiv ist.

Beweis:

1) Für $a \in R$, $x \in M'$ gilt: $\varphi(a \cdot x) = \varphi(\rho(a) \cdot x) = \rho(a) \cdot \varphi(x) = a \cdot \varphi(x)$

2) $\rho_*(\varphi_1 \circ \varphi_2) = \varphi_1 \circ \varphi_2 = \rho_*(\varphi_1) \circ \rho_*(\varphi_2)$ und $\rho_*(id) = id$. □

Es sei M R-Modul. Es wird ein R'-Modul $\rho^*(M)$ konstruiert:
Es sei $F(M)$ der von M frei erzeugte R'-Modul und $e : M \hookrightarrow F(M)$ die natürliche Inklusionsabbildung.
Es sei $U(M)$ der R'-Untermodul von $F(M)$ erzeugt von

$$\{e(m + m') - e(m) - e(m') : m, m' \in M\} \cup \{e(a \cdot m) - \rho(a) \cdot e(m) : a \in R,\ m \in M\}$$

und $\rho^*(M) = F(M)/U(M)$ der Restklassenmodul von $F(M)$ nach $U(M)$. Ist $\varepsilon_M : M \longrightarrow \rho^*(M)$ gegeben durch $m \longmapsto$ Restklasse von $e(m)$ nach $U(M)$, so ist $\varepsilon_M(m + m') = \varepsilon_M(m) + \varepsilon_M(m')$, $\varepsilon_M(a \cdot m) = \rho(a) \cdot \varepsilon_M(m)$ für $m, m' \in M, a \in R$. Somit kann man ε_M auffassen als R-Modulhomomorphismus $M \longrightarrow \rho_*(\rho^*(M))$.

Übung 7: Es sei $\rho : \mathbb{R} \longrightarrow \mathbb{C}$ wie in Übung 6 und $M = \mathbb{R}^n$. Dann ist $\rho^*(M)$ kanonisch isomorph zu $\mathbb{C}^n$ und $\varepsilon_M : \mathbb{R}^n \longrightarrow \mathbb{C}^n$ ist die Abbildung $(x_1, \ldots, x_n) \longmapsto (\rho(x_1), \ldots, \rho(x_n))$.
Denn:

1) $\varepsilon_M(x_1, \ldots, x_n) = \varepsilon_M(\sum_{i=1}^{n} x_i e_i) = \sum_{i=1}^{n} \rho(x_i)\varepsilon_M(e_i)$.
Dies zeigt, daß $\varepsilon_M(e_1), \ldots, \varepsilon_M(e_n)$ ein Erzeugendensystem von $\rho^*(M)$ ist.

2) Es sei $\pi : F(\mathbb{R}^n) \longrightarrow \mathbb{C}^n$ der $\mathbb{C}$-Modulhomomorphismus, der $e(x_1, \ldots, x_n)$ auf $(\rho(x_1), \ldots, \rho(x_n))$ abbildet für $(x_1, \ldots, x_n) \in \mathbb{R}^n$. Ein solcher $\mathbb{C}$-Homomorphismusexistiert, da $\{e(x) : x \in \rho^n\}$ $\mathbb{C}$-Basis von $F(\mathbb{R}^n)$ ist. Es ist $\pi(e(e_i)) = e_i$ und $U(\mathbb{R}^n) \subset$
Kern π. Man erhält einen $\mathbb{C}$ -Modulhomomorphismus $\rho_*(\mathbb{R}^n) \longrightarrow \mathbb{C}^n$, der zeigt, daß

$$\varepsilon_M(e_1), \ldots, \varepsilon_M(e_n)$$

$\mathbb{C}$-linear unabhängig sind. □

Es gilt:

1) $\varphi : M \longrightarrow N$ sei R-Modulhomomorphismus. Es gibt genau einen R'-Modulhomomorphismus $\rho^*(\varphi) : \rho^*(M) \longrightarrow \rho^*(N)$ mit $\varepsilon_N \circ \varphi = \rho^*(\varphi) \circ \varepsilon_M$.

2) Die Zuordnung $\varphi \longmapsto \rho^*(\varphi)$ ist Funktor $\rho^* : (R\text{-Mod}) \longrightarrow (R'\text{-Mod})$. Er heißt „Erweiterung des Skalarbereich bezüglich ρ".

Satz 4: *(ρ^*, ρ_*) ist ein adjungiertes Paar von Funktoren.*

Beweis: M sei R-Modul, M' sei R'-Modul und $\varphi : M \longrightarrow \rho_*(M')$ sei R- Modulhomomorphismus. Es sei $\hat{\varphi} : F(M) \longrightarrow M'$ der R'-Modulhomomorphismus gegeben durch $e(m) \longmapsto \varphi(m)$ für $m \in M$. Er existiert wegen der universellen Abbildungseigenschaft für frei erzeugte Moduln, Satz 1, 4. Es ist $\hat{\varphi}(U(M)) = 0$, da $\hat{\varphi}(e(m+m') - e(m) - e(m')) = \varphi(m+m') - \varphi(m) - \varphi(m') = 0$ und $\hat{\varphi}(e(a \cdot m)) - \rho(a) \cdot \varphi(m) = 0$ für $m, m' \in M,\ a \in R$.

Somit induziert $\hat{\varphi}$ einen R'-Modulhomomorphismus $\bar{\varphi} : \rho^*(M) \longrightarrow M'$, der $\varepsilon_M(m)$ auf $\varphi(m)$ abbildet für $m \in M$. Man zeigt leicht, daß die Zuordnung $\varphi \longmapsto \bar{\varphi}$ eine bijektive Abbildung $\eta_{M,M'} : \mathrm{Hom}_R(M, \rho_*(M')) \longrightarrow \mathrm{Hom}_{R'}(\rho^*(M), M')$ ist und $\eta = (\eta_{M,M'})$ eine natürliche Transformation. □

3 Dualer Modul

Bemerkung: $(R, +, \cdot)$ sei Ring. Dann ist $(R, +, \cdot)^{op} := (R, +, \cdot \circ \sigma)$ ebenfalls Ring, wenn $\sigma : R \times R \longrightarrow R \times R$ gegeben ist durch $(a, b) \longmapsto (b, a)$. Er heißt Opposit-Ring zu $(R, +, \cdot)$.

Definition:

$$R\text{-}\textbf{Linksmodul}\textit{(homomorphismus)} := R\text{-}\textit{Modul(homomorphismus)}$$
$$R\text{-}\textbf{Rechtsmodul}\textit{(homomorphismus)} := R^{op}\text{-}\textit{Modul(homomorphismus)}$$

Es gilt:

1) M sei R^{op}-Modul mit Multiplikationsabbildung $\cdot_M$. Es werde $\cdot : M \times R \longrightarrow M$ gegeben durch $(x, a) \longmapsto x \cdot a := a \cdot_M x$

Dann gilt:

(i) $(x + x') \cdot a = x \cdot a + x' \cdot a$

(ii) $x \cdot (a + a') = x \cdot a + x \cdot a'$

(iii) $x \cdot (a \cdot a') = (x \cdot a) \cdot a'$

(iv) $x \cdot 1 = x$

für alle $x, x' \in M$ $a, a' \in R$.

denn: nur die Eigenschaft (iii) ist nicht völlig offensichtlich. Es ist $x \cdot (a \cdot_R a') = (a \cdot_R a') \cdot_M x = (a' \cdot_{R^{op}} a) \cdot_M x = a' \cdot_M (a \cdot_M x) = (a \cdot_M x) \cdot a' = (x \cdot a) \cdot a'$. Dabei wurde die Multiplikation in R bzw. in R^{op} mit $\cdot_R$ bzw. $\cdot_{R^{op}}$ bezeichnet.

2) Es sei M abelsche Gruppe und $\cdot_M : M \times R \longrightarrow M$ eine Abbildung, die die Eigenschaften (i) - (iv) aus 1) erfüllt.

Es werde $\cdot : R^{op} \times M \longrightarrow M$ gegeben durch $(a, x) \longmapsto a \cdot x := x \cdot_M a$. Dann ist $(M, +, \cdot)$ R^{op}-Modul. □

Sei nun M R-Modul und $M^* := \mathrm{Hom}_R(M, R)$ die abelsche Gruppe der R- Modulhomomorphismen $\lambda : M \longrightarrow R$, wobei R als R-Linksmodul aufgefaßt wird. Ist $\lambda \in M^*$, $a \in R$ und $\lambda \cdot a$ die Abbildung $M \longrightarrow R$ gegeben durch $x \longmapsto \lambda(x) \cdot a$, so ist $\lambda \cdot a \in M^*$

denn:

1)

$$\begin{aligned}(\lambda \cdot a)(x + x') &= \lambda(x + x') \cdot a \\ &= (\lambda(x) + \lambda(x')) \cdot a \\ &= \lambda(x) \cdot a + \lambda(x') \cdot a \\ &= (\lambda \cdot a)(x) + (\lambda \cdot a)(x') \text{ für } x, x' \in M\end{aligned}$$

2)

$$\begin{aligned}(\lambda \cdot a)(b \cdot x) &= \lambda(b \cdot x) \cdot a \\ &= (b \cdot \lambda(x)) \cdot a \\ &= b \cdot (\lambda(x) \cdot a) \\ &= b \cdot (\lambda \cdot a)(x) \text{ für } b \in R,\ x \in M \quad \square\end{aligned}$$

Die Abbildung $\cdot : M^* \times R \longrightarrow M^*$ sei gegeben durch $(\lambda, a) \longmapsto \lambda \cdot a$.
Dann ist $(M^*, +, \cdot)$ R-Rechtsmodul.
denn: man rechnet die Eigenschaften (i) - (iv) von obiger Anmerkung 1) leicht nach.
$(M^*, +, \cdot)$ heißt **dualer Modul** $\square$.

Es gilt: *Ist* $\varphi : M \longrightarrow N$ *R-Modulhomomorphismus,* $\lambda \in N^*$*, so ist* $\lambda \circ \varphi =: \varphi^*(\lambda) \in M^*$ *und die Zuordnung* $\lambda \longmapsto \varphi^*(\lambda)$ *ist ein R-Rechtsmodulhomomorphismus* $\varphi^* : N^* \longrightarrow M^*$*. Die Zuordnung* $\varphi \longmapsto \varphi^*$ *ist Funktor* $(R\text{-}Mod) \longrightarrow (R^{op}\text{-}Mod)^{op}$.

Satz 5: *M, N seien R-Moduln. Dann gilt:*

$$(M \oplus N)^* \cong M^* \oplus N^*$$

Beweis: Es sei $\lambda \in (M \oplus N)^*$ und $in_M : M \longrightarrow M \oplus N$, $in_N : N \longrightarrow M \oplus N$ die kanonischen Injektionen $m \longmapsto (m, 0)$ bzw. $n \longmapsto (0, n)$ für $m \in M$, $n \in N$.
Es sei $\eta_{M,N}(\lambda) := (\lambda \circ in_M,\ \lambda \circ in_N) \in M^* \oplus N^*$.
Man zeigt leicht, daß

$$\eta_{M,N} : (M \oplus N)^* \longrightarrow M^* \oplus N^*$$

ein bijektiver R-Rechtsmodulhomomorphismus ist. $\eta = (\eta_{M,N})$ ist natürliche Transformation von Funktoren $(R\text{-}Mod) \times (R\text{-}Mod) \longrightarrow (R^{op}\text{-}Mod)$. $\square$

Bemerkung: Man kann $*$ auffassen als Funktor $(R\text{-}Mod) \longrightarrow (R^{op}\text{-}Mod)^{op}$ und als Funktor $(R^{op}\text{-}Mod)^{op} \longrightarrow (R\text{-}Mod)$. Dann wird $(*, *)$ ein Paar von adjungierten Funktoren.

Übung 8: Ist M endlich erzeugter $\mathbb{Z}$-Modul, so ist der duale Modul M^* frei.

§6 Kommutative Körper

Einführung

Die Auseinandersetzung mit dem Problem der Auflösung algebraischer Gleichungen einer Variablen führte im 19. Jahrhundert zum Begriff des Körpers. Bereits 1831 hat Galois die Gruppe einer algebraischen Gleichung als eine Menge von Permutationen ihrer Wurzeln eingeführt und ein Kriterium abgeleitet, wann eine Gleichung durch Radikale lösbar ist. Der Körperbegriff selbst ist aber Galois fremd. Er wurde von Dedekind eingeführt als „ein System von Zahlen, welches in sich so abgeschlossen und vollständig ist, daß die Addition, Subtraktion, Multiplikation und Division von je zwei dieser Zahlen immer wieder eine Zahl desselben Systems hervorbringt", [D2], p.224. Durch diese Begriffsbildung wurden Unvollkommenheiten überwunden. Dedekind schreibt: „Meine neuere Theorie dagegen gründet sich ausschließlich auf solche Begriffe, wie die des Körpers, der ganzen Zahl, des Ideals, zu deren Definition es gar keiner bestimmten Darstellungsform der Zahlen bedarf; es bewährt sich die Kraft dieser äußerst einfachen Begriffe", [D2], Geleitwort.

Zu einem Polynom f in einer Variablen über einen Körper K existiert stets ein Erweiterungskörper Z, in dem f in ein Produkt von Linearformen zerfällt und der von den Wurzeln von f erzeugt wird. Man nennt Z den Zerfällungskörper von f. Man betrachtet die Gruppe $\text{Aut}_K Z$ der Automorphismen $\sigma : Z \longrightarrow Z$, die K elementweise festlassen. Man stellt fest, daß man zu verschiedenen Nullstellen λ, λ' von f stets einen Automorphismus $\sigma \in \text{Aut}_K Z$ konstruieren kann, der λ auf λ' abbildet, wenn f irreduzibel über K ist. Ist f ohne mehrfache Nullstellen, so ist $\sharp\text{Aut}_K Z = \dim_K Z$ und man nennt Z Galoiserweiterung von K. Im Hauptsatz der Galoistheorie wird eine kanonische eindeutige Zuordnung zwischen den Untergruppen von $\text{Aut}_K Z$ und den Körpern zwischen K und Z festgestellt. Jede Körpererweiterung E über K besitzt einen Zwischenkörper $K(B)$, der ein Körper von rationalen Funktionen über K mit Variablen aus B ist, und über welchem E algebraisch ist. Die Mächtigkeit von B ist durch E und K bestimmt und heißt Transzendenzgrad von E über K.
Eine ausführliche Darstellung der Galoistheorie findet man in [K].

1 Algebraische Körpererweiterungen

K sei ein kommutativer Körper und $K[x] = K[\mathbb{N}, +]$ der Polynomring über K in einer Variablen x. Die Abbildung

$$\text{grad} : K[x] - \{0\} \longrightarrow \mathbb{N}$$

sei gegeben durch $\text{grad}(f) := r$, wenn $f = \sum_{v=0}^{r} c_v x^v,\ c_v \in K,\ c_r \neq 0.$

Man rechnet leicht nach, daß die **Gradformel** gilt: $\text{grad}(f \cdot g) = \text{grad}(f) + \text{grad}(g)$ für $f, g \in K[x] - \{0\}$. Insbesondere ist $f \cdot g \neq 0$, wenn $f \neq 0$ und $g \neq 0$.

Folgerung: $K[x]^* = K^*$, d.h. die Einheitengruppe von $K[x]$ ist die Einheitengruppe von K.

Beweis: Wenn $f, g \in K[x]$ mit $f \cdot g = 1$, so ist $\text{grad}(fg) = \text{grad}(1) = 0$ und somit $0 = \text{grad}(fg) = \text{grad}(f) + \text{grad}(g)$. Also gilt $\text{grad}(f) = \text{grad}(g) = 0$ und $f, g \in K^*$.

Definition: *Es sei* $f \in K[x], \text{grad}(f) \geq 1$. f *heißt* **irreduzibel** *in* $K[x]$, *wenn gilt: Sind* $g, h \in K[x]$ *mit* $f = g \cdot h$, *so ist entweder* $g \in K^*$ *oder* $h \in K^*$.

Satz 1: $f \in K[x]$ *sei irreduzibel in* $K[x]$ *und* $I = f \cdot K[x]$ *das von* f *erzeugte Ideal in* $K[x]$.
Dann gilt:
(1) $E := K[x]/I$ *ist ein Körper und* K *ist in natürlicher Weise Teilkörper von* E.
(2) Die Restklassen von $1, x, x^2, \ldots, x^{n-1}$, $n := \text{grad}(f)$, *bilden eine Basis von* E *als* K*-Modul.*

Beweis:
1) Es wird zunächst gezeigt:
Jedes Ideal von $K[x]$ wird von einem Element erzeugt.
Sei J ein Ideal in $K[x]$, $J \neq \{0\}$.
Sei $g \in J$, $g \neq 0$ mit :
$$\text{grad}(g) \leq \text{grad}(h)$$
für alle $h \in J, h \neq 0$.
Es wird nun nachgewiesen, daß $J = g \cdot K[x]$ ist:
Ist $h \in J$, $h \neq 0$, $\text{grad}(h) = n \geq \text{grad}(g) = m$, so zeigt man mit Induktion über n, daß $h \in gK[x]$.
Ist
$$n = m, \; h = \sum_{i=0}^{m} h_i x^i, g = \sum_{i=0}^{m} g_i x^i, \; h_i, g_i \in K$$
so ist $g_m \neq 0, h_m \neq 0$ und
$$\Delta = g_m h - h_m g \in J$$
Wäre $\Delta \neq 0$, so müßte jedoch $\text{grad}(\Delta) < m$ sein. Dies ist ein Widerspruch zur Wahl von m. Daher ist $\Delta = 0$ und $h = g_m^{-1} h_m \cdot g \in gK[x]$.
Sei nun $n > m$: Ist $h = \sum_{i=0}^{n} h_i x^i$, $h_i \in K$, so ist $h_n \neq 0$ und
$$\Delta := h_n x^{n-m} \cdot g - g_m h \in J$$
Es ist $\Delta = 0$ oder $\text{grad}(\Delta) < n$.
Daher ist $\Delta \in g \cdot K[x]$ und somit auch $h = -g_m^{-1}\Delta + g_m^{-1} h_n x^{n-m} g \in g \cdot K[x]$.
2) Sei nun f ein irreduzibles Polynom in $K[x]$ und $g \in K[x]$, $g \notin f\,K[x]$. Es sei J das von f und g erzeugte Ideal in $K[x]$. Es wird von einem Element h erzeugt nach 1): $J = h \cdot K[x]$. Also ist $f = f_1 \cdot h$ mit $f_1 \in K[x]$. Es folgt, da f irreduzibel ist, daß $f_1 \in K^*$ oder $h \in K^*$. Wenn $f_1 \in K^*$, so ist $h \cdot K[x] = f \cdot K[x]$ und $g \in f \cdot K[x]$. Dies ist nicht der Fall, woraus $h \in K^*$ und $J = K[x]$ folgt.
Daher gibt es $f', \; g' \in K[x]$ mit $f'f + g'g = 1$, d.h. $g'g \equiv 1 \bmod fK[x]$. Also ist die Restklasse von g in E invertierbar.

3) Es sei $\overline{x}^i$ die Restklasse von x^i nach dem Ideal $fK[x]$. Es ist $\overline{x}^n = \sum_{i=0}^{n-1}(-f_n^{-1}f_i)\overline{x}^i$, wenn $f = \sum_{i=0}^{n} f_i x^i$, $f_i \in K$, $f_n \in K^*$. Damit läßt sich leicht nachrechnen, daß E als K-Modul von $1, \overline{x}, \ldots, \overline{x}^{n-1}$ erzeugt wird. Wären $1, \overline{x}, \ldots, \overline{x}^{n-1}$ K-linear abhängig und $\sum_{i=0}^{n-1} c_i\overline{x}^i = 0$, $c_i \in K$, nicht alle $c_i = 0$, dann wäre $g := \sum_{i=0}^{n-1} c_i x^i$ ein Polynom $\neq 0$ in $K[x]$ vom Grad $< n = \text{grad}(f)$ mit $g \in fK[x]$. Dies ist ein Widerspruch zur Gradformel. □

Beispiel 1: Komplexe Zahlen

Das Polynom $f = x^2 + 1 \in \mathbb{R}[x]$ ist irreduzibel in $\mathbb{R}[x]$. Wäre f reduzibel in $\mathbb{R}[x]$, so wäre f das Produkt zweier linearer reeller Polynome und f müßte eine reelle Nullstelle λ haben. Dies ist nicht der Fall, da $\lambda^2 + 1 > 0$ ist.

Es ist $\mathbb{C} := \mathbb{R}[x]/f\mathbb{R}[x]$ ein Körper, der $\mathbb{R}$ als Teilkörper enthält, mit $\dim_{\mathbb{R}} \mathbb{C} = 2$. Die Restklasse von x in $\mathbb{C}$ wird oft mit i bezeichnet; es ist $i^2 = -1$. Man nennt $\mathbb{C}$ den Körper der komplexen Zahlen. □

Satz 2: *(Kronecker) K sei kommutativer Körper und $f \in K[x]$ ein Polynom, $\text{grad}(f) \geq 1$. Es gibt eine Körpererweiterung Z von K (d.h. einen Körper Z, der K als Teilkörper enthält) mit :*

(1)

$$f = c \cdot \prod_{i=1}^{n} (x - \lambda_i)^{r_i}, \; \lambda_i \in Z, \; r_i \in \mathbb{N}, \; r_i \geq 1, \; c \in K^*$$

mit $\lambda_i \neq \lambda_j$ für $i \neq j$.

(2) $(\lambda_1, r_1), \ldots, (\lambda_n, r_n)$ ist durch f eindeutig bestimmt bis auf die Reihenfolge. $\lambda_1, \ldots, \lambda_n$ heißen die Nullstellen von f und r_i heißt die Vielfachheit von λ_i in f.

(3) Z wird als Körper erzeugt von $K \cup \{\lambda_1, \ldots, \lambda_n\}$ und $[Z : K] := \dim_K Z \leq (\text{grad}(f))!$. Man nennt Z **Zerfällungskörper** *von f über K.*

Beweis:

1) f besitzt eine Zerlegung $f = f_1 \cdot f_2 \cdot \ldots \cdot f_r$ mit : $f_i \in K[x]$ und f_i irreduzibel in $K[x]$ für alle i. Es ist $\text{grad}(f) = \sum_{i=1}^{r} \text{grad}(f_i)$ und daher $r \leq \text{grad}(f)$.

Wenn alle f_i linear sind, so setzt man $Z := K$.

Wenn f_i nicht linear ist, so setzt man $\overline{K} := K[y]/f_i(y) \cdot K[y]$, wenn $K[y]$ Polynomring über K in der Variablen y und $f_i(y)$ das Polynom in $K[y]$ ist, das durch Substitution von y für x aus f_i entsteht. Es sei α die Restklasse von y in $\overline{K}$. Dann ist

$$f = (x - \alpha) \cdot \overline{f}$$

mit $\overline{f} \in \overline{K}[x]$, da man f entwickeln kann nach den Potenzen von $(x - \alpha)$:

$$f = \sum_{i=0}^{m} c_i (x - \alpha)^i$$

$c_i \in \overline{K}$ und wegen $f(\alpha) = 0$ auch $c_0 = 0$ ist und somit $(x - \alpha)$ ausgeklammert werden kann.

Nun führt man Induktion über grad(f) und darf annehmen, daß eine Körpererweiterung Z von $\overline{K}$ konstruiert werden kann, über der $\overline{f}$ ein Produkt von linearen Polynomen $\in Z[x]$ ist. Dann ist f Produkt von linearen Polynomen $\in Z[x]$

2) Ist $\lambda \in Z$, so ist $f(\lambda) = \prod_{i=1}^{n}(\lambda - \lambda_i)^{r_i} = 0$ genau dann, wenn $\lambda = \lambda_i$ für ein i. Also ist $\{\lambda_1, \ldots, \lambda_n\}$ durch f eindeutig bestimmt.
Es ist $f = \prod_{i=1}^{n}(\lambda - \lambda_i) \cdot f'$ mit $f' = \prod_{i=1}^{n}(\lambda - \lambda_i)^{r_i - 1}$. Führt man Induktion über grad(f), darf man annehmen, daß die Exponenten $(r_i - 1)$ durch f' eindeutig bestimmt sind. Dies zeigt, daß die Vielfachheiten r_i von λ_i in f eindeutig definiert sind.

3) Man verwendet die Bezeichnungen aus 1). Es ist

$$[Z : K] = [Z : \overline{K}] \cdot [\overline{K} : K]$$

nach §5 [2], Satz 3. Da $[\overline{K} : K] = \text{grad}(f_i) \leq \text{grad}(f) =: d$ und $[Z : \overline{K}]$ Zerfällungskörper des Polynoms $\overline{f}$ vom Grad $(d-1)$ ist, erhält man mit Induktion $[Z : \overline{K}] \leq (d-1)!$ und $[Z : K] \leq d! = d \cdot (d-1)!$ □

Übung 1:
Es sei $f = x^3 - 2 \in \mathbb{Q}[x]$ und $\lambda = \sqrt[3]{2} \in \mathbb{R}$, $\omega = -\frac{1}{2} + \frac{i}{2}\sqrt{3}$. Dann ist $\omega^2 + \omega + 1 = 0$ und $\omega^3 = 1$. Daher sind $\lambda, \omega\lambda, \omega^2\lambda$ die Nullstellen von f in $\mathbb{C}$ und $f = (x - \lambda)(x - \lambda\omega)(x - \lambda\omega^2)$.
Es sei Z der von $\{\lambda, \omega\}$ erzeugte Körper $[\mathbb{Q}(\lambda) : \mathbb{Q}] = 3$ nach Satz 1, da $x^3 - 2$ irreduzibel in $\mathbb{Q}[x]$ ist. Es ist $[Z : \mathbb{Q}(\lambda)] = 2$, da ω Nullstelle des irreduziblen Polynoms $1 + x + x^2$ in $\mathbb{Q}(\lambda)[x]$. Somit ist $[Z : \mathbb{Q}] = 6$. □

E sei Erweiterungskörper von K, $a \in E$. Das Element a bestimmt einen Ringhomomorphismus $\varphi_a : K[x] \longrightarrow E$ mit $\varphi_a(x) = a$, $\varphi_a(c) = c$ für alle $c \in K$. Es ist $\varphi_a(K[x])$ der von $K \cup \{a\}$ erzeugte Unterring von E. Er ist isomorph zum Restklassenring $K[x]/\text{Kern } \varphi_a$. Ist Kern $\varphi_a \neq \{0\}$, so ist dieser ein Körper.

Definition: *a heißt* **algebraisch** *über K, wenn Kern $\varphi_a \neq \{0\}$. Ist $\mu_a \cdot K[x] =$ Kern φ_a, so heißt μ_a* **Minimalpolynom** *von a über K.*

Definition: *E heißt* **algebraisch** *über K, wenn jedes $a \in E$ algebraisch über K ist.*

Es gilt:
(1) Wenn $[E : K] < \infty$, so ist E algebraisch über K.
Denn: es gibt n mit : $1, a, \ldots, a^n$ sind nicht linear unabhängig über K. Also gibt es $c_i \in K$ mit $\sum_{i=0}^{n} c_i a^i = 0$ und nicht alle $c_i = 0$. Setzt man $f = \sum_{i=0}^{n} c_i x^i$, so ist $f \neq 0$, $f \in \text{Kern } \varphi_a$. □

Es gilt:
(2) E sei Körpererweiterung von K, $a_1, \ldots, a_r \in E$ und a_i algebraisch über K für alle i.
$L := K(a_1, \ldots, a_r)$ sei der von $K \cup \{a_1, \ldots, a_r\}$ erzeugte Körper. Dann ist $[L : K] < \infty$ und L ist algebraisch über K.

Denn:

Sei $L_i := K(a_1, \dots, a_i)$. Dann ist a_{i+1} algebraisch über L_i und $[L_{i+1} : L_i] < \infty$. Es ist $[L : K] = \sum_{i=0}^{r-1} [L_{i+1} : L_i]$, $L_0 := K$. □

Es gilt:

(3) E sei Erweiterungskörper von K und $A = A(E, K) := \{a \in E : a$ *algebraisch über* $K\}$. *Dann ist A Teilkörper von E,* $K \subset A$ *und A ist algebraisch über K. Ist* $e \in E$ *algebraisch über A, so ist* $e \in A$. *Man nennt A die algebraische Hülle von K in E.*

Denn: wenn $0 \neq a, b \in A$, so ist $K(a,b)$ nach (2) eine algebraische Erweiterung von K. Es ist $a \pm b$, $a \cdot b$, $a^{-1} \in K(a,b) \subset A$. Also ist A Körper.
Wenn $e \in E$ algebraisch über A ist und $e^n + a_{n-1}e^{n-1} + \dots + a_1 e + a_0 = 0$ ist mit $a_i \in A$, so ist $L = K(a_1, \dots, a_{n-1})$ algebraisch über K und $[L : K] < \infty$. Es ist $[L(e) : K] \leq [L(e) : L] \cdot [L : K] < \infty$.

Definition: *K heißt* **algebraisch abgeschlossen**, *wenn gilt: Ist E algebraische Erweiterung von K, so ist* $K = E$.

Es gilt:

(4) $\mathbb{C}$ *ist algebraisch abgeschlossen. Der Beweis ergibt sich aus dem Minimumprinzip für komplexe Polynome.*

Beispiel 2: Algebraische Zahlen
Es sei $E = \mathbb{C}$ und $K = \mathbb{Q}$. Dann heißt $A = A(\mathbb{C}, \mathbb{Q})$ der Körper der algebraischen Zahlen. Es ist A algebraisch abgeschlossen. A ist abzählbar und $[A : \mathbb{Q}] = \infty$

2 Galoiserweiterungen

Es sei K ein kommutativer Körper und $f \in K[x]$ ein Polynom in einer Variablen x über K.
Z sei Zerfällungskörper von f über K und $\mathrm{Aut}_K Z := \{\sigma \in \mathrm{Aut}\, Z : \sigma(c) = c$ für alle $c \in K\}$. Dabei ist $\mathrm{Aut}\, Z$ die Gruppe der bijektiven Ringhomomorphismen $\sigma : Z \longrightarrow Z$.

Satz 3: *Es seien* $\lambda, \lambda' \in Z$ *Nullstellen von f.*
Dann gilt: es gibt $\sigma \in \mathrm{Aut}_K Z$ *mit* $\sigma(\lambda) = \lambda'$ *genau dann, wenn* λ *und* λ' *das gleiche Minimalpolynom über K haben.*

Beweis:

1) Es sei $\mu \in K[x]$ das Minimalpolynom von λ und λ' über K.
Es sei $\varphi_\lambda : K[x] \longrightarrow Z$ der K-Homomorphismus, gegeben durch $\varphi_\lambda(\sum c_v x^v) = \sum c_v \lambda^\nu$, $c_\nu \in K$. Nach derselben Vorschrift sei $\varphi_{\lambda'}$ definiert.
Es ist Kern φ_λ = Kern $\varphi_{\lambda'} = \mu \cdot K[x]$ und man erhält induzierte K-Isomorphismen $\overline{\varphi}_\lambda : K[x]/I \longrightarrow K(\lambda)$, $\overline{\varphi}_{\lambda'} : K[x]/I \longrightarrow K(\lambda')$, wenn I = Kern φ_λ.
Dann ist $\overline{\varphi}_{\lambda'} \circ (\overline{\varphi}_\lambda)^{-1} : K(\lambda) \longrightarrow K(\lambda')$ ein K-Isomorphismus.
Diese Konstruktion wird geringfügig verallgemeinert:
Sei nun M Teilkörper von Z mit $K \subset M, \lambda \in M$ und $\tau : M \longrightarrow Z$ ein K-Homomorphismus mit $\tau(\lambda) = \lambda'$.
Sei $M' = \tau(M)$ und $[\tau] : M[x] \longrightarrow M'[x]$ der Ringhomomorphismus gegeben durch $\sum m_i x^i \longmapsto \sum \tau(m_i) x^i$, $m_i \in M$.
Es sei $\overline{\lambda}$ Nullstelle von $f, \overline{\lambda} \notin M$ und $\overline{\mu}$ das Minimalpolynom von $\overline{\lambda}$ über M. Dann ist $\widetilde{\mu} := [\tau](\overline{\mu})$ ein Faktor von $[\tau](f) = f$ und $\widetilde{\mu}$ ist irreduzibel in $M'[x]$.

Es induziert $[\tau]$ einen K-Isomorphismus $\overline{\tau}: M[x]/\overline{I} \longrightarrow M'[x]/\widetilde{I}$, wobei $\overline{I} = \overline{\mu} \cdot M[x]$, $\widetilde{I} = \widetilde{\mu} \cdot M'[x]$. Wie oben hat man K-Isomorphismen $\overline{\varphi}_{\overline{\lambda}}: M[x]/\overline{I} \longrightarrow M(\overline{\lambda})$ und $\overline{\varphi}_{\widetilde{\lambda}}: M'[x]/\widetilde{I} \longrightarrow M'(\widetilde{\lambda})$ mit $\widetilde{\lambda} \in Z$. Daher ist $\tau_1 := \overline{\varphi}_{\widetilde{\lambda}} \circ \overline{\tau} \circ (\overline{\varphi}_{\overline{\lambda}})^{-1}$ ein K-Isomorphismus $\tau_1: M(\overline{\lambda}) \longmapsto M'(\widetilde{\lambda}) \subset Z$ mit $\tau_1(\lambda) = \lambda'$ und $\tau_1(\overline{\lambda}) = \widetilde{\lambda}$. Wenn $M(\overline{\lambda}) = Z$, so ist $M'(\widetilde{\lambda}) = Z$ aus Dimensionsgründen und die Aussage ist bewiesen. Wenn $M(\overline{\lambda}) \neq Z$, so setzt man dieses Verfahren weiter fort.

2) Es sei $\sigma \in \mathrm{Aut}_K Z$ mit $\sigma(\lambda) = \lambda'$ und $\mu = \sum_{i=0}^{n} c_i \lambda^i = 0$ und $\sigma(0) = 0 = \sum_{i=0}^{n} \sigma(c_i \lambda^i) = \sum_{i=0}^{n} c_i \sigma(\lambda)^i$ und daher ist μ das Minimalpolynom von λ' über K. □

Zusatz zu Satz 3:
Es sei $f \in K[x]$ und Z, Z' seien Zerfällungskörper von f über K. Dann gibt es einen K-Isomorphismus $Z \longrightarrow Z'$.
Beweis: Man führt die Konstruktion wie im Schritt 1) des obigen Beweises durch. □

Satz 4: (Galois)
Es sei $f \in K[x]$ ohne mehrfache Nullstellen und Z der Zerfällungskörper von f über K.
Dann gilt:
(1) $\sharp \mathrm{Aut}_K Z = [Z:K]$
(2) $\{\alpha \in Z : \sigma(\alpha) = \alpha \text{ für alle } \sigma \in \mathrm{Aut}_K Z\} = K$
Beweis:
1) Es sei g ein irreduzibler Faktor von f in $K[x]$. Dann ist $g(x) = c \cdot \prod_{i=1}^{m}(x - \lambda_i)$, $c \in K^*$, $\lambda_i \in Z$ und $\lambda_i \neq \lambda_j$ für $i \neq j$.
Es ist g Minimalpolynom von λ_i über K für jedes i.
Nach Satz 3 gibt es $\sigma_i \in \mathrm{Aut}_K Z$ mit $\sigma_i(\lambda_1) = \lambda_i$ für $1 \leq i \leq m$. Es ist

$$\mathrm{Aut}_K Z = \bigcup_{1 \leq i \leq m} \sigma_i \circ \mathrm{Aut}_{K(\lambda_1)} Z$$

denn: Ist $\sigma \in \mathrm{Aut}_K Z$, so ist $\sigma(\lambda_1) = \lambda_i$ für ein i nach Satz 3. Daher ist $(\sigma_i^{-1} \circ \sigma)(\lambda_1) = \lambda_1$ und $\sigma_i^{-1}\sigma \in \mathrm{Aut}_{K(\lambda_1)} Z$. Somit ist $\sigma = \sigma_i(\sigma_i^{-1}\sigma) \in \sigma_i \mathrm{Aut}_K Z = \{\tau \in \mathrm{Aut}_K Z : \tau(\lambda_1) = \lambda_i\}$ Da $\sharp \sigma_i \mathrm{Aut}_K Z = \sharp \mathrm{Aut}_K Z$ für jedes i, erhält man

$$\sharp \mathrm{Aut}_K Z = m \cdot \sharp \mathrm{Aut}_{K(\lambda_1)} Z$$

Es ist Z Zerfällungskörper von f über $K(\lambda_1)$. Man führt Induktion über $[Z:K]$ und wählt $\lambda_1 \notin K$, wenn $Z \neq K$. Dann ist $[Z:K(\lambda_1)] < [Z:K]$ und man kann annehmen, daß $[Z:K(\lambda_1)] = \sharp \mathrm{Aut}_{K(\lambda_1)} Z$ ist. Da $m = [K(\lambda_1):K]$ folgt: $[Z:K] = m \cdot [Z:K(\lambda_1)] = m \cdot \sharp \mathrm{Aut}_{K(\lambda_1)} Z = \sharp \mathrm{Aut}_K Z$.
2) Es sei $K' := \{\alpha \in Z : \sigma(\alpha) = \alpha \text{ für alle } \sigma \in \mathrm{Aut}_K Z\}$. Es ist $K \subset K'$ und K' ist Teilkörper von Z. Da Z Zerfällungskörper von f über K' ist, kann man 1) auf die Erweiterung Z von K' anwenden. Man erhält $\mathrm{Aut}_{K'} Z = \mathrm{Aut}_K Z$ und $\sharp \mathrm{Aut}_{K'} Z = [Z:K']$, woraus $K = K'$ folgt. □

Übung 2: Es sei $K = \mathbb{Q}$ und $f = x^3 - 2 \in \mathbb{Q}[x]$ wie in Übung 1. Es ist $f(x) = (x-\lambda)(x-\omega\lambda)(x-\omega^2\lambda)$ und daher sind alle Nullstellen von f einfach.
Es gibt $\sigma_2, \sigma_3 \in G := \mathrm{Aut}_{\mathbb{Q}}Z$, $Z = \mathbb{Q}(\lambda, \omega)$ der Zerfällungskörper von f über $\mathbb{Q}$, mit $\sigma_2(\lambda) = \omega\lambda$, $\sigma_3(\lambda) = \omega^2\lambda$. Es sei $\sigma_1 = id$. Es ist $\mathbb{Q}(\lambda) \neq Z$ und es gibt $\tau \in \mathrm{Aut}_{K(\lambda)}Z$ mit $\tau(\omega\lambda) = \omega^2\lambda$. Ist $X = \{\lambda, \omega\lambda, \omega^2\lambda\}$ und Perm X die Gruppe der bijektiven Abbildungen (Permutationen) von X in sich, so ist die Zuordnung $G \longrightarrow \mathrm{Perm}\ X$, $\sigma \longmapsto \sigma|X$, ein bijektiver Homomorphismus, was man leicht aus den angegebenen Eigenschaften schließen kann.

Beispiel 3: Kreisteilungskörper

Es sei p eine Primzahl ≥ 3 und Z_p der Zerfällungskörper von $x^p - 1$ über $\mathbb{Q}$. Es ist $x^p - 1 = (x-1) \cdot f_p$ mit $f_p = 1 + x + \ldots + x^{p-1}$. Man kann zeigen, daß f_p irreduzibel in $\mathbb{Q}[x]$ ist. Es ist $f_p = \prod_{j=1}^{p-1}(x - \omega^j)$, wenn $\omega = e^{\frac{2\pi i}{p}}$ ist.
Es gibt $\sigma_j \in \mathrm{Aut}_{\mathbb{Q}}Z_p$ mit $\sigma_j(\omega) = \omega^j$, wenn $j \not\equiv 0 \bmod p$.
Da $Z_p = \mathbb{Q}(\omega) = \mathbb{Q}[\omega]$ gilt $\sigma_i = \sigma_j$ wenn $i \equiv j \bmod p$. Es ist $(\sigma_i \circ \sigma_j)(\omega) = \sigma_i(\omega^j) = (\sigma_i(\omega))^j = \omega^{ij} = (\sigma_j \circ \sigma_i)(\omega)$ und daher ist $\sigma_i \circ \sigma_j = \sigma_j \circ \sigma_i$. Die Zuordnung $(\mathbb{Z}/p\mathbb{Z})^* \longrightarrow \mathrm{Aut}_{\mathbb{Q}}Z_p$, $i \longmapsto \sigma_i$, ist ein Isomorphismus. □

Beispiel 4: Rein inseparable Erweiterung

Es sei $E = \mathbb{F}_p(t)$ der Körper der Brüche des Polynomrings $\mathbb{F}_p[t]$ in einer Variablen t über $\mathbb{F}_p = \mathbb{Z}/p\mathbb{Z}$, p Primzahl.
Es ist $K := \mathbb{F}_p(t^p)$ der Teilkörper von E, der von t^p erzeugt wird. Es ist $[E : K] = p$ und $1, t, t^2, \ldots, t^{p-1}$ ist eine K-Modulbasis von E über K. Das Minimalpolynom von t über K ist $\mu = x^p - t^p = (x-t)^p$. Somit ist t p-fache Nullstelle von μ und E ist der Zerfällungskörper von μ über K. Aus Satz 3 folgt, daß $\mathrm{Aut}_K E = \{id\}$ ist, da für $\sigma \in \mathrm{Aut}_K E$ gilt: $\sigma(t) = t$. □

Folgerung zu Satz 4: *Es sei $\alpha \in Z$ und μ das Minimalpolynom von α über K. Dann gilt:*
(1) μ ist Produkt von linearen Polynomen in $Z[x]$.
(2) μ ist ohne mehrfache Nullstellen.

Beweis:

1) Es sei $\{\sigma(\alpha) : \sigma \in \mathrm{Aut}_K Z\} = \{\alpha_1, \alpha_2, \ldots, \alpha_r\}$ mit $\alpha_i \neq \alpha_j$ für $i \neq j$. Es sei $g(x) := \prod_{i=1}^{r}(x - \alpha_i) \in Z[x]$. Zu $\sigma \in \mathrm{Aut}_K Z$ sei $[\sigma]$ der K-Ringhomomorphismus $Z[x] \longrightarrow Z[x]$, der $\sum_{i=0}^{<\infty} c_i x^i$ auf $\sum_{i=0}^{<\infty} \sigma(c_i)x^i$ abbildet. Es ist $[\sigma](g) = g$, da $\{\sigma(\alpha_1), \ldots, \sigma(\alpha_r)\} = \{\alpha_1, \ldots, \alpha_r\}$ ist. Also ist $g \in K[x]$, da $[\sigma](g) = g$ für alle $\sigma \in \mathrm{Aut}_K Z$ ist wegen Aussage 2 von Satz 4. Wegen $g(\alpha) = 0$ ist g ein Vielfaches in $K[x]$ des Minimalpolynoms μ von α über K. (Es ist sogar $\mu = g$ wegen Satz 3). Also sind alle Nullstellen von μ in Z.
2) Da g ohne mehrfache Nullstellen ist, gilt dies auch für μ. □

E sei Körpererweiterung von K mit $[E : K] < \infty$

Definition: *E heißt* **Galoiserweiterung** *von K, wenn gilt:*
Ist $\alpha \in E$ und μ das Minimalpolynom von α über K, so ist μ **separabel** *(d.h. ohne mehrfache Nullstellen) und μ ist in $E[x]$ das Produkt von linearen Polynomen. Man*

nennt $Aut_K E$ dann auch **Galoisgruppe** *von E über K; sie wird auch mit $Gal\,(E/K)$ bezeichnet.*

Es gilt: *E ist Galoiserweiterung von K genau dann, wenn E Zerfällungskörper eines separablen Polynoms $\in K[x]$ ist.* □

Es sei $f \in K[x]$, $f = \sum_{i=0}^{r} c_i x^i$ und $f' := \sum_{i=1}^{r} i c_i x^{i-1}$. Man nennt f' die Ableitung von f nach x.

Es gilt: *f ist separabel genau dann, wenn f und f' teilerfremd sind.*

Beweis:

1) Es sei Z der Zerfällungskörper von f über K und $f = c\cdot\prod_{i=1}^{r}(x-\lambda_i)$, $\lambda_i \in \mathbb{Z}$, $c \in K^*$.
Für die Ableitung gilt die Produktregel $(gh)' = g'\cdot h + g\cdot h'$ für $g, h \in Z[x]$. Daher ist $f' = c\cdot \sum_{j=1}^{r}\prod_{i\neq j}(x-\lambda_i)$ und und $f'(\lambda_j) = c\cdot\prod_{i\neq j}(\lambda_j - \lambda_i)$. Ist daher f separabel, so ist $f'(\lambda_j) \neq 0$ für alle j.
Es sei I das Ideal in $K[x]$, das von f und f' erzeugt wird. Es ist $I = g\cdot K[x]$ mit $g \in K[x]$, g ist der Teiler von f und f'.
Wenn $\text{grad}(g) \geq 1$, so gibt es ein i mit $g(\lambda_i) = 0$, da g ein Teiler von f in $Z[x]$ ist. Dann ist $f'(\lambda_i) = 0$, da f' ein Vielfaches von g ist. Dies ist ein Widerspruch.
Also ist $g \in K^*$, $I = K[x]$.
2) Ist f nicht separabel, so existiert $\lambda \in Z$, $g \in K[x]$ mit $f = (x-\lambda)^2\cdot g$. Dann ist $f' = 2(x-\lambda)g + (x-\lambda)^2\cdot g'$ und $f'(\lambda) = 0$. Also ist $f, f' \in (x-\lambda)\cdot K[x]$. □

Es gilt: *Es sei char $K = 0$ (d.h. $n\cdot 1_K \neq 0$ für $n \in \mathbb{N}$, $n \geq 1$, wenn 1_K das Einselement von K ist). Ist $f \in K[x]$ irreduzibel, so ist f separabel.*

Beweis: Es ist $f' \not\equiv 0$, $\text{grad}(f') < \text{grad}(f)$. Ist I das von f, f' in $K[x]$ erzeugte Ideal, $I = g\cdot K[x]$, so ist $\text{grad}(g) < \text{grad}(f)$. Da f irreduzibel ist, muß daher $g \in K^*$ sein. □

Übung 3: Es sei E der in Beispiel 4 eingeführte Körper und $f = x^p - t^p \in E[x]$. Die Ableitung f' von f ist das Nullpolynom.
f ist irreduzibel in $K[x]$, $K := \mathbb{F}_p(t^p)$.
Denn: $f = (x-t)^p$. Ist f reduzibel in $K[x]$, so existiert r, $1 \leq r < p$, mit $(x-t)^r \in K[x]$. Wegen $(x-t)^r = \sum_{i=0}^{r}\binom{r}{i} x^i (t)^{r-i}$ erhält man für $i = r-1 : r\cdot t \in K$ und somit $t \in K$. Dies ist ein Widerspruch. □

3 Der Hauptsatz der Galoistheorie

E sei Galoiserweiterung von K und $G = \text{Aut}_K E$ die Galoisgruppe von E über K.

Satz 5: *(„Hauptsatz")*

(1) Ist L Teilkörper von E mit $K \subset L$, so ist $\text{Aut}_L E$ Untergruppe von G und $L = \{\alpha \in E : \sigma(\alpha) = \alpha$ für alle $\sigma \in \text{Aut}_L E\}$

(2) Ist U Untergruppe von G, so ist $E^U := \{\alpha \in E : \sigma(\alpha) = \alpha$ für alle $\sigma \in U\}$ Teilkörper von E mit $K \subset E^U$ und $U = \text{Aut}_{E^U} E$

Beweis von Satz 5, (1): Es ist E Galoiserweiterung von L, da E Zerfällungskörper eines separablen Polynoms über L ist. Nach Satz 4, (2) ist daher $L = \{\alpha \in E : \sigma(\alpha) = \alpha$ für alle $\sigma \in \text{Aut}_L E\}$. □

Folgerung zu Satz 5, (1):

$$\sharp\{L : L \text{ Teilkörper von } E \text{ mit } K \subset L\} < \infty$$

Beweis: Die Zuordnung $L \longmapsto \mathrm{Aut}_L E$ ist nach Satz 5, (1) injektiv. Da die Menge der Untergruppe von G endlich ist, folgt die Behauptung. □

Lemma: *K sei Körper und V endlich-dimensionaler K-Modul.*
$U_1, \ldots, U_r$ seien K-Untermoduln mit $\dim U_i < \dim V$ für alle i.
Dann gilt:

$$V \neq \bigcup_{i=1}^{r} U_i$$

wenn $\sharp K = \infty$.

Beweis: Es sei $n = \dim V$. Man führt Induktion über n. Die Aussage ist trivial, wenn $n \leq 1$ ist.
Sei nun $n > 1$. Die Hyperebenen von V entsprechen eindeutig den 1-dimensionalen K-Untermoduln des dualen Moduls V^*. Wegen $\dim V = \dim V^* > 1$ gibt es unendlich viele 1-dimensionale K-Untermoduln in V^* (z. B. $G_\lambda = K(e_1 + \lambda e_2) : \lambda \in K$, wenn e_1, e_2 linear unabhängig in V^*). Sei H Hyperebene in V mit $H \neq U_i$ für alle i.
Da $\dim(H \cap U_i) < \dim H$ ist $H \neq \bigcup_{i=1}^{r}(H \cap U_i)$ nach Induktionsannahme. □

Beweis von Satz 5,(2): Es wird der Beweis für unendliche Körper geführt. Ist $\sharp K$ endlich, wird ein Beweis in Beispiel 5 gebracht. Nach dem Lemma und der obigen Folgerung zu Satz 5, (1) gibt es $a \in E$ mit $E = K(a)$, wenn $\sharp K = \infty$. Man nennt eine solche Größe a ein primitives Element der Erweiterung E von K. Sei nun $L = E^U$. Dann ist auch $E = L(a)$. Ist μ das Minimalpolynom von a über L, so ist $[E : L] = \mathrm{grad}(\mu)$. Sei nun $g = g(X) := \prod_{\sigma \in U}(X - \sigma(a))$. Dann ist $g(X) \in E[x]$. Eine Rechnung wie im Beweis der Folgerung zu Satz 4 zeigt, daß $[\sigma](g) = g$ ist für alle $\sigma \in U$. Daher ist $g \in L[x]$. Wegen $g(a) = 0$ ist daher g ein Vielfaches von μ in $L[x]$. Insbesondere ist $\mathrm{grad}(g) \geq \mathrm{grad}(\mu)$.
Es ist $\mathrm{grad}(g) = \sharp U$ und $\mathrm{grad}(\mu) = [E : L] = \sharp\mathrm{Aut}_L E$ nach Satz 4. Also ist $\sharp U \geq \sharp\mathrm{Aut}_L E$ und $U = \mathrm{Aut}_L E$ □

Beispiel 5: Endliche Körper
Es sei K ein endlicher, kommutativer Körper und K_0 der von 1 erzeugte Teilkörper von K, der auch Primkörper von K genannt wird.
Es gilt:
(1) $K_0 \cong \mathbb{Z}/p\mathbb{Z}$, p Primzahl.
Denn: es sei $\varphi : \mathbb{Z} \longrightarrow K$ die Zuordnung gegeben durch $n \longmapsto n \cdot 1_K$. Es ist φ Ringhomomorphismus und Kern $\varphi = p \cdot \mathbb{Z}$. Ist $p = p_1 \cdot p_2$, $p_i \in \mathbb{N}$, $p_2 > 1$, so ist $\varphi(p_1) \cdot \varphi(p_2) = 0$ woraus $p_2 = p$, $p_1 = 1$ folgt. Es ist $\varphi(\mathbb{Z}) = K_0 \cong \mathbb{Z}/\text{Kern } \varphi$. □
Es gilt:
(2) $\sharp K = p^n$ mit $n = [K : K_0]$.
Denn: als K_0-Modul ist K isomorph zu K_0^n. □
Es gilt:
(3) Zu $n \in \mathbb{N} \geq 1$ gibt es bis auf Isomorphie genau einen kommutativen Körper mit p^n Elementen. Man bezeichnet ihn mit $\mathbb{F}_{p^n}$.

Denn:

1) Es sei K der Zerfällungskörper von $f = x^{p^n} - x \in \mathbb{Z}/p\mathbb{Z}[x]$ über $\mathbb{Z}/p\mathbb{Z} = \mathbb{F}_p$. Die Ableitung f' von f nach x ist die Konstante -1. Daher ist nach Abschnitt [2] f separabel. Es ist $f(x) = \prod_{i=1}^{p^n}(x - \lambda_i)$, $\lambda_i \in K$, $\lambda_i \neq \lambda_j$ für $i \neq j$. Somit ist $\sharp K \geq p^n$. Es ist aber $\{\lambda \in K : f(\lambda) = 0\}$ ein Teilkörper von K, weil $(\lambda + \lambda')^{p^n} = \lambda^{p^n} + (\lambda')^{p^n}$, $(\lambda \cdot \lambda')^{p^n} = \lambda^{p^n} \cdot (\lambda')^{p^n}$ ist. Also ist $\sharp K = p^n$.
2) Sind K, K' Körper mit $\sharp K = \sharp K'$, so sind K und K' Zerfällungskörper von $x^{p^n} - x$, da die multiplikativen Gruppen K^* und $(K)^*$ die Ordnung $p^n - 1$ haben und somit ord λ ein Teiler von $p^n - 1$ ist für jedes $\lambda \in K^*$, $\lambda \in (K')^*$ nach Satz 1 in Kapitel 7. Nach dem Zusatz zu Satz 3 ist K isomorph zu K'. □

Es gilt:

(4) Ist L Teilkörper von $\mathbb{F}_{p^n}$, so ist L isomorph zu $\mathbb{F}_{p^m}$ mit: m teilt n.

(5) m sei Teiler von n.
Es gibt genau einen Teilkörper L von $\mathbb{F}_{p^n}$ mit $\sharp L = p^m$.

Beweis zu (4): $\mathbb{F}_{p^n}$ ist als L-Modul isomorph zu L^d und $\sharp L^d = (\sharp L)^d = p^{md}$, wenn $\sharp L = p^m$. □

Beweis zu (5): In $\mathbb{Z}[y]$ gilt $y^r - 1 = (y-1)(1 + y + y^2 + \ldots + y^{r-1})$.
Insbesondere gilt für $n = d \cdot m$. $p^n - 1 = (p^m)^d - 1 = (p^m - 1) \cdot v$ mit $v = 1 + p^m + \ldots + p^{(d-1)m}$.
Somit ist

$$x^{p^n-1} - 1 = (x^{(p^m-1)}) - 1 = (x^{p^m-1} - 1) \cdot f(x)$$

Also ist gezeigt, daß $x^{p^n} - x$ in $\mathbb{Z}[x]$ von $x^{p^m} - x$ geteilt wird.
Der Zerfällungskörper von $x^{p^m} - x$ über $\mathbb{F}_p$ ist daher in $\mathbb{F}_{p^n}$ enthalten. Er ist $\{\alpha \in \mathbb{F}_{p^n} : \alpha^{p^m} = \alpha\}$ und daher eindeutig bestimmt. □

Es gilt:

(6) E sei Körpererweiterung von $K = \mathbb{F}_{p^n}$ mit $[E : K] = d$. Dann ist E Galoiserweiterung von K und $\mathrm{Aut}_K E \cong (\mathbb{Z}/d\mathbb{Z}, +)$.

Denn: $E \approx \mathbb{F}_{p^{dn}}$ und E ist Zerfällungskörper von $x^{p^{dn}} - x$ über K.
Sei nun $\sigma_E : E \longrightarrow E$ gegeben durch $\alpha \longmapsto \alpha^p$. Dann ist $\sigma_E \in \mathrm{Aut}\, E$ ein Körperautomorphismus von E, der auch Frobeniusautomorphismus genannt wird. Es ist $\sigma_E(K) = K$ und $\sigma_E|K = \sigma_K$. Zudem ist $\sigma_K^n = id_K$, da $\sigma_K^n(\alpha) = \alpha^{p^n} = \alpha$ für $\alpha \in K$.
Es sei $\tau := \sigma_E^n \in \mathrm{Aut}_K E$. Die Zuordnung $k \longmapsto \tau^k$ induziert einen Isomorphismus $\mathbb{Z}/d\mathbb{Z} \longrightarrow \mathrm{Aut}_K E$.
Denn: es ist $\tau^d = id_E$. Ist $1 \leq r < d$ mit $\tau^r = id_E$, so ist r ein echter Teiler von d und $\{\alpha \in E : \tau^r(\alpha) = \alpha\} = \mathbb{F}_{p^{nr}} \neq E$. Also ist der Homomorphismus $\mathbb{Z}/d\mathbb{Z} \longrightarrow \mathrm{Aut}_K E$ injektiv. Wegen $\sharp \mathrm{Aut}_K E = [E : K] = d$ (Satz 4), ist er bijektiv.

Es gilt:

(7) U sei Untergruppe von $\mathrm{Aut}_K E$. Dann ist $U = \mathrm{Aut}_{E^U} E$, d.h. es gilt die Aussage (2) von Satz 5.

Denn: Es gibt einen Teiler r von d mit: U wird erzeugt von τ^r. Dann ist $\sharp U = \frac{d}{r}$. Es ist $E^U = \mathbb{F}_{p^{rn}}$, da $\tau^r(\alpha) = \alpha^{p^{nr}}$ und $E^U = \{\alpha \in E : \alpha^{p^{nr}} = \alpha\}$. $\mathrm{Aut}_{E^U} E$ wird daher erzeugt von τ^r. □

Es gilt:

(8) $(\mathbb{F}_{p^n}^*, \cdot)$ ist eine zyklische Gruppe.

Denn: Es ist $(\mathbb{F}_{p^n}^*, \cdot) \approx \mathbb{Z}/q_{q_1}^{r_1}\mathbb{Z} \oplus \ldots \oplus \mathbb{Z}/q_t^{r_t}\mathbb{Z}$, wobei $q_1, \ldots, q_t$ Primzahlen sind, nach § 2, Satz 4.
Ist $q = q_i = q_j$ für $i < j$, so existiert eine Untergruppe U von $(\mathbb{F}_{p^n}^*, \cdot)$ isomorph zu $\mathbb{Z}/q\mathbb{Z} \oplus \mathbb{Z}/q\mathbb{Z}$.
Ist $X_q := \{\lambda \in \mathbb{F}_{p^n}^* : \lambda^q = 1\}$ so ist $\sharp X_q \geq q^2$. Es ist aber X_q die Menge der Nullstellen des Polynoms $x^q - 1$. Ein Polynom vom Grad q hat aber höchstens q Nullstellen in einem Körper. Dies zeigt, daß $q_i \neq q_j$ für $i \neq j$. Wegen $\mathbb{Z}/rs\mathbb{Z} = \mathbb{Z}/r\mathbb{Z} \oplus \mathbb{Z}/s\mathbb{Z}$, wenn r und s teilerfremd sind, folgt:
$\mathbb{F}_{p^n}^*$ ist zyklisch, d.h. isomorph zu $(\mathbb{Z}/(p^n - 1)\mathbb{Z}, +)$. □

Es sei $(\mathbb{F}_{p^\cdot})$ ein Skelett in der vollen Unterkategorie von (ass. Rg mit 1), welche durch die endlichen Körper der Charakteristik p bestimmt wird. Es ist $(\mathbb{F}_{p^\cdot})$ isomorph zu der im folgenden beschriebenen Kategorie F.

Es sei $F = \dot{\bigcup}_{(n,m)\in\mathbb{N}^2 \geq 1} F_{nm}$ die disjunkte Vereinigung von Mengen F_{nm} mit :

$$F_{nm} = \begin{cases} \mathbb{Z}/n\mathbb{Z} & : n \text{ teilt } m \\ \varnothing & : \text{sonst} \end{cases}$$

Es wird $\cdot : F_{nm} \times F_{mk} \longrightarrow F_{nk}$ für $n/m, m/k$ definiert durch $(x, y) \longmapsto x + \overline{y}$ wobei $\overline{y}$ die Restklasse von $y \in \mathbb{Z}/m\mathbb{Z}$ in $(\mathbb{Z}/m\mathbb{Z})/(\frac{m}{n}\mathbb{Z}/m\mathbb{Z}) = \mathbb{Z}/n\mathbb{Z}$ ist .
Ist 0_n das Nullelement von $F_{nn} = \mathbb{Z}/nZ$ und $J := \{0_n : n \in \mathbb{N} \geq 1\}$, so ist J die Menge der Identitäten der Kategorie $(F, \cdot), \cdot : \mathfrak{D} \longrightarrow F$, $\mathfrak{D} := \bigcup_{n,m,k} (F_{nm} \times F_{mk})$.
Man gewinnt einen Isomorphismus $F \longrightarrow (\mathbb{F}_{p^\cdot})$, indem man für jedes Paar (n, m) für welches $\frac{m}{n}$ Primzahl in $\mathbb{N}$ ist, einen Homomorphismus $\sigma_{(n,m)} : \mathbb{F}_{p^n} \longrightarrow \mathbb{F}_{p^m}$ wählt. Man ordnet $\sigma_{(n,m)}$ das Nullelement in $F_{n,m}$ zu. Man identifiziert $F_{n,n} = \mathbb{Z}/n\mathbb{Z}$ mit Aut $\mathbb{F}_{p^n}$ indem man $r \in \mathbb{Z}/n\mathbb{Z}$ mit $\sigma^r_{\mathbb{F}_{p^n}}$ gleichsetzt, wobei $\sigma^r_{\mathbb{F}_{p^n}}$ der Frobeniusautomorphismus ist.

Übung 4: Es sei

$$A := \{a \in \mathbb{F}_{64} : a^2 + a + 1 = 0\}, \ B := \{b \in \mathbb{F}_{64} : b^3 + b + 1 = 0\}$$

Man zeige:
(i) A, B sind nicht leer
(ii) $a^3 = 1$ für $a \in A$ und $b^7 = 1$ für $b \in B$.
(iii) Es sei $a \in A$, $b \in B$: jedes $\lambda \in \mathbb{F}_{64}$ besitzt genau eines Darstellung

$$\lambda = \sum_{\substack{0 \leq i \leq 1 \\ 0 \leq j \leq 2}} c_{ij} a^i b^j$$

mit $c_{ij} \in \mathbb{F}_2$
(iv) Es gibt $\lambda \in \mathbb{F}_{64}$ mit $\mathbb{F}_{64} = \mathbb{F}_2(\lambda)$

4 Transzendente Erweiterungen

Es sei K ein kommutativer Körper und $K[x_1, \ldots, x_n] := K[\mathbb{N}^n, +]$ der Polynomring in den Variablen $x_1, \ldots, x_n$ über K.
E sei Erweiterungskörper von K und $\alpha = (\alpha_1, \ldots, \alpha_n) \in E^n$, $\alpha_i \in E$. Es sei $\varphi_\alpha : K[x_1, \ldots, x_n] \longrightarrow E$ der Einsetzungshomomorphismus, der x_i auf α_i abbildet und $c \in K$ auf c für alle $c \in K$.

Definition: *α heißt algebraisch unabhängig über K, wenn φ_α injektiv ist.*

Es sei $B \subset E$

Definition: *B heißt algebraisch unabhängig über K, wenn für jedes n und jedes $\alpha \in B^n$ $\alpha = (\alpha_1, \ldots, \alpha_n)$, $\alpha_i \neq \alpha_j$ für $i \neq j$, gilt: α ist algebraisch unabhängig über K.*

Definition: *B heißt* **Transzendenzbasis** *von E über K, wenn B eine maximale Teilmenge von E ist, die algebraisch unabhängig über K ist.*

Es gilt: Es gibt Transzendenzbasen von E über K.
Denn: Das System der algebraisch unabhängigen Teilmengen von E über K ist induktiv geordnet. □

Beispiel 6: Körper der **rationalen Funktionen**

Der Polynomring $K[x_1, \ldots, x_n]$ ist nullteilerfrei. Der Körper der Brüche von $K[x_1, \ldots, x_n]$ heißt Körper der rationalen Funktionen in den unabhängigen Variablen $x_1, \ldots, x_n$ über K; oft wird er mit $K(x_1, \ldots, x_n)$ bezeichnet. Es ist $\{x_1, \ldots, x_n\}$ eine Transzendenzbasis von $K(x_1, \ldots, x_n)$ über K.

Ist E eine Körpererweiterung von K und $\{\alpha_1, \ldots, \alpha_n\}$, $\alpha_i \neq \alpha_j$ für $i \neq j$, eine Transzendenzbasis von E über K, so ist der von $K \cup \{\alpha_1, \ldots, \alpha_n\}$ erzeugte Körper $K(\alpha_1, \ldots, \alpha_n)$ K-isomorph zu $K(x_1, \ldots, x_n)$ und E ist algebraisch über $K(\alpha_1, \ldots, \alpha_n)$.

Übung 5: Es sei $K = \mathbb{F}_p(t, s)$ der Körper der rationalen Funktionen über $\mathbb{F}_p$ in zwei unabhängigen Variablen t, s und E der Zerfällungskörper von $(x^p - t)(x^p - s) \in K[x]$ über K.
Man zeige:
(i) Es ist $a^p \in K$ für jedes $a \in E$
(ii) $[E : K] = p^2$
(iii) $\mathrm{Aut}_K E = \{id\}$
(iv) Die Menge der Teilkörper L von E mit $K \subset L$ ist unendlich.

Satz 6: *(Steinitz) B, B' seien Transzendenzbasen von E über K. Dann sind B und B' gleichmächtig.*

Beweis für den Fall, daß $\sharp B < \infty$ ist: es sei $B = \{\alpha_1, \ldots, \alpha_n\}$, $n = \sharp B \geq 0$.
Ist $n = 0$, so ist E algebraisch über K und daher $B' = \varnothing$. Sei nun $n > 0$: es sei $\alpha' \in B'$ und $\varphi : K[x_1, \ldots, x_{n+1}] \longrightarrow E$ der K-Ringhomomorphismus der x_i auf α_i abbildet für $i \leq n$ und x_{n+1} auf α'. Dann gibt es $F \in \mathrm{Kern}\ \varphi$, $F \neq 0$. Es gibt i mit $F \notin K[x_1, \ldots, x_{i-1}, x_{i+1}, \ldots, x_{n+1}]$; es ist $i \neq n+1$, da $\alpha_1, \ldots, \alpha_n$ algebraisch unabhängig über K sind. Man kann $i = n$ annehmen. Sei $\hat{B} := \{\alpha_1, \ldots, \alpha_{n-1}, \alpha'\}$.
Es ist α_n algebraisch über $K(\hat{B})$, da durch F eine algebraische Gleichung für α_n über $K(\hat{B})$ gegeben wird.
Es ist E algebraisch über $K(B \cup \{\alpha'\})$ und daher ist E auch algebraisch über $K(\hat{B})$ nach §6 [1], Aussage (3).
Es sei $K' = K(\alpha')$. Dann ist $\{\alpha_1, \ldots, a_{n-1}\}$ Transzendenzbasis von E über K' und $B' - \{\alpha'\}$ ist Transzendenzbasis von E über K'. Man führt Induktion über n und darf daher annehmen, daß $\sharp(B' - \{\alpha'\}) = \sharp(B - \{\alpha_n\})$ ist. Es folgt: $\sharp B' = n$. □

Definition: *tr $\mathrm{grad}_K E := \sharp B$, wenn B Transzendenzbasis von E über K. Man nennt tr $\mathrm{grad}_K E$ den Transzendenzgrad von E über K.*

§7 Gruppen

Einführung

Gruppen treten in vielen Bereichen der Mathematik auf. Zum einen bilden die Automorphismen einer mathematischen Struktur bezüglich der Komposition eine Gruppe. Zum anderen kann man in jeder Kategorie Gruppenobjekte definieren. In der Kategorie der stetigen Abbildungen von topologischen Räumen heißen die Gruppenobjekte topologische Gruppen. In der Kategorie der differenzierbaren Abbbildungen von differenzierbaren Mannigfaltigkeiten nennt man sie Liegruppen.

Die Theorie der endlichen Gruppen ist sehr ausgedehnt, siehe [H]. Es wird der 1972 von Sylov bewiesene Satz behandelt.

Beim Studium der auflösbaren Gruppen ist es zweckmäßig, den Funktor K : $(Gr) \longrightarrow (Gr)$ einzuführen, der einer Gruppe G die Kommutatoruntergruppe $K(G)$ von G zuordnet. Man könnte dadurch angeregt werden, die Kategorie aller Funktoren $(Gr) \longrightarrow (Gr)$ zu untersuchen. Durch den Satz von Jordan-Hölder wird auf die Bedeutung der einfachen Gruppen hingewiesen. Es wird der Begriff der topologischen Gruppe eingeführt und die Konstruktion der topologischen Restklassengruppe durchgeführt. Literatur zu dieser Theorie: [MZ], [B1]. Es wird die Konstruktion der Lie-Algebra zur allgemeinen linearen Gruppe $GL_n(\mathbb{R})$ explizit behandelt. Eine differenzierbare Mannigfaltigkeit M wird dadurch bestimmt, daß die Garbe $C^\infty(M)$ der differenzierbaren Funktionen auf M angegeben ist. Durch einen differenzierbaren Atlas auf M wird eine solche Garbe eindeutig festgelegt. Es existieren endliche Produkte in der Kategorie der differenzierbaren Abbildungen. Die Konstruktion der Liealgebra zu einer abstrakt definierten Liegruppe ist analog der für $GL_n(\mathbb{R})$. Literatur zu diesem Thema: [FV], [V].

[1] Endliche Gruppen

Satz 1: *G sei Gruppe, $\sharp G < \infty$ und H sei Untergruppe von G.*
Dann gilt: $\sharp H$ ist ein Teiler von $\sharp G$.

Beweis: Es sei $\mathcal{H} := \{X \subset G : \exists\ a \in G \text{ mit } X = Ha := \{ha : h \in H\}\}$. Man nennt ein Element aus $\mathcal{H}$ eine Linksnebenklasse von H in G.
Es gilt: Sind $X, X' \in \mathcal{H}$ mit $X \cap X' \neq \varnothing$, so ist $X = X'$.
Denn: es sei $X = Ha$ und $b \in X \cap X'$. Dann ist $b = h_0 \cdot a$, $h_0 \in H$ und $ha = hh_0^{-1}b$. Ist $h \in H$, so ist $hh_0^{-1} \in H$ und daher ist $Ha \subset Hb$. Ist $hh_0^{-1} \in H$, so ist $h \in H$ und daher ist $Ha = Hb$. Wendet man diese Überlegung auf $X' = Ha'$ an, so erhält man $Ha' = Hb$ und damit $X = X'$.
Es ist $\sharp X = \sharp H$ für alle $X \in \mathcal{H}$, da die Zuordnung $h \longmapsto h \cdot a$ eine bijektive Abbildung $H \longrightarrow Ha$ ist. Nun ist $G = \bigcup_{X \in \mathcal{H}} X$ eine disjunkte Vereinigung und daher ist $\sharp G = \sum_{X \in \mathcal{H}} \sharp X = \sharp\mathcal{H} \cdot \sharp H$ und $\sharp H$ teilt $\sharp G$. □

G sei Gruppe, $a \in G$.

Definition: *$ord\ a := \sharp\langle a\rangle$, wenn $\langle a\rangle$ die von a erzeugte Untergruppe von G ist. Man nennt $ord\ a$ die* **Ordnung** *von a.*

Es gilt:
1) Ist $ord\ a < \infty$, so ist $ord\ a = min\{n \geq 1 : a^n = 1\}$
2) $ord\ a$ teilt $\sharp G$, wenn $\sharp G < \infty$.

Beweis:
1) $\langle a\rangle = \{1, a, \ldots, a^{n-1}\}$, wenn $a^n = 1$ ist, da $a^{n+k} = a^n \cdot a^k = a^k$ und $a^i \cdot a^{n-i} = a^n = 1$.
   Ist n minimal mit $a^n = 1$, so ist $a^i \neq a^j$, wenn $0 \leq i < j \leq n-1$, da aus $a^i = a^j$ folgen würde: $a^{j-i} = 1$. Da $0 < j - i < n$, ist dies nicht möglich.
2) Folgt aus Satz 1.

Beispiel 1: Permutationsgruppe
Es sei X eine endliche Menge und Perm X die Gruppe der Permutationen von X, siehe §1, Beispiel 6.
Es gilt: $\sharp(\text{Perm } X) = (\sharp X)!$
denn: es sei $H := \{\varphi \in \text{Perm } X : \varphi(x_n) = x_n\}$, wenn $X = \{x_1, \ldots, x_n\}, n = \sharp X$. Es ist H Untergruppe von Perm X und H ist kanonisch isomorph zu Perm $(X - \{x_n\})$. Man führt Induktion über n und kann annehmen, daß $\sharp H = (n-1)!$
Es sei $\varphi_i \in$ Perm X mit $\varphi_i(i) = n$. Dann ist $H\varphi_i = \{\varphi \in \text{Perm } X : \varphi(i) = n\}$ und Perm $X = \bigcup_{i=1}^{n} H\varphi_i$. Wegen $\sharp H\varphi_i = \sharp H$, folgt die Behauptung.
Es sei $X_*^k := \{x = (x_1, \ldots, x_k) \in X^k : x_i \neq x_j \text{ für } i \neq j\}$. Ist $x = (x_1, \ldots, x_k) \in X_*^k$, so sei ζ_x die Abbildung von X in X, die gegeben wird durch:

$$\zeta_x(y) := \begin{cases} x_{i+1} & : y = x_i,\ 1 \leq i < k \\ x_1 & : y = x_k \\ y & : \text{sonst} \end{cases}$$

Es ist $\zeta_x \in$ Perm X; man nennt ζ_x zyklische Permutation zum Zykel $x \in X_*^k$.
Es ist ord $\zeta_x = k$, wenn $x \in X_*^k$ und es gilt $\varphi \circ \zeta_x \circ \varphi^{-1} = \zeta_{\varphi(x)}$, wenn $\varphi(x) = (\varphi(x_1), \ldots, \varphi(x_k))$.
denn:

$$(\varphi \circ \zeta_x \circ \varphi^{-1})(\varphi(x_i)) = (\varphi \circ \zeta_x)(x_i) = \begin{cases} \varphi(x_{i+1}) & : i < k \\ \varphi(x_1) & : i = k \end{cases} = \zeta_{\varphi(x)}(\varphi(x_i))$$

Ist $y \neq \varphi(x_i)$ für alle i, so ist $\zeta_{\varphi(x)}(y) = y$ und ebenfalls $(\varphi\zeta_x\varphi^{-1})(y) = y$. □

Folgerung zu Satz 1: *Ist N normale Untergruppe von G, $\sharp G < \infty$, so ist*

$$\sharp N \cdot \sharp(G/N) = \sharp G$$

wenn G/N die Faktorgruppe von G modulo N bezeichnet.

Beweis: Es ist G/N als Menge das System $\mathcal{H} = \{Na : a \in G\}$ der Linksnebenklassen von N in G. □

Satz 2: *Es sei G eine Gruppe, $\sharp G = p^n$, p Primzahl.*
Dann gilt:
(1) $Z(G) := \{z \in G : z \cdot g = g \cdot z$ für alle $g \in G\} \neq \{1\}$.
(2) Es gibt normale Untergruppen U_i von G, $0 \leq i \leq n$, mit $\{1\} = U_0 \subset U_1 \subset \ldots \subset U_n = G$ und $U_{i+1}/U_i \approx (\mathbb{Z}/p\mathbb{Z}, +)$ für alle $0 \leq i \leq n-1$

Beweis:
1) $\mathcal{K} := \{X \subset G : \exists a \in G \text{ mit } : X = \{gag^{-1} : g \in G\}\}$. Man nennt $\mathcal{K}$ das System von Konjugationsklassen von G.
Es gilt: Wenn $X, X' \in \mathcal{K}$, $X \cap X' \neq \varnothing$, so ist $X = X'$
denn: sei $Y_a := \{gag^{-1} : g \in G\} \in \mathcal{K}$ und $b \in Y_a$. Dann ist $Y_a = Y_b$, da $g_0 \in G$ existiert mit $g_0 a g_0^{-1} = b$ und $gag^{-1} = (gg_0^{-1})b(gg_0^{-1})^{-1}$.
Ist $b \in X \cap X'$, so ist $X = Y_b$ und $X' = Y_b$.
Es gilt: Es ist $H_a := \{g \in G : ga = ag\}$ Untergruppe von G und $\sharp Y_a \cdot \sharp H_a = \sharp G$.
Denn: Nach dem Beweis zu Satz 1 gibt es $g_1, \ldots, g_r \in G$ mit $G = \bigcup_{i=1}^{r} g_i H_a$, $r \cdot \sharp H_a = \sharp G, g_i H_a \cap g_j H_a = \varnothing$, wenn $i \neq j$. Man zeigt $\sharp Y_a = r$: es ist $g_i a g_i^{-1} \neq g_j a g_j^{-1}$ für $i \neq j$, da aus $g_i a g_i^{-1} = g_j a g_j^{-1}$ folgt: $(g_i^{-1} g_j)a = a(g_i^{-1} g_j)$ und daher $g_i^{-1} g_j \in H_a$ und $g_i H_a = g_j H_a$. Ist zudem $gag^{-1} \in Y_a$, $g \in G$, so existiert i mit: $g = g_i \cdot h$, $h \in H_a$. Es ist $gag^{-1} = g_i hah^{-1} g_i^{-1} = g_i a g_i^{-1}$, da $ha = ah$, $hah^{-1} = a$ ist. □
Man erhält die Konjugationsklassengleichung für G:

$$\sharp G = \sum_{X \in \mathcal{K}} \sharp X$$

Ist $X \in \mathcal{K}$, $\sharp X \neq 1$, so ist p ein Teiler von $\sharp X$, da $\sharp X$ ein Teiler von $\sharp G = p^n$ ist.
Es ist $\sharp X = 1$ genau dann, wenn $X \subset Z(G)$.
Somit gilt: $\sharp Z(G) = p^n - \sum_{\substack{X \in \mathcal{K} \\ \sharp X > 1}} \sharp X$, woraus folgt, daß p ein Teiler von $\sharp Z(G)$ ist.

2) Es gibt $a \in Z(G)$ mit ord $a = p$, da $Z(G)$ Untergruppe von G ist und ord $b^{p^r} = p$, wenn ord $b = p^{r+1}$ ist.
Es sei $U_1 = \langle a \rangle$ die von a erzeugte Untergruppe von G; sie ist normal in G.
Für die Faktorgruppe G/U_1 gilt nach der Folgerung zu Satz 1: $\sharp G/U_1 = p^{n-1}$.
Man führt Induktion über n.
Daher gibt es normale Untergruppen $\{\bar{1}\} = \bar{U}_1 \subset \bar{U}_2 \subset \ldots \subset \bar{U}_n = G/U_1$ mit $\bar{U}_{i+1}/\bar{U}_i \approx (\mathbb{Z}/p\mathbb{Z}, +)$. Ist $\pi : G \longrightarrow G/U_1$ der Restklassenhomomorphismus und $U_i = \pi^{-1}(\bar{U}_i)$, so ist U_i normal in G und $U_{i+1}/U_i \approx \bar{U}_{i+1}/\bar{U}_i$ für $i \geq 1$. □

Folgerung zu Satz 2: *Ist $\sharp G = p^n$, $n \leq 2$, so ist G abelsch.*

Beweis: Ist $n = 1$, so ist G isomorph zu $(\mathbb{Z}/p\mathbb{Z}, +)$. Ist $n = 2$, so wählt man $a \in Z(G)$, $a \neq 1$. Ist $G \neq Z(G)$, so wählt man $b \in G$, $\notin Z(G)$. Es ist $ab = ba$. Es folgt daraus, daß $a^i b^j = b^j a^i$ für alle i, j gilt. Es folgt: G abelsch. □

Beispiel 2: Semi-direktes Produkt
G, H seien Gruppen und $\rho : G \longrightarrow \text{Aut } H$ ein Gruppenhomomorphismus, wobei Aut H die Gruppe der Automorphismen von H (= bijektiven Homomorphismen $H \longrightarrow H$) ist. Aut H ist eine Untergruppe von Perm H.

Es sei $S = H \times G$ und $\cdot_\rho : S \times S \longrightarrow S$ sei gegeben durch die Zuordnung

$$((h,g),(h',g')) \longmapsto (h \cdot (\rho(g)(h')), g \cdot g')$$

Es gilt: $(S, \cdot_\rho)$ ist eine Gruppe; sie heißt semi-direktes Produkt von G und H bezüglich ρ und wird auch mit $H \times_\rho G$ bezeichnet.
denn:
1) $(1_H, 1_G)$ ist neutrales Element von $(S, \cdot_\rho)$.
2) $((\rho(g^{-1}))(h^{-1}), g^{-1})$ ist das inverse Element zu (h, g) bezüglich $\cdot_\rho$.
3) Schreibt man $\cdot$ statt $\cdot_\rho$, so gilt für $(h,g),(h',g'),(h'',g'') \in S$:

$$\begin{aligned}((h,g)\cdot(h',g'))\cdot(h'',g'') &= (h\cdot\rho(g)(h'), gg')\cdot(h'',g'')\\ &= (h\cdot\rho(g)(h')\cdot\rho(gg')(h''), gg'g'')\end{aligned}$$

während

$$(h,g)\cdot((h',g')\cdot(h'',g'')) = (h,g)\cdot(h'\rho(g')(h''), g'g'') = (h\cdot\rho(g)(h'\cdot\rho(g')(h'')), gg'g'')$$

Da $\rho(g)\cdot\rho(g') = \rho(g\cdot g')$, ist $\rho(g)(h'\cdot\rho(g')(h'')) = \rho(g)(h')\cdot\rho(gg')(h'')$ und somit ist $\cdot_\rho$ eine assoziative Verknüpfung auf S. □

Es gilt: Die Abbildung $H \longrightarrow S$, gegeben durch $h \longmapsto (h, 1)$ ist ein injektiver Homomorphismus. Die Abbildung $G \longrightarrow S$, gegeben durch $g \longmapsto (1, g)$ ist ein injektiver Homomorphismus.
Man identifiziert $(h, 1)$ mit h und $(1, g)$ mit g. Dann sind H und G Untergruppen von S und es gilt: $H \cap G = \{1\}$, $H \cup G$ erzeugt S und $ghg^{-1} = \rho(g)(h)$ für alle $h \in H$, $g \in G$.
Es gilt: Wenn ρ nicht die konstante Abbildung ist, die jedes $g \in G$ auf $\rho(g) = id_H$ abbildet, so ist $H \times_\rho G$ nicht abelsch.
Denn: Ist $\rho(g) = \sigma \neq id_H$, so ist $ghg^{-1} = \sigma(h) \neq h$ für ein $h \in H$ und daher $ghg^{-1}h^{-1} = \sigma(h)\cdot h^{-1} \neq 1$. □

Übung 1: Es sei $H = ((\mathbb{Z}/n\mathbb{Z})^2, +)$, $n \in \mathbb{N}$ und $G = (\mathbb{Z}/n\mathbb{Z}, +)$. Dann ist Aut $H \cong GL_2(\mathbb{Z}/n\mathbb{Z})$. Der Automorphismus σ von H, der durch $\begin{pmatrix}1 & 1\\ 0 & 1\end{pmatrix} \in GL_2(\mathbb{Z}/n\mathbb{Z})$ induziert wird, hat Ordnung n, da $\begin{pmatrix}1 & 1\\ 0 & 1\end{pmatrix}^k = \begin{pmatrix}1 & k\\ 0 & 1\end{pmatrix}$ für jedes $k \geq 1$.
Es sei $\rho : G \longrightarrow$ Aut H der Homomorphismus, der das erzeugende Element $\bar{1}$ von $\mathbb{Z}/n\mathbb{Z}$ auf σ abbildet. Dann ist ρ nicht konstant und $\sharp H \times_\rho G = n^3$. Insbesondere gibt es zu jeder Primzahl p eine nichtabelsche Gruppe G mit $\sharp G = p^3$. □

Satz 3: *(Sylov, 1872)*
G sei Gruppe, p Primzahl, $\sharp G = p^n \cdot k$, p sei kein Teiler von k und $\mathfrak{S}_p(G) = \mathfrak{S}_p := \{S \subset G : S$ Untergruppe von G mit $: \sharp S = p^n\}$.
Dann gilt:
(1) $\sharp\mathfrak{S}_p \equiv 1 \bmod p$ und $\sharp\mathfrak{S}_p$ teilt k
(2) Ist $S \in \mathfrak{S}_p$, H Untergruppe von G mit $\sharp H = p^m$, so existiert $a \in G$ mit $aHa^{-1} \subset S$.

Beweis:

1) Es wird gezeigt: $\mathfrak{S}_p(G)$ nichtleer.
Man führt Induktion über $\sharp G$ und geht von der Annahme aus: $\mathfrak{S}_p(G)$ ist leer.
Es sei Z das Zentrum von G, d.h. $Z := \{z \in G : z \cdot g = g \cdot z$ für alle $g \in G\}$.
Es gilt: p teilt nicht $\sharp Z$
Denn: sonst gibt es $a \in Z$ mit ord $a = p$ auf Grund von Satz 1, da Z abelsch ist. Man setzt $\bar{G} = G/\langle a \rangle$ und bezeichnet mit π den Restklassenhomomorphismus $G \longrightarrow \bar{G}$. Es ist $\sharp\bar{G} = p^{n-1} \cdot k$ und daher gibt es nach Induktionsannahme eine Untergruppe $\bar{S}$ von $\bar{G}$ mit $\sharp\bar{S} = p^{n-1}$.
Man zeigt leicht, daß $\pi^{-1}(\bar{S})$ eine Untergruppe von G ist mit $\sharp\pi^{-1}(\bar{S}) = p^n$. □
Es sei $a \in G$ und $H_a := \{h \in G : ah = ha\}$. Es ist H_a Untergruppe von G; sie wird oft als Zentralisator von a in G bezeichnet.
Es gilt: p^n teilt nicht $\sharp H_a$, falls $a \notin Z$.
Denn: Ist $a \notin Z$, so ist $\sharp H_a < \sharp G$. Wenn p^n ein Teiler von $\sharp H_a$ ist, so folgt aus der Induktionsannahme, daß eine Untergruppe S von H_a existiert mit $\sharp S = p^n$. □
Es sei nun $\mathcal{K}$ die Menge der Konjugationsklassen von G. Ist $X \in \mathcal{K}$, $\sharp X > 1$, so ist $\sharp X = \frac{\sharp G}{\sharp H_a}$, wenn $X = \{gag^{-1} : g \in G\}$, und daher ist p ein Teiler von $\sharp X$, da p^n kein Teiler von $\sharp H_a$ ist. Aus der Konjugationsklassengleichung für G, siehe Beweis zu Satz 2, folgt

$$\sharp G = \sharp Z + \sum_{\substack{X \in \mathcal{K} \\ \sharp x > 1}} \sharp X$$

$$p \text{ teilt } \sharp G - \sharp Z$$

$$p \text{ teilt } \sharp Z$$

Dies ist ein Widerspruch zur Annahme: $\mathfrak{S}_p(G)$ ist leer. □

2) **Lemma:** *G sei Gruppe, X Menge und $\rho : G \longrightarrow$ Perm X sei Homomorphismus von G in die Gruppe der Permutationen auf X.*
*$B \subset X$ heißt G-**Bahn** (= G-Orbit) bezüglich ρ, wenn $a \in X$ existiert mit: $B = \{\rho(g)(a) : g \in G\}$.*
Es gilt:
(i) $\sharp B \cdot \sharp G_a = \sharp G$, wenn $G_a := \{g \in G : \rho(g)(a) = a\}$ und $B = \{\rho(g)(a) : g \in G\}$
(ii) Ist $\mathfrak{B}$ die Menge aller G-Bahnen von X bezüglich ρ, so ist $\sum_{B \in \mathfrak{B}} \sharp B = \sharp X$.
Denn:
i) Die Abbildung $g \longmapsto \rho(g)(a)$ induziert eine bijektive Abbildung von $G/G_a := \{g \cdot G_a : g \in G\}$ auf B. Man beachte, daß G_a Untergruppe von G ist, die auch Isotropiegruppe von G bezüglich ρ im Punkt a genannt wird.
ii) Sind $B, B' \in \mathfrak{B}$ und ist $B \cap B'$ nicht leer, so ist $B = B'$. Daher ist $\sum_{B \in \mathfrak{B}} \sharp B = \sharp X$, da $\dot{\bigcup}_{B \in \mathfrak{B}} B = X$ ist. □

3) Es sei H Untergruppe von G mit $\sharp H = p^m$ und $S \in \mathfrak{S}_p(G)$. Es sei $X = G/S = \{a \cdot S : a \in G\}$ die Menge der Linksnebenklassen von S in G. E sei $\rho : G \longrightarrow$ Perm X gegeben durch

$$\rho(g)(a \cdot S) = ga \cdot S$$

für $g \in G$. Es ist $\rho(g_1 g_2) = \rho(g_1) \cdot \rho(g_2)$, da $(g_1 g_2)(aS) = g_1(g_2(aS))$. Es ist $\sharp X = k$. Eine H-Bahn B von X bezüglich ρ hat $\frac{\sharp H}{\sharp H_a}$ Elemente nach obigem Lemma (i), wobei $H_a = \{h \in H : \rho(h)(aS) = aS\}$. Da H_a Untergruppe von H und $\sharp H = p^m$, ist $\sharp H_a$ eine Potenz von p und p teilt $\sharp B$, wenn $\sharp B > 1$ ist. Nach obigen Lemma (ii) können nicht alle H-Bahnen mehr als ein Element haben, da sonst $\sharp X = \sum \sharp B$, wobei über die Menge aller H-Bahnen bezüglich ρ summiert wird, und p somit ein Teiler von $\sharp X = k$ ist, was nicht sein kann.

Also existiert eine Bahn B mit $\sharp B = 1$, $B = \{aS\}$. Es gilt $haS = aS$ für alle $h \in H$. Daher ist $(a^{-1}ha) \cdot S = S$ und $a^{-1}ha \in S$ für alle $h \in H$. Dies beweist Aussage 2) des Satzes.

4) Aus 3) folgt $\mathfrak{S}_p = \{aSa^{-1} : a \in G\}$ für $S \in \mathfrak{S}_p$. Es sei $N := \{a \in G : aSa^{-1} = S\}$. N ist Untergruppe von G, $S \subset N$ und S ist normal in N. N heißt Normalisator von S in G, da N die größte Untergruppe von G ist, in der S als normale Untergruppe enthalten ist.

Es sei $\rho : G \longrightarrow \operatorname{Perm} \mathfrak{S}_p$ gegeben durch $\rho(g)(S') = gS'g^{-1}$, $g \in G$, $S' \in \mathfrak{S}_p$. Es ist ρ Gruppenhomomorphismus.

$\mathfrak{S}_p$ besteht aus einer G-Bahn und N ist die Isotropiegruppe von $S \in \mathfrak{S}_p$ bezüglich ρ. Somit ist $\sharp\mathfrak{S}_p = \frac{\sharp G}{\sharp N}$ ein Teiler von $\sharp G$

Eine S-Bahn B von $\mathfrak{S}_p$ bezüglich ρ hat wegen des Lemmas p^m Elemente. Ist $S' \in B$, $S' \neq S$, so ist $\sharp B > 1$. Wäre $B = \{S'\}$, so wäre $sS's^{-1} = S'$. Ist N' der Normalisator von S' in G, so wäre $S \subset N'$. Es gäbe nach Beweisschritt 3) ein $a \in N'$ mit $aS'a^{-1} = S$. Also wäre $S' = S$.

Es ist $\{S\}$ S-Bahn und p teilt $\sharp B$, wenn B eine S-Bahn $\neq \{S\}$. Nach dem Lemma folgt $\sharp\mathfrak{S}_p \equiv 1 \bmod p$. □

[2] Auflösbare Gruppen

Es sei G Gruppe.

Definition: *Die Untergruppe von G, die erzeugt wird von $\{aba^{-1}b^{-1} : a, b \in G\}$ heißt* **Kommutatoruntergruppe** *von G und wird mit $K(G)$ bezeichnet.*

Es gilt: *Ist $\varphi : G \longrightarrow G'$ ein Gruppenhomomorphismus, so ist $\varphi(K(G)) \subset K(G')$.*
Denn: Es ist $\varphi(aba^{-1}b^{-1}) = \varphi(a)\varphi(b)\varphi(a^{-1})\varphi(b^{-1})$. Ist $x \in K(G)$, so ist $x = x_1 \cdot x_2 \cdot \ldots \cdot x_r$ mit $x_i = a_i b_i a_i^{-1} b_i^{-1}$, da das Inverse eines sogenannten Kommutators $aba^{-1}b^{-1}$ wieder ein Kommutator ist wegen $(aba^{-1}b^{-1})^{-1} = bab^{-1}a^{-1}$. Es ist $\varphi(x) = \varphi(x_1) \cdot \ldots \cdot \varphi(x_r)$ und $\varphi(x_i) \in K(G')$, also $\varphi(x) \in K(G')$. □

Es gilt: *Ist $\varphi : G \longrightarrow G$ ein Gruppenendomorphismus, so ist $\varphi(K(G)) \subset K(G)$. Insbesondere ist $K(G)$ eine normale Untergruppe von G.*

Definition: *Die Restklassengruppe $\bar{K}(G) = G/K(G)$ heißt* **Kommutatorfaktorgruppe** *von G.*

Es gilt: *$\bar{K}(G)$ ist abelsch.*

Beweis: Es sei $\pi : G \longrightarrow \bar{K}(G)$ der Restklassenhomomorphismus und $\alpha, \beta \in \bar{K}(G)$, $a, b \in G$ mit $\pi(a) = \alpha$, $\pi(b) = \beta$. Dann ist $\pi(aba^{-1}b^{-1}) = \alpha\beta\alpha^{-1}\beta^{-1} = 1$, da $aba^{-1}b^{-1} \in \operatorname{Kern} \pi$. Also ist $\alpha\beta = \beta\alpha$. □

Es gilt: *Es sei $\varphi : G \longrightarrow G'$ Gruppenhomomorphismus und $K(\varphi)$ die Einschränkung von φ auf $K(G) \subset G$, aufgefaßt als Abbildung $K(G) \longrightarrow K(G')$. Dann ist die Zuordnung $\varphi \longmapsto K(\varphi)$ ein Funktor $K : (Gr) \longrightarrow (Gr)$. Ist $i_G : K(G) \hookrightarrow G$ die*

Inklusion, so ist die Familie $i = (i_G)$ eine natürliche Transformation $K \hookrightarrow Id$, wenn Id der identische Funktor auf (Gr) ist.

Es bezeichne $K^n := K^{n-1} \circ K$ das n-fache Produkt von K, $n \in \mathbb{N}$.

Definition: *G heißt* **auflösbar**, *wenn ein $n \in \mathbb{N}$ existiert mit $K^n(G) = \{1\}$.*

Satz 4:

1) G' sei Untergruppe von G und G sei auflösbar. Dann ist auch G' auflösbar.

2) N sei normale Untergruppe von G. Dann gilt:
G ist auflösbar genau dann, wenn N und G/N auflösbar sind.

Beweis:

1) Man zeigt mit Induktion über n, daß $K^n(G') \subset K^n(G)$.

2) Es sei π der Restklassenhomomorphismus $G \longrightarrow G/N$. Es ist π surjektiv. Man zeigt mit Induktion über n, daß $K^n(\pi) : K^n(G) \longrightarrow K^n(G/N)$ auch surjektiv ist.
Ist G auflösbar, so folgt: Ist $K^n(G) = \{1_G\}$, so ist $K^n(G/N) = \{1_{G/N}\}$.
Ist $K^n(G/N) = \{1\}$, so ist $K^n(G) \subset N$. Ist $K^m(N) = \{1\}$, so ist $K^{m+n}(G) \subset K^m(N) = \{1\}$ und somit G auflösbar. □

Übung 2: Es sei G Gruppe mit $\sharp G = p^n$, p Primzahl. Dann ist G auflösbar.
denn: Z sei das Zentrum von G. Es ist Z normal, abelsche Untergruppe von G und $Z \neq \{1\}$ nach Satz 2. Man führt Induktion über n. Es ist $p^m = \sharp G/Z < \sharp G$, wenn $\sharp G > 1$ ist. Daher kann man annehmen, daß G/Z auflösbar ist. Nach Satz 4 ist daher G auflösbar. □

G sei Gruppe.

Definition: *G heißt* **einfach**, *wenn gilt: Ist N normale Untergruppe von G, so ist $N = \{1\}$ oder $N = G$.*

Es gilt:

1) G sei abelsch. Dann ist G einfach genau dann, wenn G isomorph ist zu $(\mathbb{Z}/p\mathbb{Z}, +)$ und p eine Primzahl in $\mathbb{N}$ oder $p = 1$ ist.

2) Ist G nicht abelsch und einfach, so ist G nicht auflösbar.

Beispiel 3: Alternierende Gruppe

Es sei $S_n = \text{Perm}\, \underline{n}$, $\underline{n} := \{1, 2, \ldots, n\}$, $n \geq 1$, die Gruppe der Permutationen auf $\underline{n}$; S_n heißt auch symmetrische Gruppe.
Es sei sign $: S_n \longrightarrow \{\pm 1\}$ gegeben durch

$$\sigma \longmapsto \text{sign}\, \sigma := \begin{cases} +1 & : \prod\limits_{1 \leq i < j \leq n} (\sigma(j) - \sigma(i)) > 0 \\ -1 & : \text{sonst} \end{cases}$$

Es ist sign ein Gruppenhomomorphismus und sign $\zeta_{(i,j)} = -1$ für $1 \leq i < j \leq n$, wenn $\zeta_{(i,j)}$ die zyklische Permutation zum Zweierzyklus (i, j) ist.
Es sei $A_n :=$ Kern(sign). Dann ist A_n normale Untergruppe von S_n; sie heißt alternierende Gruppe. Es ist $\sharp A_n = \frac{1}{2} n!$, wenn $n \geq 2$ ist. Es ist $A_1 = A_2 = \{id\}$ und A_3 isomorph zu $(\mathbb{Z}/3\mathbb{Z}, +)$. A_n ist nicht abelsch, wenn $n \geq 4$ ist, da $\zeta_{(1,2,3)} \circ \zeta_{(1,2,4)} = \zeta_{(1,3)} \circ \zeta_{(2,4)}$ und $\zeta_{(1,2,4)} \circ \zeta_{(1,2,3)} = \zeta_{(1,4)} \circ \zeta_{(2,3)}$ ist.
Es gilt: A_n wird erzeugt von $E_n := \{\zeta_{(i,j,k)} : 1 \leq i < j < k \leq n\}$.
denn: Man führt Induktion über n. Der Induktionsbeginn $n = 3$ ist trivial. Ist $n > 3$, so ist $\{\sigma \in A_n : \sigma(n) = n\}$ eine zu A_{n-1} isomorphe Untergruppe von A_n, die von E_{n-1} erzeugt wird. Ist $\sigma \in A_n$ mit $\sigma(n) = j < n$, so ist $\sigma' := \zeta_{(n,k,j)} \circ \sigma \in A_{n-1}$ und $\sigma'(n) = n$. Also erzeugt E_n die Gruppe A_n. □

Übung 3: A_4 ist auflösbar. □

Satz 5: *A_n ist einfach, wenn $n \neq 4$.*

Beweis: Ist $n \leq 3$, so ist A_n einfach und abelsch. Sei nun $n \geq 5$ und N normale Untergruppe von A_n, $\{1\} \neq N$.

1) Ist $\zeta_x \in N$ für ein $x \in \underline{n}_*^3$, so ist $\zeta_y \in N$ für alle $y \in \underline{n}_*^3$ wegen $\sigma\zeta_x\sigma^{-1} = \zeta_{\sigma x}$. Da die Dreierzyklen A_n erzeugen, folgt $N = A_n$
2) Ist $\sigma = \zeta_x \circ \zeta_y \in N$ für $x, y \in \underline{n}_*^2$, $(x,y) \in \underline{n}_*^4$, so existiert $\tau \in A_n$ mit $\tau x = x$, $\tau(y_1, y_2) = (y_1, y_3)$, $y_1 \neq y_3 \neq y_2$, $y = (y_1, y_2)$ Dann ist $\tau\sigma\tau^{-1} = \zeta_x \circ \zeta_{\tau y} \in N$ und $\sigma' := \tau\sigma\tau^{-1} = \zeta_x\zeta_{\tau y}\zeta_x\zeta_y = \zeta_{\tau y}\zeta_y$. Es ist ord $\sigma' = 3$. Daher ist $\sigma' = \zeta_z$, $z \in \underline{n}_*^3$ und $N = A_n$ nach 1).
3) Für $\sigma \in S_n$ sei $L(\sigma) := \{i \in \underline{n} : \sigma(i) \neq i\}$. Man zeigt mit einer Rechnung wie in 2) und Induktion über $\sharp L(\sigma)$, daß $\sigma \in N$, $\sigma \neq id$, existiert mit $\sharp L(\sigma) \leq 4$. Ist $\sharp L(\sigma) = 3$, liegt die Situation von 1) vor. Ist $\sharp L(\sigma) = 4$ liegt die Situation von 2) vor. Ist $L(\sigma) = 2$, so ist $\sigma \in S_n - A_n$. □

Folgerung : $K(S_n) = A_n$, $K(A_n) = A_n$ für $n \geq 5$.

Beispiel 4: Drehgruppe von $\mathbb{R}^3$

Es sei $\langle\ ,\ \rangle$ das kanonische Skalarprodukt auf $\mathbb{R}^3 = \mathbb{R}^{3\times 1}$, dem Vektorraum der reellen Spaltenvektoren mit drei Komponenten. Es sei

$$SO_3(\mathbb{R}) := \{a \in GL_3(\mathbb{R}) : \det a = 1,\ \langle ax, ay\rangle = \langle x, y\rangle \text{ für alle } x, y \in \mathbb{R}^3\}$$

Es ist $SO_3(\mathbb{R})$ Untergruppe von $GL_3(\mathbb{R})$; sie heißt Drehgruppe des euklidischen Raumes $\mathbb{R}^3$ oder spezielle orthogonale Gruppe.

Es sei $S^2 := \{x \in \mathbb{R}^3 : |x| = 1\}$, wobei $|x| = +\sqrt{\langle x, x\rangle}$ die euklidische Länge von x ist. S^2 heißt 2-Sphäre.

Es sei $v \in S^2$, $\varphi \in \mathbb{R}$.

Dann gibt es genau ein $a \in SO_3(\mathbb{R})$ mit folgenden Eigenschaften:

1) $a \cdot v = v$
2) Ist $\langle v\rangle^\perp := \{w \in \mathbb{R}^3 : \langle v, w\rangle = 0\}$ das orthogonale Komplement von $\mathbb{R}v$ und v_1, v_2 eine Orthonormalbasis von $\langle v\rangle^\perp$ mit $det(v_1, v_2, v) = 1$, so ist

$$a \cdot v_1 = \cos\varphi \cdot v_1 + \sin\varphi \cdot v_2$$
$$a \cdot v_2 = (-\sin\varphi)v_1 + \cos\varphi \cdot v_2$$

(d.h. a ist Drehung um den Winkel φ in der orientierten Ebene $\langle v\rangle^\perp$).

Man schreibt $a = d(v, \varphi)$.

Ist $v = e_3$, so ist

$$d(e_3, \varphi) = \begin{pmatrix} \cos\varphi & -\sin\varphi & 0 \\ \sin\varphi & \cos\varphi & 0 \\ 0 & 0 & 1 \end{pmatrix}$$

Es ist

$$d(v, \varphi + 2\pi n) = d(v, \varphi) \text{ für } n \in \mathbb{Z}$$
$$d(-v, -\varphi) = d(v, \varphi)$$
$$d(v, 0) = 1_{3\times 3} \text{ für alle } v \in S^2$$
$$d(v, \varphi) \cdot d(v, \varphi') = d(v, \varphi + \varphi') \quad \square$$

Satz 6: *$SO_3(\mathbb{R})$ ist einfach.*

Beweis:

1) Für $a \in SO_3(\mathbb{R})$ gilt:
$$a \cdot d(v,\varphi) \cdot a^{-1} = d(av,\varphi)$$
denn: Ist $\langle v\rangle^\perp = \mathbb{R}v_1 + \mathbb{R}v_2$ mit $|v_i| = 1$, $\langle v_1, v_2\rangle = 0$, $det(v_1, v_2, v) = 1$ so ist $\langle av\rangle^\perp = \mathbb{R}av_1 + \mathbb{R}av_2$ mit $|av_i| = 1, \langle av_1, av_2\rangle = 0, det(av_1, av_2, av) = 1$. Zudem ist
$$(ad(v,\varphi)a^{-1})(av_1) = a(\cos\varphi \cdot v_1 + \sin\varphi \cdot v_2) = \cos\varphi(av_1) + \sin\varphi(av_2)$$
und
$$(ad(v,\varphi)a^{-1})(av_2) = (-\sin\varphi)(av_1) + \cos\varphi(av_2),$$
sowie $(ad(v,\varphi)a^{-1})(av) = av$

2) Sei N normale Untergruppe von $SO_3(\mathbb{R})$, $a \in N$, $a \neq 1_{3\times3}$. In der Linearen Algebra zeigt man, da a den rellen Eigenwert 1 hat, daß es $(v,\varphi) \in S^2 \times \mathbb{R}$ gibt mit $a = d(v,\varphi)$. Nach 1) ist $d(w,\varphi) \in N$ für alle $w \in S^2$. Zudem ist $A := \{\varphi \in \mathbb{R} : d(v,\varphi) \in N\}$ eine Untergruppe von $(\mathbb{R},+)$ wegen $d(v,\varphi_1)\cdot d(v,\varphi_2) = d(v,\varphi_1+\varphi_2)$.

3) Es sei $\gamma : [0,1] \longrightarrow S^2$ eine stetige Abbildung mit $\gamma(0) = v$, $\gamma(1) = w \neq \pm v$. Es sei $a(t) = d(\gamma(t),\ \varphi)\cdot d(v,-\varphi)$ mit $\varphi \in A$, $\varphi \notin 2\pi\cdot\mathbb{Z}$. Die Zuordnung $d : S^2 \times \mathbb{R} \longrightarrow SO_3(\mathbb{R})$, $(v,\varphi) \longmapsto d(v,\varphi)$, ist stetig und daher ist auch die Zuordnung $t \longmapsto a(t)$ stetig. Es ist $a(0) = 1_{3\times3}$ und $a(1) \neq 1_{3\times3}$. Es ist Spur $a(t) = 2\cdot\cos\varphi(t)$, wenn $a(t) = d(w(t),\varphi(t))$ ist. Es ist Spur $a(0) = 3$ und Spur $a(1) = 1 + 2\cos\varphi(1) \neq 3$. Da die Abbildung $[0,1] \longrightarrow \mathbb{R}$, $t \longmapsto$ Spur $a(t)$, stetig ist, gibt es nach dem Zwischenwertsatz $\alpha, \beta \in \mathbb{R}$, $\alpha < \beta$ mit $[\alpha,\beta] := \{\lambda \in \mathbb{R} : \alpha \leq \lambda \leq \beta\} \subset A$. Daraus folgt $A = \mathbb{R}$ und $N = SO_3(\mathbb{R})$. □

Satz 7: (Jordan-Hölder)

G sei Gruppe und $A_0,\ldots,A_r$, $B_0,\ldots,B_s$ seien Untergruppen von G mit
$$G = A_0 \supset A_1 \supset \ldots \supset A_r = \{1\}$$
$$G = B_0 \supset B_1 \supset \ldots \supset B_s = \{1\}$$
$$A_{i+1} \text{ ist normale Untergruppe von } A_i$$
$$B_{i+1} \text{ ist normale Untergruppe von } B_i$$
für alle i und
$$\{1\} \neq A_i/A_{i+1} \text{ einfach}$$
$$\{1\} \neq B_i/B_{i+1} \text{ einfach}$$
für alle i. (Man nennt eine solche Folge $(A_i)_{0\leq i\leq r}$ von Untergruppen auch Kompositionsreihe von G).

Dann gilt:

1) $r = s$

2) Es gibt eine Permutation σ von $\{0,1,2,\ldots,r\}$ mit :
A_i/A_{i+1} isomorph zu $B_{\sigma(i)}/B_{\sigma(i+1)}$ für alle i.

3) G ist auflösbar genau dann, wenn A_i/A_{i+1} abelsch für alle i.

Beweis: 1) und 2): Man führt Induktion über r. Der Induktionsanfang $r = 1$ ist trivial, da $r = 1$ bedeutet, daß G einfach ist.
Sei nun $r > 1$ und $\pi : A_0 \longrightarrow \bar{A} := A_0/A_1$ der Restklassenhomomorphismus. Dann ist $\bar{B}_i := \pi(B_i)$ Untergruppe von $\bar{A}$ und $\bar{B}_{i+1}$ ist normale Untergruppe von $\bar{B}_i$. Da $\bar{A}$ einfach ist und $\neq \{\bar{1}\}$ gibt es ein j mit:

$$\bar{B}_0 = \bar{B}_1 = \ldots = \bar{B}_j = \bar{A}, \ \bar{B}_{j+1} = \ldots = \bar{B}_s = \{\bar{1}\}$$

Es ist $\bar{B}_j = B_j/B_{j+1}$, da B_{j+1} maximale normale Untergruppe von B_j. Zudem ist $\bar{B}_j = A_0/A_1$.
Sei nun $C_i := B_i \cap A_1$. Es ist C_i Untergruppe von A_1, $C_0 = A_1 \supset C_1 \supset \ldots \supset C_s = \{1\}$ und C_{i+1} ist normale Untergruppe von C_i für alle i.
Es gilt:
($\bullet$) $C_j = C_{j+1}$
($\bullet\bullet$) $C_i/C_{i+1} \cong B_i/B_{i+1}$ für alle $i \neq j$, $0 \leq i \leq s-1$
denn: ($\bullet$) es ist $B_{j+1} \subset A_1$, $B_j \not\subset A_1$ und $C_{j+1} = B_{j+1}$, während C_j eine echte Untergruppe von B_j ist.
Man rechnet leicht nach, daß C_j normale Untergruppe von B_j ist, da $C_j = B_j \cap A_1$ und A_1 normal in B_1 ist: sei $b \in B_j$, $c \in C_j$, so ist $bcb^{-1} \in B_j$ und $bcb^{-1} \in A_1$, also $bcb^{-1} \in C_j$.
Da $C_j \neq B_j$ ist $C_{j+1} = C_j$.
($\bullet\bullet$) Ist $i > j$, so ist $C_i = B_i$; $C_{i+1} = B_{i+1}$ und $C_i/C_{i+1} = B_i/B_{i+1}$.
Sei nun $i < j$. Es ist $\bar{B}_i = \bar{B}_{i+1}$ und daher ist $B_i \cdot A_1 = B_{i+1} \cdot A_1$ (wobei B_iA_1 die von $B_i \cup A_1$ erzeugte Untergruppe bezeichnet). Es ist $B_iA_1 = \{b \cdot a : b \in B_i,\ a \in A_1\}$, da $a \cdot b = b \cdot (b^{-1}ab)$ und $b^{-1}ab \in A_1$ ist. Die Inklusion $C_i \longrightarrow B_i$ induziert einen Homomorphismus $\varphi : C_i/C_{i+1} \longrightarrow B_i/B_{i+1}$, da $C_{i+1} \subset B_{i+1}$.
Es ist φ injektiv:
Ist $x \in C_i$, $\varphi(\bar{x}) = \bar{1}$, $\bar{x} :=$ Restklasse von x in C_i/C_{i+1}. Da $x \in C_i \subset A_1$ ist $x \in C_{i+1}$, d.h. $\bar{x} = 1$.
Es ist φ surjektiv: sei $\bar{b} \in B_i/B_{i+1}$ und b Repräsentant von $\bar{b}$ in B_i. Aus $B_i \subset B_{i+1} \cdot A_1$ folgt: Es gibt $b' \in B_{i+1}$, mit : $b = b' \cdot a$; $a \in A_1$. Es ist daher $a = (b')^{-1} \cdot b \in A_1 \cap B_i = C_i$. Die Restklasse $\bar{a}$ von a modulo B_{i+1} ist gleich der Restklasse $\bar{b}$ von b mod B_{i+1}, da $b' \in B_{i+1}$. Also ist $\varphi(\tilde{a}) = \bar{b}$, wenn $\tilde{a}$ die Restklasse von a mod C_{i+1} ist.

Mit Induktion über r folgen die Behauptungen 1) und 2), da $A_1, A_2, \ldots, A_r$ und $C_0, C_1, \ldots, C_{j-1}, C_{j+1}, \ldots, C_s$ Kompositionsfolgen von A_1 sind.

3) Ist G auflösbar, so sind A_i/A_{i+1} auflösbar nach Satz 4. Da A_i/A_{i+1} einfach ist, muß A_i/A_{i+1} abelsch sein. Sei nun A_i/A_{i+1} abelsch für alle i. Man führt Induktion über r. Dann kann man aus der Induktionsvoraussetzung folgern, daß A_1 auflösbar ist. Mit Satz 4 folgt A auflösbar. □

Beispiel 5: Projektive spezielle lineare Gruppe
Es sei K ein kommutativer Körper und $n \geq 1$. Dann ist $GL_n(K) := \{a \in K^{n \times n} : \det_n(a) \neq 0\}$ die Einheitengruppe des Matrizenringes $K^{n \times n}$ der $n \times n$ Matrizen mit Einträgen aus K. Die Determinantenfunktion $\det_n : GL_n(K) \longrightarrow K^*$ ist ein Homomorphismus, dessen Kern die spezielle lineare Gruppe $SL_n(K) := \{a \in GL_n(K) : \det_n(a) = 1\}$ ist. Das Zentrum $Z_n(K)$ von $SL_n(K)$ ist $\{\lambda 1_{n \times n} : \lambda \in K,\ \lambda^n = 1\}$, es ist eine zyklische Gruppe. Die Faktorgruppe $PSL_n(K) := SL_n(K)/Z_n(K)$ heißt projektive spezielle, lineare Gruppe. Es gilt der Satz: $PSL_n(K)$ ist einfach, wenn $(n, K) \neq (2, \mathbb{F}_2)$ und $\neq (2, \mathbb{F}_3)$. Einen Beweis dieser Aussage findet man in dem Buch von Huppert.

Übung 4: E sei Galoiserweiterung von K und $G = \text{Gal}\,(E/K)$ sei einfach, aber nicht abelsch. Es sei L der Teilkörper von E, der erzeugt wird von $K \cup \{a \in E : a^r \in K$ für $r \geq 1\}$. Dann gilt: $L = K$.

Hinweis zur Lösung: Ist $\sigma \in G$, so ist $\sigma(L) = L$. Man folgert daraus, daß L Galoiserweiterung von K ist und daß Gal (E/L) eine normale Untergruppe von G ist. Da G einfach ist, muß $L = K$ oder $L = E$ sein. Ist $L = E$, so muß G abelsch sein. □

3 Topologische Gruppen

Definition: *Ein Paar $(X,\mathcal{O})$ heißt* **topologischer Raum**, *wenn gilt:*

(1) X ist Menge und $\mathcal{O}$ ist System von Teilmengen von X.

(2) wenn $X_1, X_2 \in \mathcal{O}$, so ist $X_1 \cap X_2 \in \mathcal{O}$

(3) wenn $X_i \in \mathcal{O}$, $i \in I$, so ist $\bigcup_{i \in I} X_i \in \mathcal{O}$

(4) $\emptyset$, $X \in \mathcal{O}$

Definition: *Ein Morphismus $\varphi : (X,\mathcal{O}) \longrightarrow (X',\mathcal{O}')$ von topologischen Räumen $(X,\mathcal{O})$, $(X',\mathcal{O}')$ ist eine Abbildung $\varphi : X \longrightarrow X'$ mit : wenn $U \in \mathcal{O}'$, so ist $\varphi^{-1}(U) \in \mathcal{O}$.*

Es gilt: *Die Morphismen topologischer Räume, die auch* **stetige Abbildungen** *genannt werden, bilden bezüglich der Komposition von Abbildungen eine Meta-Kategorie (topRm).*

Es sei $T = (X,\mathcal{O})$ ein topologischer Raum und $Y \subset X$ eine Teilmenge von X.

Definition: *Y heißt offene (bzw. abgeschlossene) Teilmenge von T, wenn $Y \in \mathcal{O}$ (bzw. $X - Y \in \mathcal{O}$). Somit ist $\mathcal{O}$ das System der offenen Teilmengen von T.*

Es sei $T = (X,\mathcal{O})$ topologischer Raum und X' Teilmenge von X. Es sei $\mathcal{O}|X' := \{U \cap X' : U \in \mathcal{O}\}$.
Es gilt: *$(X',\mathcal{O}|X')$ ist topologischer Raum; er heißt topologischer Teilraum von $(X,\mathcal{O})$. Die Inklusion $X' \hookrightarrow X$ ist eine stetige Abbildung $(X',\mathcal{O}|X') \longrightarrow (X,\mathcal{O})$.*

Beispiel 6: Euklidische Topologie
Es sei V endlich-dimensionaler $\mathbb{R}$-Vektorraum und $\mathcal{O} := \{U \subset V$: Ist $a \in U$ und $v_1, \ldots, v_n$ Basis von V, so existiert $\varepsilon > 0$ mit: $a + \sum_{i=1}^{n} \lambda_i v_i \in U$, wenn $\lambda_i \in \mathbb{R}, |\lambda_i| < \varepsilon$ für alle $i\}$.

Es gilt: *$(V,\mathcal{O})$ ist topologischer Raum.*

Ist $w_1, \ldots, w_n$ Basis von V, $a \in V, \varepsilon > 0$ und $W_{a,\varepsilon} := \{a + \sum_{i=1}^{n} \lambda_i w_i : \lambda_i \in \mathbb{R},\ |\lambda_i| < \varepsilon\}$,

so gilt: $W_{a,\varepsilon}$ ist offen in $(V,\mathcal{O})$
denn:

1) Zu $a' \in W_{a,\varepsilon}$ gibt es $\delta > 0$ mit : $W_{a',\delta} \subset W_{a,\varepsilon}$

2) Es sei $v_1, \ldots, v_n$ Basis von V, $v_i = \sum_{i=1}^{n} a_{ij} w_j$, $a_{ij} \in \mathbb{R}$

Es sei $|a_{ij}| \leq A$ und $x = \sum_{i=1}^{n} \mu_i v_i$ mit $|\mu_i| < \frac{\varepsilon}{nA}$. Dann ist $x = \sum_{i=1}^{n} \lambda_j v_j$ mit $\lambda_j = \sum_{i=1}^{n} \mu_i a_{ij}$ und daher $|\lambda_j| \leq n \max_{i=1}^{n} |\mu_i| \cdot |a_{ij}| < n \cdot \dfrac{\varepsilon}{n \cdot A} \cdot A = \varepsilon$. Es folgt $a + x \in W_{a,\varepsilon}$. □

Es gilt: *In (topRm) existieren Produkte.*

Beweis:

1) $(X_i, \mathcal{O}_i)$ seien topologische Räume, $i \in I$, und $X = \prod_{i \in I} X_i$ das Produkt der Mengen X_i, $i \in I$. Es sei pr_i die Projektion von X auf X_i. Nun sei $\mathfrak{S} := \{(pr_i)^{-1}(U_i) : U_i \in \mathcal{O}_i,\ i \in I\}$, $\mathfrak{S}' := \{V_1 \cap V_2 \cap \ldots \cap V_r : r \geq 1,\ V_i \in \mathfrak{S}\}$, $\mathcal{O} := \{\bigcup_{\lambda \in \Lambda} D_\lambda : \Lambda$ beliebige Menge, $D_\lambda \in \mathfrak{S}'\}$. Es ist $(X, \mathcal{O})$ topologischer Raum und $pr_i : (X, \mathcal{O}) \longrightarrow (X_i, \mathcal{O}_i)$ stetige Abbildung für alle i.
2) Ist $\varphi_i : (X', \mathcal{O}') \longrightarrow (X_i, \mathcal{O}_i)$ stetige Abbildung, $i \in I$, so existiert genau eine Abbildung $\varphi : X' \longrightarrow X$ mit $pr_i \circ \varphi = \varphi_i$ für alle i. Es ist $\varphi^{-1}(V) \in \mathcal{O}$, wenn $V \in \mathfrak{S}$ und $\varphi^{-1}(V_1 \cap \ldots \cap V_r) = \varphi^{-1}(V_1) \cap \ldots \cap \varphi^{-1}(V_r) \in \mathcal{O}'$, wenn $V_i \in \mathfrak{S}$. Es ist $\varphi^{-1}(\bigcup_{\lambda \in \Lambda} V_\lambda) = \bigcup_{\lambda \in \Lambda} \varphi^{-1}(V_\lambda) \in \mathcal{O}'$, wenn $V_\lambda \in \mathfrak{S}'$. Also ist φ stetig und $(X, \mathcal{O})$ ist das Produkt der topologischen Räume $(X_i, \mathcal{O}_i)$, $i \in I$. Ist $I = \{1, 2\}$, so schreibt man $(X_1, \mathcal{O}_1) \times (X_2, \mathcal{O}_2)$ für $(X, \mathcal{O})$.

Definition: *Ein Paar (G, v) heißt* **topologische Gruppe**, *wenn gilt:*

1) G ist topologischer Raum $(X, \mathcal{O})$
2) (X, v) ist Gruppe
3) v ist stetige Abbildung $G \times G \longrightarrow G$
4) Die Inversenabbildung $x \longmapsto x^{-1}$, $x \in X$, ist eine stetige Abbildung $G \longrightarrow G$

Es gilt: *Die stetigen Homomorphismen von topologischen Gruppen bilden bezüglich der Komposition von Abbildungen eine Meta-Kategorie (topGr).*

Beispiel 7: Reelle allgemeine lineare Gruppe
$GL_n(\mathbb{R}) := \{a \in \mathbb{R}^{n \times n} : \det a \neq 0\}$ ist Gruppe bezüglich der Matrizenmultiplikation. Es ist $\mathbb{R}^{n \times n}$ der endlich-dimensionale $\mathbb{R}$-Vektorraum der $n \times n$-Matrizen. Man versieht $GL_n(\mathbb{R})$ mit der euklischen Topologie bezüglich der Inklusion in $\mathbb{R}^{n \times n}$.

Es gilt: $GL_n(\mathbb{R})$ ist topologische Gruppe.
Denn:

1) Die Multiplikation ist eine stetige Abbildung $v : GL_n(\mathbb{R}) \times GL_n(\mathbb{R}) \longrightarrow GL_n(\mathbb{R})$. Ist $x = (x_{ij})$, $y = (y_{ij})$, $z = x \cdot y = (z_{ij})$, so ist $z_{ij} = \sum_{k=1}^{n} x_{ik} y_{kj}$ ein Polynom in x_{ik}, y_{kj}. Da Polynome stetige Funktionen sind, ist auch v stetig.
2) Die Inversenabbildung $x \longmapsto x^{-1}$ ist stetig, da x^{-1} mit Hilfe der Cramerschen Regel berechnet werden kann; jede Komponente von x^{-1} ist der Quotient eines Polynoms in x_{ij} und der Determinante von x, und diese sind stetige Zuordnungen. □

$T = (X, \mathcal{O})$ sei topologischer Raum.

Definition: *T heißt zusammenhängend, wenn gilt: Sind U, V nichtleere, offene Teilmengen von T mit $U \cup V = X$, so ist $U \cap V \neq \varnothing$.*

Es gilt: *Es sei $a \in X$ und $Z_T(a) = Z := \bigcup Y$, wobei über alle zusammenhängenden Teilräume Y vereinigt wird, da a enthalten. Dann ist Z zusammenhängend. Man nennt Z die* **Zusammenhangskomponente** *von a in T. Sie ist die größte, zusammenhängende Teilmenge von T, die a enthält.*

Denn: es seien $U, V \in \mathcal{O}|Z$ nichtleere Mengen mit $U \cup V = Z$. Es sei $a \in U$ und Y sei eine zusammenhängende Teilmenge von X mit $Y \cap V \neq \emptyset$. Es ist $Y \cap U,\ Y \cap V \in \mathcal{O}|Y$ und $(Y \cap U) \cup (Y \cap V) = Y$, da $Y \subset Z$. Also ist $(Y \cap U) \cap (Y \cap V) \neq \emptyset$ und $U \cap V \neq \emptyset$. □

Es gilt: *Es sei $\varphi : (X, \mathcal{O}) \longrightarrow (X', \mathcal{O}')$ eine stetige Abbildung, $a \in X$ und Z bzw. Z' die Zusammenhangskomponente von a bzw. $\varphi(a)$ in $(X, \mathcal{O})$ bzw. $(X', \mathcal{O}')$. Dann ist $\varphi(Z)$ zusammenhängend und $\varphi(Z) \subset Z'$.*

Denn: es genügt zu zeigen, daß $\varphi(Z)$ zusammenhängend ist. Seien daher $U', V' \in \mathcal{O}'|\varphi(Z)$ nichtleere Mengen mit $U' \cup V' = \varphi(Z)$. Dann gibt es $\tilde{U}, \tilde{V} \in \mathcal{O}'$ mit $\tilde{U} \cap \varphi(Z) = U'$, $\tilde{V} \cap \varphi(Z) = V'$. Es sind $\varphi^{-1}(\tilde{U}) \cap Z = \varphi^{-1}(U')$, $\varphi^{-1}(\tilde{V}) \cap Z = \varphi^{-1}(V')$ nichtleer und offen in $(Z, \mathcal{O}|Z)$ mit $\varphi^{-1}(U') \cup \varphi^{-1}(V') = Z$. Da Z zusammenhängend ist, ist $\varphi^{-1}(U') \cap \varphi^{-1}(V') \neq \emptyset$, und daher $U' \cap V' \neq \emptyset$ □

Übung 5: ($\mathbb{R}^n$, euklidische Topologie) ist zusammenhängend

denn:

1) Ist $n = 1$ und sind U, V nichtleere offene Teilmengen von $\mathbb{R}$ mit $U \cup V = \mathbb{R}$ und $U \cap V = \emptyset$, so wählt man $a \in U$, $b \in V$. Man kann $a < b$ annehmen. Ist $s := \sup\{x \in U : x < b\}$, so zeigt man, daß $s \notin U$, da sonst $\varepsilon > 0$ existierte mit $s + \varepsilon < b$ und $s + \varepsilon \in U$. Also ist $s \in V$. Es gibt $\varepsilon > 0$ mit $(s - \varepsilon, s + \varepsilon) := \{\lambda \in \mathbb{R} : s - \varepsilon < \lambda < s + \lambda\} \subset V$. Dann ist aber $\sup\{x \in U : x < b\} \leq s - \varepsilon$, da $(s - \varepsilon, s + \varepsilon) \cap U = \emptyset$ ist. Dies ist ein Widerspruch zur Annahme $U \cap V = \emptyset$.
2) Ist $n > 1$, $a \in \mathbb{R}^n$ und $\varphi_a : \mathbb{R} \longrightarrow \mathbb{R}^n$ die stetige Abbildung, gegeben durch $t \longmapsto t \cdot a$, so ist $a \in \varphi_a(\mathbb{R}), \varphi_a(\mathbb{R})$ zusammenhängend, $0 \in \varphi_a(\mathbb{R})$, und daher enthält die Zusammenhangskomponente Z von 0 in $\mathbb{R}^n$ die Menge $\varphi_a(\mathbb{R})$ und den Punkt a. □

Übung 6: ($SO_3(\mathbb{R})$, euklidische Topologie) ist zusammenhängend.

denn: es werden die Bezeichnungen von Beispiel 4 verwendet. Die Abbildung $d_v : \mathbb{R} \longrightarrow SO_3(\mathbb{R})$, gegeben durch $\varphi \longmapsto d(v, \varphi)$, $v \in S^2$, ist stetig. Es ist $d_v(v) = 1_{3\times3}$. Zu $a \in SO_3(\mathbb{R})$ existiert $v \in S^2$, $\varphi \in \mathbb{R}$ mit $a = d_v(\varphi)$. Also gehört a zur Zusammenhangskomponente Z von $1_{3\times3}$, d.h. $Z = SO_3(\mathbb{R})$. □

Quotientenraum:

Es sei $(X, \mathcal{O})$ ein topologischer Raum, R eine Äquivalenzrelation auf X, $\tilde{X}$ die Menge der Äquivalenzklassen von X bezüglich R und $\pi : X \longrightarrow \tilde{X}$ die Äquivalenzklassenabbildung. Es sei $\tilde{\mathcal{O}} := \{\tilde{U} \subset \tilde{X} : \pi^{-1}(\tilde{U}) \in \mathcal{O}\}$.

Es gilt:

1) $(\tilde{X}, \tilde{\mathcal{O}})$ ist topologischer Raum und π ist stetige Abbildung $(X, \mathcal{O}) \longrightarrow (\tilde{X}, \tilde{\mathcal{O}})$.

2) Ist $\varphi : (X, \mathcal{O}) \longrightarrow (X', \mathcal{O}')$ eine stetige Abbildung mit: $\varphi(x_1) = \varphi(x_2)$, wenn $(x_1, x_2) \in R$, so existiert genau eine stetige Abbildung $\varphi' : (\tilde{X}, \tilde{\mathcal{O}}) \longrightarrow (X', \mathcal{O}')$ mit $\varphi' \circ \pi = \varphi$.

Beweis:

1) Es seien $\tilde{U}_i \in \tilde{\mathcal{O}}$. Es sind

$$\pi^{-1}(\tilde{U}_1 \cap \tilde{U}_2) = \pi^{-1}(\tilde{U}_1) \cap \pi^{-1}(\tilde{U}_2)$$
$$\pi^{-1}(\bigcup_{i \in I} \tilde{U}_i) = \bigcup_{i \in I} \pi^{-1}(\tilde{U}_i)$$

und daher sind $\tilde{U}_1 \cap \tilde{U}_2, \bigcup_{i \in I} \tilde{U}_i \in \tilde{\mathcal{O}}$.

2) φ' ist als Abbildung eindeutig definiert. Sei $U' \in \mathcal{O}'$. Es ist

$$\varphi^{-1}(U') = \pi^{-1}((\varphi')^{-1}(U')) \in \mathcal{O}$$

und also ist $(\varphi')^{-1}(U') \in \tilde{\mathcal{O}}$. □

Definition: *Man nennt* $(\tilde{X}, \tilde{\mathcal{O}})$ *den Quotientenraum von* $(X, \mathcal{O})$ *modulo* R *und* $\tilde{\mathcal{O}}$ *die* **Quotiententopologie** *von* $(X, \mathcal{O})$ *auf* $\tilde{X}$.

Satz 8: *G sei topologische Gruppe*

1) G^0 sei die Zusammenhangskomponente von 1_G in G. Dann ist G^0 normale Untergruppe von G und die Zusammenhangskomponente von $a \in G$ in G ist aG^0.

2) U sei Untergruppe von G und $\bar{U}$ sei die abgeschlossene Hülle von U in G (d.h. $\bar{U}$ ist der Durchschnitt aller abgeschlossenen Teilmengen von G, die U umfassen). Dann ist $\bar{U}$ Untergruppe von G.

3) N sei normale Untergruppe von G. Die Restklassengruppe G/N zusammen mit der Quotiententopologie ist eine topologische Gruppe.

Beweis:

1) Es sei $a \in G$ und $\lambda_a : G \longrightarrow G$ die Abbildung, gegeben durch $x \longmapsto a \cdot x$. Es ist λ_a stetig und daher ist $\lambda_a(G^0)$ zusammenhängend. Ist $a \in G^0$ so ist $1 \in \lambda_{a^{-1}}(G^0)$ und daher ist $\lambda_{a^{-1}}(G^0) \subset G^0$, d.h. sind $a, b \in G^0$ so ist $a^{-1} \cdot b \in G^0$, d.h. G^0 ist Untergruppe.
Die Abbildung $x \longmapsto axa^{-1}$ ist eine stetige Abbildung $\varphi : G \longrightarrow G$. Daher ist $aG^0a^{-1} = \varphi(G^0) \subset G^0$, da $\varphi(1) = 1 \in \varphi(G^0)$. Also ist G^0 normal in G.

2) Es sei $w : G \times G \longrightarrow G$ die Abbildung gegeben durch $(x, y) \longmapsto xy^{-1}$. Es ist w stetig und daher ist $w^{-1}(\bar{U})$ abgeschlossen von $G \times G$. Es ist $U \times U \subset w^{-1}(\bar{U})$ und daher ist die abgeschlossene Hülle von $U \times U$, nämlich $\bar{U} \times \bar{U}$, in $w^{-1}(\bar{U})$ enthalten. Also ist $w(\bar{U} \times \bar{U}) \subset \bar{U}$ und $\bar{U}$ ist Untergruppe von G.

3) Es sei $\bar{G} = G/N$ mit der Quotiententopologie bezüglich G versehen und $\bar{w} : \bar{G} \times \bar{G} \longrightarrow \bar{G}$ gegeben durch $(\bar{x}, \bar{y}) \longmapsto \bar{x} \cdot \bar{y}^{-1}$. Man hat zu zeigen, daß $\bar{w}$ stetig ist.
Sei $\bar{V}$ offen in $\bar{G}$, $V := (\pi \circ w)^{-1}(\bar{V})$ ist offen in $G \times G$, wenn π der Restklassenhomomorphismus $G \longrightarrow \bar{G}$ ist. Es sei $V' := (\bar{w})^{-1}(\bar{V})$ und $(\bar{a}, \bar{b}) \in V'$. Es sei $a, b \in G$ mit $\pi(a) = \bar{a}$, $\pi(b) = \bar{b}a$. Da $(a, b) \in V$ gibt es offene Teilmengen V_1, V_2 von G mit $V_1 \times V_2 \subset V$, $(a, b) \in V_1 \times V_2$. Es ist $V_i \cdot N = \bigcup_{x \in N} V_i \cdot x$ offen in G und $(V_1 \cdot N) \times (V_2 \cdot N)$ offen in $G \times G$. Nun sind $\pi(V_1)$, $\pi(V_2)$ offen in $\bar{G}$, da $\pi^{-1}(\pi(V_i)) = V_i \cdot N$ ist. Somit ist $(\bar{a}, \bar{b}) \in \pi(V_1) \times \pi(V_2) \subset V'$, da $(\pi \times \pi)^{-1}(V') = V$ ist. □

Es sei K ein kommutativer, assoziativer Ring mit Einselement. A sei Ring und K-Modul.

Definition: *A heißt K-***Algebra***, wenn gilt:*

$$(\lambda \cdot a) \cdot (\lambda' \cdot a') = (\lambda \cdot \lambda') \cdot (a \cdot a')$$

für alle $\lambda, \lambda' \in K,\ a, a' \in A$.

Aus dem Zusammenhang dieser Formel ist klar ersichtlich, welche Multiplikation jeweils durch das Zeichen $\cdot$ gemeint ist.

Ein K-Algebrahomomorphismus ist ein K-Modulhomomorphismus, der auch Ringhomomorphimus ist. Die K-Algebrahomomorphismen bilden eine Meta-Kategorie $(K\text{-}Alg)$.

Algebra der stetigen Funktionen:

Es sei X ein topologischer Raum und $C(X)$ die Menge aller stetigen Funktionen $f : X \longrightarrow \mathbb{R}$, wobei $\mathbb{R}$ mit der euklidischen Topologie versehen ist.

Für $f, g \in C(X)$, $\lambda \in \mathbb{R}$, setzt man

$$(f+g)(x) := f(x) + g(x)$$
$$(f \cdot g)(x) := f(x) \cdot g(x)$$
$$(\lambda \cdot f)(x) := \lambda \cdot f(x)$$

für alle $x \in X$. Dann ist $f + g,\ f \cdot g,\ \lambda \cdot f \in C(X)$ und $(C(X), +, \cdot, \cdot)$ ist eine kommutative, assoziative $\mathbb{R}$-Algebra mit Eins. Ist $\varphi : X \longrightarrow X'$ eine stetige Abbildung und $f \in C(X')$, so ist $f \circ \varphi \in C(X)$.

Es gilt:

1) Die Zuordnung $f \longmapsto f \circ \varphi$ *ist ein* $\mathbb{R}$*-Algebrahomomorphismus* $C(\varphi) = \varphi^* : C(X') \longrightarrow C(X)$.

2) Die Zuordnung $\varphi \longmapsto C(\varphi)$ *ist ein Funktor* $(topRm)^{op} \longrightarrow (\mathbb{R}\text{-}Alg)$.

4 Liegruppen

Die Lie-Algebra von $GL_n(\mathbb{R})$

Es ist $G = GL_n(\mathbb{R})$ eine offene Teilmenge von $\mathbb{R}^{n \times n}$. Es sei $C^\infty = C^\infty(G)$ die $\mathbb{R}$-Unteralgebra von $C(G)$ der unendlich oft differenzierbaren Funktionen $f : G \longrightarrow \mathbb{R}$. Ist $v \in \mathbb{R}^{n \times n}$, $f \in C^\infty$, $a \in G$, so ist $(D_v f)(a) := \lim_{h \longrightarrow 0} \frac{1}{h}(f(a + hv) - f(a)) \in \mathbb{R}$ und $D_v f \in C^\infty$ für alle $f \in C^\infty$.

Sei nun $E = E(G)$ die $\mathbb{R}$-Algebra der $\mathbb{R}$-linearen Abbildungen $\lambda : C^\infty \longrightarrow C^\infty$ $(= (End_{\mathbb{R}} C^\infty, +, \circ))$.

Es gilt:

$$D_v \in E$$
$$D_{v+w} = D_v + D_w$$
$$D_{\mu v} = \mu \cdot D_v$$
$$D_v \circ D_w = D_w \circ D_v$$

für alle $v, w \in \mathbb{R}^{n \times n}$, $\mu \in \mathbb{R}$.

Man nennt D_v *die Ableitung nach dem konstanten Vektorfeld* v.

Für $f \in C^\infty$ sei $\lambda_f : C^\infty \longrightarrow C^\infty$ gegeben durch $g \longmapsto f \cdot g$.

Es gilt:

$$\lambda_f \in E$$
$$\lambda_{f+g} = \lambda_f + \lambda_g$$
$$\lambda_{f\cdot g} = \lambda_f \circ \lambda_g$$

für alle $f, g \in C^\infty$.

Es sei $[,]$ das Klammerprodukt in E, d.h. $[\lambda, \lambda'] := \lambda \circ \lambda' - \lambda' \circ \lambda$ für $\lambda, \lambda' \in E$.

Es gilt: $[D_v, \lambda_f] = \lambda_{D_v(f)}$
Denn: Die Produktregel für D_v lautet: $D_v(fg) = f \cdot D_v(g) + D_v(f) \cdot g$. Also ist $[D_v, \lambda_f](g) = D_v(fg) - fD_v(g) = D_v(f) \cdot g$. □
Für $a \in G$ sei $t_a : G \longmapsto G$ gegeben durch $b \longmapsto a \cdot b$. Es ist t_a die Multiplikation mit a von links. Es ist t_a eine unendlich oft differenzierbare Abbildung. Daher ist $\tau_a := C(t_a)|C^\infty$ ein $\mathbb{R}$-Algebrahomomorphismus $C^\infty \longrightarrow C^\infty$.
Ist $x_{ij} : G \longrightarrow \mathbb{R}$ gegeben durch $x_{ij}(b) = b_{ij}$ für $b = (b_{ij})$, so gilt:

$$\tau_a(x_{ij}) = \sum_{k=1}^{n} a_{ik}x_{kj}$$

denn: sei $b \in G$ mit $x_{ij}(b) = b_{ij}$.
Dann ist

$$\tau_a(x_{ij}(b)) = x_{ij}(t_a(b)) = x_{ij}(ab) = \sum_{k=1}^{n} a_{ik}b_{kj} = \sum_{k=1}^{n} a_{ik}x_{kj}(b),$$

also $\tau_a(x_{ij}) = \sum_{k=1}^{n} a_{ik}x_{kj}$.

Es gilt:

$$\tau_{ab} = \tau_b \cdot \tau_a$$
$$\tau_{a^{-1}} = (\tau_a)^{-1}$$

Denn: $\tau_{ab}(g) = g \circ t_{ab} = g \circ t_a \circ t_b = \tau_b(g \circ t_a) = \tau_b \cdot \tau_a(g)$. □

Es gilt: $\tau_a \cdot \lambda_f \cdot \tau_{a^{-1}} = \lambda_{\tau_a(f)}$
Denn: $(\tau_a \lambda_f \tau_{a^{-1}})(g) = \tau_a \lambda_f(g \circ t_{a^{-1}}) = \tau_a(f \cdot (g \circ t_{a^{-1}})) = (f \circ t_a) \cdot g = \tau_a(f) \cdot g$ □
Es gilt: $\tau_{a^{-1}} D_v \tau_a = D_{av}$ Denn: $f \in C^\infty$, $\bar{f} = \tau_a f$, $b \in G$

$$(D_v(\bar{f}))(b) = \lim_{h \longrightarrow 0} \frac{1}{h}(\bar{f}(b + hv) - \bar{f}(b)) = \lim_{h \longrightarrow 0} \frac{1}{h}(f(ab + hav) - f(ab)) =$$
$$(D_{av}(f))(ab) = \tau_a(D_{av}(f))(b)$$

also $D_v(\tau_a f) = \tau_a D_{av}(f)$. □
Es sei $E' := \{\lambda \in E : \lambda \cdot \tau_a = \tau_a \cdot \lambda\}$; es ist E' $\mathbb{R}$-Unteralgebra von E.
Es sei $V := \{\lambda \in E : \lambda = \sum_{i,j=1}^{n} \lambda_{f_{ij}} D_{ij} : f_{ij} \in C^\infty\}$, wo $D_{ij} = D_{e_{ij}}$, wenn $e_{ij} \in \mathbb{R}^{n \times n}$ die $n \times n$-Matrix ist, die an der Stelle (ij) den Eintrag 1 und alle anderen Einträge 0 hat.

Es gilt: V ist $\mathbb{R}$-Lie-Unteralgebra von $(E, [,])$. Man nennt V die Algebra der Vektorfelder auf G.
Denn:

$$\begin{aligned}[\lambda_f \cdot D_v,\ \lambda_g \cdot D_w] &= \lambda_f D_v \lambda_g D_w - \lambda_g D_w \lambda_f D_v = \\ &= \lambda_f(\lambda_g D_v + \lambda_{D_v(g)})D_w = \lambda_g(\lambda_f D_w + \lambda_{D_w(f)})D_v = \\ &= \lambda_f \lambda_{D_v(g)} D_w - \lambda_g \lambda_{D_w(f)} D_v \quad \square\end{aligned}$$

$V' := V \cap E'$ ist $\mathbb{R}$-Lie-Unteralgebra von $(V, [,])$. Man nennt V' die Liealgebra der linksinvarianten Vektorfelder auf G.

Satz 9: *$(V', [,])$ ist kanonisch isomorph zu $(\mathbb{R}^{n\times n}, [,])$*

Beweis:

1) Es sei $m = (m_{ij}) \in \mathbb{R}^{n\times n}$ und $D'_m = \sum\limits_{i\le i,j\le n} \lambda_{\mu_{ij}} D_{ij}$, wobei $\mu_{ij}(m) = \mu_{ij} := \sum\limits_{k=1}^{n} x_{ik} m_{kj}$. Ist $\mu = (\mu_{ij}) \in (C^\infty)^{n\times n}$, $x = (x_{ij}) \in (C^\infty)^{n\times n}$, so ist $\mu = x \cdot m$.

Es ist $D_{ij}(x_{kl}) = \begin{cases} 1 & : i = k \text{ und } j = l \\ 0 & : \text{sonst} \end{cases}$.

Daher ist

$$(\tau_a \cdot D'_m)(x_{ij}) = \tau_a(\mu_{ij}) = \tau_a(\sum_{k=1}^{n} x_{ik} m_{kj}) = \sum_{k=1}^{n}(\sum_{l=1}^{n} a_{il} x_{lk}) \cdot m_{kj}$$

Es ist

$$(D'_m \cdot \tau_a)(x_{ij}) = D'_m(\sum_{l=1}^{n} a_{il} x_{lj}) = \sum_{l=1}^{n} a_{il} D'_m(x_{lj}) = \sum_{l=1}^{n} a_{il} \cdot \mu_{lj} = \sum_{l=1}^{n} a_{il} \sum_{k=1}^{n} x_{lk} \cdot m_{kj}$$

Ein Vergleich dieser beiden Berechnungen ergibt $\Delta(x_{ij}) = 0$, wenn $\Delta = \tau_a^{-1} \cdot D'_m \tau_a - D'_m$. Es ist $\Delta \in V$ auf Grund von oben angegebenen Rechenregeln, also

$$\Delta = \sum_{1\le i,j\le n} \lambda_{f_{ij}} D_{ij},\ f_{ij} \in C^\infty$$

Wegen $0 = \Delta(x_{ij}) = f_{ij}$, folgt $\Delta = 0$ und $D'_m \in V'$.
Man rechnet leicht nach, daß gilt:

$$\begin{aligned} D'_m &= 0 \text{ genau dann, wenn } m = 0 \\ D'_{\mu m} &= \mu \cdot D'_m \\ D'_{m+m'} &= D'_m + D'_{m'} \\ [D'_m, D'_{m'}] &= D'_{[m,m']}, \text{ wobei } [m, m'] = m \cdot m' - m' \cdot m \text{ ist} \end{aligned}$$

Damit ist nachgewiesen, daß die Zuordnung $m \longmapsto D'_m$ ein injektiver $\mathbb{R}$-Lie-Algebrahomomorphismus $(\mathbb{R}^{n\times n}, [,]) \longrightarrow (V', [,])$ ist.

2) Es sei $D \in V'$, $D = \sum_{1 \le i,j \le n} \lambda_{f_{ij}} D_{ij}$, $f_{ij} \in C^\infty$ und $m_{ij} = f_{ij}(1_{n \times n})$. Dann ist $m := (m_{ij}) \in \mathbb{R}^{n \times n}$ und $\tilde{D} := D - D'_m = \sum_{1 \le i,j \le n} \lambda_{\tilde{f}_{ij}} D_{ij} \in V'$ mit $\tilde{f}_{ij}(1_{n \times n}) = 0$.

Es soll gezeigt werden, daß $\tilde{D} = 0$ ist.
Denn: sei $f \in C^\infty$, $a \in G$. Dann ist $(\tilde{D}(f))(a) = ((\tau_a \tilde{D})(f))(1)$. Nun ist $\tau_a \tilde{D} = \tilde{D} \tau_a$ und daher

$$((\tau_a \tilde{D})(f))(1) = ((\tilde{D}\tau_a)(f))(1) = (\tilde{D}(f \circ t_a))(1) =$$

$$(\sum_{1 \le i,j \le n} \tilde{f}_{ij} \cdot D_{(ij)}(f \circ t_a))(1) = \sum \tilde{f}_{ij}(1) \cdot (D_{ij}(f \circ t_a))(1) = 0$$

da $\tilde{f}_{ij}(1) = 0$ für alle i, j. □

Exponentialabbildung:

Es sei $exp : \mathbb{R}^{n \times n} \longrightarrow \mathbb{R}^{n \times n}$ gegeben durch $a \longmapsto \sum_{i=0}^{\infty} \frac{a^i}{i!}$. (Man beachte, daß die Reihe gleichmäßig auf beschränkten Teilmengen konvergiert, wenn man einen euklidischen Abstand in $\mathbb{R}^{n \times n}$ einführt.)

Es gilt: *exp ist eine beliebig oft differenzierbare Abbildung und die Ableitung von exp im Punkt 0 ist* $id_{\mathbb{R}^{n \times n}}$ = *identische Abbildung auf* $\mathbb{R}^{n \times n}$.

Es gilt: $exp(a + b) = exp\ a \cdot exp\ b$, *wenn* $a \cdot b = b \cdot a$
Insbesondere ist $(exp\ a) \cdot (exp\ (-a)) = 1$ *und* $exp\ a \in GL_n(\mathbb{R})$.

Es sei $\gamma_m : \mathbb{R} \longrightarrow GL_n(\mathbb{R})$ gegeben durch $\gamma_m(t) := exp(tm)$.
Dann ist γ_m Integralkurve für das Vektorfeld D'_m.
Die Koeffizienten von D'_m kann man als Matrix $\mu(m) \in (C^\infty)^{n \times n}$ auffassen. Es ist $\mu(m) = x \cdot m$, wenn $x = (x_{ij}) \in (C^\infty)^{n \times n}$.
γ_m ist Integralkurve für D'_m, wenn für die Ableitung $\dot{\gamma}_m$ von γ_m nach t gilt:

$$\dot{\gamma}_m = \mu(m)(\gamma_m)$$

Wegen $\dot{\gamma} = \gamma_m \cdot m$ und $\mu(m) = x \cdot m$ ist tatsächlich $\dot{\gamma}_m = x(\gamma_m) \cdot m$, weil $x(\gamma_m) = \gamma_m$ ist.
Anders ausgedrückt: γ_m ist Lösung der Differentialgleichung $\dot{x} = x \cdot m$.
Es seien $m, m' \in \mathbb{R}^{n \times n}$ und $\alpha : \mathbb{R} \longrightarrow GL_n(\mathbb{R})$ sei gegeben durch $\alpha(t) = \gamma_m(t) \cdot \gamma_{m'}(t) \cdot \gamma_{(-m)}(t) \cdot \gamma_{(-m')}(t)$. (Beachte $\gamma_{(-m)}(t) = \gamma_m^{-1}(t)$).

Es gilt: $\dot{\alpha}(0) = \frac{d\alpha}{dt}(0) = 0$ *und* $\frac{d^2\alpha}{dt^2}(0) = 2 \cdot (m \cdot m' - m' \cdot m) = 2[m, m']$.

Beweis: :

$$\gamma_m(t) \cdot \gamma_{m'}(t) = (1 + m \cdot t + \frac{1}{2}m^2t^2 + \ldots) \cdot (1 + m' \cdot t + \frac{1}{2}(m')^2t^2 + \ldots) =$$

$$1 + (m + m')t + (\frac{1}{2}m^2 + m \cdot m' + \frac{1}{2}(m')^2)t^2 + \ldots$$

und $\gamma_{(-m)}(t) \cdot \gamma_{(-m')}(t) = 1 - (m + m')t + (\frac{1}{2}(m')^2) \cdot t^2 + \ldots$
Somit ist

$$\alpha(t) = 1 + 0 \cdot t + (m^2 + 2m \cdot m' + (m')^2 - (m + m')^2) \cdot t^2 + \ldots = 1 + 0 \cdot t + (m \cdot m' - m' \cdot m)t^2 + \ldots$$

□

X sei topologischer Raum und $OI(X)$ die Kategorie der Inklusionen $U \hookrightarrow U'$ von offenen Teilmengen U, U' von X mit $U \subset U'$.

Definition: *Eine* **Garbe** *A von $\mathbb{R}$-Algebren auf X ist ein Funktor $A : OI(X)^{op} \longrightarrow (\mathbb{R}\text{-}Alg)$ mit $A(\emptyset) = 0$, für welchen gilt:*

(1) Sind $U, U_i \in \mathcal{O}_X$, $U = \bigcup_{i \in I} U_i$ und $f \in A(U)$ mit $A_{U_i U}(\mathcal{O}_X) = 0$ für alle $i \in I$, so ist $f = 0$

(2) Sind $U, U_i \in \mathcal{O}_X$, $U = \bigcup_{i \in I} U_i$ und $f_i \in A(U_i)$ mit $A_{U_i \cap U_j, U_i}(f_i) = A_{U_i \cap U_j, U_j}(f_j)$ für alle $i, j \in I$, so existiert $f \in A(U)$ mit $A_{U_i U}(f) = f_i$ für alle $i \in I$.

Dabei bezeichnet $A_{U', U}$ den der Inklusion $U' \hookrightarrow U$ von $OI(X)$ durch A zugeordneten $\mathbb{R}$-Algebrahomomorphismus.

Beispiel 8: Garbe der stetigen Funktionen

Es ist $OI(X)$ eine Unterkategorie von (*topRm*). Daher ist $C_X := C|OI(X)$ ein Funktor $OIX)^{op} \longrightarrow (\mathbb{R}\text{-}Alg)$, wenn C der Funktor „Algebra der stetigen Funktionen" ist.

Es ist $(C_X)_{U', U}(f) = f|U'$, wenn $f \in C_X(U) = C(U)$ ist, d.h. wenn f eine stetige Funktion auf U ist. Dabei ist $f|U'$ die Einschränkung von f auf U'.

Man zeigt leicht, daß C_X Garbe ist. Die Bedingung (2) folgt, weil Stetigkeit eine lokale Eigenschaft ist.

Beispiel 9: Garbe der differenzierbaren Funktionen auf $\mathbb{R}^n$

Es sei U offene Teilmenge von $\mathbb{R}^n$ und $C^\infty_{\mathbb{R}^n}(U) := \{f : U \longrightarrow \mathbb{R} : f$ ist unendlich oft differenzierbar auf $U\}$. Ist U' offene Teilmenge von U und $f \in C^\infty_{\mathbb{R}^n}(U)$ so ist $f|U' \in C^\infty_{\mathbb{R}^n}(U')$ und die Zuordnung $f \longmapsto f|U'$ ist $\mathbb{R}$-Algebrahomomorphismus. Es ist $C^\infty_{\mathbb{R}^n}$ Funktor $OI(\mathbb{R}^n)^{op} \longrightarrow (\mathbb{R}\text{-}Alg.)$.

Man zeigt leicht, daß $C^\infty_{\mathbb{R}^n}$ Garbe von $\mathbb{R}$–Algebren auf $\mathbb{R}^n$ ist. Die Garbenbedingung (2) folgt, weil die Differenzierbarkeitseigenschaft von punktaler Natur ist.

Es ist $C^\infty_{\mathbb{R}^n}$ eine Untergarbe von $C_{\mathbb{R}^n}$, d.h. $C^\infty_{\mathbb{R}^n}$ ist Unterfunktor von $C_{\mathbb{R}^n}$. □

Definition: *Eine* **differenzierbare Mannigfaltigkeit** *M ist ein Paar $M = (X, C^\infty_M)$ mit*

(1) X ist hausdorffscher topologischer Raum (d.h. die Diagonale $\Delta_X := \{(x,x) : x \in X\}$ in $X \times X$ ist abgeschlossen in $X \times X$, wenn $X \times X$ mit der Produkttopologie versehen ist).

(2) C^∞_M ist Garbe von $\mathbb{R}$-Algebren und Untergarbe C_X.

(3) Zu jedem $a \in X$ gibt es eine offene Menge U mit $a \in U$ und einen Homöomorphismus $\varphi : D \longrightarrow U$ (d.h. φ bijektive, stetige Abbildung, und φ^{-1} stetig), D offen in $\mathbb{R}^n$, $n \geq 0$, mit: $f \in C^\infty_M(U)$ genau dann, wenn $f \circ \varphi \in C^\infty_{\mathbb{R}^n}(D)$.

Bemerkung: $\mathbb{R}^n$ zusammen mit der Garbe $C^\infty_{\mathbb{R}^n}$, die in Beispiel 9 eingeführt wurde, ist eine differenzierbare Manngifaltigkeit, die schlicht mit $\mathbb{R}^n$ bezeichnet wird.

Definition: *Ein Morphismus $\varphi : M \longrightarrow M'$ von differenzierbaren Mannigfaltigkeiten $M = (X, C^\infty_M)$, $M' = (X', C^\infty_{M'})$ ist eine stetige Abbildung $\varphi : X \longrightarrow X'$ mit: Ist $f \in C^\infty_{M'}(U')$, so ist $f \circ \varphi \in C^\infty_M(\varphi^{-1}(U'))$.*

Es gilt: *Die Morphismen differenzierbarer Mannigfaltigkeiten bilden eine Meta-Kategorie (diffbMgf). Ein Morphismus in (diffbMgf) heißt auch* **differenzierbare Abbildung**. *Ein Isomorphismus in (diffbMgf.) wird auch als Diffeomorphismus bezeichnet.*

Offene Untermannigfaltigkeit:
Es sei $M = (X, C_M^\infty)$ eine differenzierbare Mannigfaltigkeit und X' eine offene Teilmenge von X.
Dann ist $OI(X')$ eine Unterkategorie von $OI(X)$ und die Beschränkung von C_M^∞ auf $OI(X')^{op}$ ist eine Garbe $C_M^\infty|X'$.

Es gilt: *$(X', C_M^\infty|X')$ ist differenzierbare Manngifaltigkeit. Man nennt $(X', C_M^\infty|X')$ offene Untermannigfaltigkeit von M. Die Inklusion $X' \hookrightarrow X$ ist eine differenzierbare Abbildung $(X', C_M^\infty|X') \longrightarrow M$.*
Ist X' offene Teilmenge von $\mathbb{R}^n$, so ist $(X', C_{\mathbb{R}^n}^\infty|X')$ offene Untermannigfaltigkeit von $\mathbb{R}^n$.

Es gilt: *In (diffbMgf) existieren endliche Produkte.*

Beweis: $M_i = (X_i, C_{M_i}^\infty)$, $i = 1, 2$, seien differenzierbare Mannigfaltigkeiten. Es sei $X = X_1 \times X_2$ das direkte Produkt der topologischen Räume X_1 und X_2 und $pr_i : X \longrightarrow X_i$ die Projektion von X auf X_i. Es sei U offen in X, $f : U \longrightarrow \mathbb{R}$ und $a \in U$, $a = (a_1, a_2)$, $a_i \in X_i$.
Man definiert: f ist unendlich oft differenzierbar in a, wenn gilt: Ist $\varphi_i : D_i \longrightarrow U_i$ ein Diffeomorphismus, $D_i \subset \mathbb{R}^{n_i}$, U_i offen in X_i, $a_i \in U_i$, so ist $f \circ (\varphi_1 \times \varphi_2)$ eine Funktion $D_1 \times D_2 \longrightarrow \mathbb{R}$, die im Punkt $a = (a_1, a_2)$ unendlich oft differenzierbar ist. Dabei wird $D_1 \times D_2$ als offene Teilmenge von $\mathbb{R}^{n_1} \times \mathbb{R}^{n_2} = \mathbb{R}^{n_1+n_2}$ aufgefaßt.
$C_M^\infty(U) := \{f : U \longrightarrow \mathbb{R} : f$ ist in jeden Punkt von U unendlich oft differenzierbar$\}$.
Es ist C_M^∞ eine Garbe von $\mathbb{R}$-Unteralgebren von C_x.
Man kann leicht zeigen, daß (X, C_M^∞) eine differenzierbare Mannigfaltigkeit ist und daß pr_i differenzierbare Abbildungen $(X, C_M^\infty) \longrightarrow (X_i, C_M^\infty)$ sind. Es ist $M = (X, C_M^\infty)$ zusammen mit pr_1, pr_2 das Produkt von M_1 und M_2 in $(diffbMgf)$. Man schreibt $M = M_1 \times M_2$.

Definition: *Ein Paar (M, v) heißt* **Liegruppe**, *wenn gilt:*
(1) M ist differenzierbare Mannigfaltigkeit
(2) $v : M \times M \longrightarrow M$ ist differenzierbare Abbildung
(3) Ist $M = (X, C_M^\infty)$ so ist (X, v) topologische Gruppe
(4) Die Inversenabbildung $x \longmapsto x^{-1}$ ist eine differenzierbare Abbildung $M \longrightarrow M$

Bemerkung: $GL_n(\mathbb{R})$ ist offene Teilmenge von $\mathbb{R}^{n\times n} \cong \mathbb{R}^{n^2}$. Man kann daher $GL_n(\mathbb{R})$ als offene Untermannigfaltigkeit von $\mathbb{R}^{n\times n}$ auffassen. Die Matrizenmultiplikation ist eine differenzierbare Abbildung $GL_n(\mathbb{R}) \times GL_n(\mathbb{R}) \longrightarrow GL_n(\mathbb{R})$ und die Inversenbildung ist ebenfalls differenzierbar. Also ist die Matrizengruppe $GL_n(\mathbb{R})$ eine Liegruppe.

Abgeschlossene Untermannigfaltigkeiten
Es sei $M = (X, C_M^\infty)$ eine differenzierbare Mannigfaltigkeit und Y eine abgeschlossene Teilmenge von X. Zu $a \in Y$ gebe es eine offene Menge U von X, $a \in U$, und einen Diffeomorphismus $\varphi : D \longrightarrow U$, D offen in $\mathbb{R}^n$, und ein $k \leq n$ mit: $U \cap Y = \{\varphi(d) : d \in D,\ d = (d_1, \ldots, d_n) \in \mathbb{R}^n,\ d_{k+1} = \ldots = d_n = 0\}$.
Durch Einschränkung von C_M^∞ auf Y erhält man eine Garbe $C_{M|Y}^\infty$, auf Y und $(Y, C_{M|Y}^\infty)$ ist differenzierbare Mannigfaltigkeit; man nennt sie abgeschlossene Untermannigfaltigkeit von M. Ist V offen in Y, so gehört eine Funktion $f : V \longrightarrow \mathbb{R}$ zu $C_{M|Y}^\infty(V)$, wenn gilt:
zu $a \in V$ gibt es eine offene Menge U in X mit $a \in U$ und eine Funktion $\tilde{f} \in C_M^\infty(U)$ mit $\tilde{f}|U \cap Y = f|U \cap Y$. □

Es gilt: *(G, v) sei Liegruppe, $G = (X, C_G^\infty)$ und G' sei abgeschlossene Untermannigfaltigkeit von G, $G' = (X', C_{G'}^\infty)$. Ist X' Untergruppe von (X, v), so ist $(G',\ v|G' \times G')$ Liegruppe. Sie heißt abgeschlossene Unter-Liegruppe von G.*

Es gilt: *$SL_n(\mathbb{R})$, $O_n(\mathbb{R})$ sind abgeschlossene Unter-Liegruppen von $GL_n(\mathbb{R})$.*

Bemerkung: Zu jeder Liegruppe G kann man die Liealgebren $V'(G)$ der linksinvarianten Vektorfelder konstruieren. Die Konstruktion ist völlig analog der für $GL_n(\mathbb{R})$ angegebenen.
Ist $G = SL_n(\mathbb{R})$, so ist $V'(G) \cong \{D'_m : m \in \mathbb{R}^{n \times n},\ \text{spur}(m) = 0\}$. Ist $G = O_n(\mathbb{R})$, so ist $V'(G) \cong \{D'_m : m \in \mathbb{R}^{n \times n},\ m^t = -m\}$. □

§8 Assoziative Algebren zu Moduln

Einführung

Die Tensorrechnung wurde 1900 von Ricci und Levi-Civita in die Differentialgeometrie eingeführt. Ihre Nützlichkeit zeigte sich, als sie in der Relativitätstheorie von Einstein Verwendung fand. Eine systematische einheitliche Behandlung der Tensoralgebra, der Grassmann-Algebra und der symmetrischen Algebra wurde von Chevalley in [C], Chap V, angegeben, wobei der funktorielle Aspekt nur gelegentlich und implizit in Erscheinung tritt.

Es werden zunächst einige elementare Begriffsbildungen und Konstruktionen in der Kategorie (*K-Alg*) der K-Algebrahomomorphismen von Algebren über einem kommutativen und assoziativen Ring K mit Einselemet behandelt. Es wird dann die Tensoralgebra $T(M)$ zu einem K-Modul M eingeführt und durch eine universelle Abbildungseigenschaft charakterisiert. Die Grassmann-Algebra $\wedge(M)$ und die symmetrische Algebra $S(M)$ werden als graduierte Restklassenalgebren von $T(M)$ eingeführt und durch universelle Eigenschaften beschrieben. Man hat damit Funktoren $T, \wedge, S : (K\text{-}Mod) \longrightarrow (grad\ K\text{-}Alg)$, wobei (*grad K-Alg*) die Kategorie der $\mathbb{N}$-graduierten K-Algebrahomomorphismen ist.

[1] Grundbegriffe über Algebren

Es sei K ein kommutativer, assoziativer Ring mit Einselement. Es wird der Begriff der K-Algebra, der bereits in § 7, [3] angegeben wurde, in etwas präziserer Form wiederholt.

Definition: *Ein Paar $A = (M, R)$ heißt K-***Algebra***, wenn gilt:*
(1) M ist K-Modul
(2) R ist Ring
(3) Die additive Gruppe von M stimme überein mit der additiven Gruppe von R
(4) $(\lambda \underset{M}{\cdot} a) \underset{R}{\cdot} (\lambda' \underset{M}{\cdot} a') = (\lambda \cdot \lambda') \underset{M}{\cdot} (a \underset{R}{\cdot} a')$ für alle $\lambda, \lambda' \in K$, $a, a' \in M = R$.

Dabei bezeichnet $\underset{M}{\cdot} : K \times M \longrightarrow M$ die Multiplikation von M und $\underset{R}{\cdot} : R \times R \longrightarrow R$ die Multiplikation von R.

Es seien $A = (M, R)$, $A' = (M', R')$ K-Algebren.

Definition: *Ein K-Algebrahomomorphismus $\varphi : A \longrightarrow A'$ ist eine Abbildung $M = R \longrightarrow M' = R'$, für welche gilt:*
(1) φ ist K-Modulhomomorphismus $M \longrightarrow M'$
(2) φ ist Ringhomomorphismus $R \longrightarrow R'$

Definition: *$A = (M, R)$ heißt assoziativ (bzw. kommutativ), wenn der Ring R von A assoziativ (bzw. kommutativ) ist.*

Es gilt: *Die K-Algebrahomomorphismen bilden bezüglich der Komposition von Abbildungen eine Meta-Kategorie (K-Alg).*

Man hat ein kanonisches, kommutatives Diagramm von Vergißfunktoren

$$\begin{array}{ccc} (K\text{-}Alg) & \longrightarrow & (K\text{-}Mod) \\ \downarrow & & \downarrow \\ (Rg) & \longrightarrow & (abGr) \end{array}$$

wobei $(K\text{-}Mod) \longrightarrow (ab.Gr)$ *bzw.* $(Rg) \longrightarrow (ab.Gr)$ *der Vergißfunktor ist, der einem* K*-Modul (bzw. einem Ring) die additive Gruppe des* K*-Moduls (bzw. des Ringes) zuordnet.*

Konvention: Ist $A = (M, R)$ K-Algebra, so definiert man: $a \in A$, wenn $a \in M$ und man schreibt $\cdot$ für $\underset{M}{\cdot}$ und für $\underset{R}{\cdot}$.

A sei K-Algebra und A' Teilmenge von A.

Definition: *A' heißt K-Unteralgebra von A, wenn gilt:*
(1) A' ist K-Untermodul von A.
(2) A' ist Unterring von A.

Es gilt: *E sei Teilmenge von A. Dann gibt es eine eindeutig bestimmte K-Unteralgebra A' von A mit:*
(1) $E \subset A'$
(2) Ist $E \subset A''$, A'' *K-Unteralgebra von A, so ist* $A' \subset A''$.
Man nennt A' die von E erzeugte K-Unteralgebra von A.

Beweis: Es sei E' der von E erzeugte Unterring des Ringes R von $A = (M, R)$ und A' der von E' erzeugte K-Untermodul von M. Man zeigt leicht, daß A' K-Unteralgebra von A ist, die (1), (2) erfüllt. □

Es sei I Teilmenge von A.

Definition: *I heißt* **Ideal** *von A, wenn gilt:*
(1) I ist K-Untermodul des K-Moduls von A.
(2) I ist Ideal des Ringes von A.

Satz 1: *A sei K-Algebra, I sei Ideal der K-Algebra A.*
Es gibt eine K-Algebra A/I und einen surjektiven K-Algebrahomomorphismus $\pi : A \longrightarrow A/I$ *mit:*

$$Kern\ \pi := \{a \in A : \pi(a) = 0\} = I$$

Beweis: A/I sei der Restklassenring des Ringes von A nach I und $\pi : A \longrightarrow A/I$ die Restklassenabbildung. Dann ist π ein surjektiver Ringhomomorphismus.
Es wird eine Abbildung $\cdot : K \times (A/I) \longrightarrow A/I$ definiert durch $(\lambda, \bar{a}) \longmapsto \pi(\lambda a)$, wenn $\pi(a) = \bar{a}$. Diese Zuordnung ist wohldefiniert und definiert eine K-Modulstruktur auf der additiven Gruppe des Ringes A/I, da I K-Untermodul von A ist. Man rechnet leicht nach, daß dieser K-Modul zusammen mit dem Ring A/I eine K-Algebra ist und π ein K-Algebrahomomorphismus, da $\lambda \cdot \pi(a)$ definiert ist als $\pi(\lambda \cdot a)$, $\lambda \in K$, $a \in A$.
□

Es gilt: *Der Vergißfunktor* $(\mathbb{Z}\text{-}Alg) \longrightarrow (Rg)$ *ist ein Isomorphismus, da die additve Gruppe eines jeden Ringes A in natürlicher Weise ein $\mathbb{Z}$-Modul ist und* $(n \cdot a) \cdot (n' \cdot a') = (n \cdot n') \cdot (a \cdot a')$ *gilt für* $n,\ n' \in \mathbb{Z},\ a,\ a' \in A$.

Beispiel: Magma-Algebra
Es sei X ein Magma und $K[X]$ der von X frei erzeugte K-Modul. Es gibt genau eine K-bilineare Abbildung $\cdot : K[X]\times K[X] \longrightarrow K[X]$ mit der Eigenschaft: $e_x \cdot e_{x'}, = e_{x\cdot x'}$, wenn $e_x, e_{x'}$, die zu $x, x' \in X$ gehörenden Elemente in $K[X]$ sind.
Es ist $(K[X], \cdot)$ Ring. Modulstruktur und Ringstruktur definieren eine K-Algebra, da $(\lambda \cdot e_x)\cdot(\lambda' \cdot e_{x'}) = (\lambda \cdot \lambda')e_{x\cdot x'}$ für $\lambda, \lambda' \in K$, $x, x' \in X$. Es ist $\mathbb{Z}[X]$ die $\mathbb{Z}$-Algebra, die in §4, Beispiel 2 konstruiert wurde. Man nennt $K[X]$ die Magma-Algebra von X.

2 Tensoralgebra

Tensorprodukt von Moduln:

Es sei K ein kommutativer, assoziativer Ring mit 1 und M, M' seien K-Moduln. $F(M, M')$ sei der von $M \times M'$ frei erzeugte K-Modul. Betrachtet man $(x, x') \in M \times M'$ als Element von $F(M, M')$, so bezeichnet man es mit $e_{(x,x')}$. Somit ist die Zuordnung $(x, x') \longrightarrow e_{(x,x')}$ eine injektive Abbildung $M \times M' \longrightarrow F(M, M')$. Es sei $U(M, M')$ der K-Untermodul von $F(M, M')$, der erzeugt wird von

$$\begin{aligned}
&\{e_{(x_1+x_2,x')} - e_{(x_1,x')} - e_{(x_2,x')} : x_1, x_2 \in M,\ x' \in M'\}\\
\cup&\{e_{(x,x_1'+x_2')} - e_{(x,x_1')} - e_{(e,x_2')} : x \in M,\ x_1', x_2' \in M'\}\\
\cup&\{e_{(\lambda x,x')} - \lambda e_{(x,x')} : \lambda \in K,\ x \in M,\ x' \in M'\}\\
\cup&\{e_{(x,\lambda x')} - \lambda e_{(x,x')} : \lambda \in K,\ x \in M,\ x' \in M'\}
\end{aligned}$$

Definition: *Der K-Restklassenmodul $F(M, M')/U(M, M')$ von $F(M, M')$ nach $U(M, M')$ heißt* **Tensorprodukt** *von M und M' und wird mit $M \otimes_K M'$ bezeichnet.*

Man bezeichnet die Restklasse von $e_{(x,x')}$ in $M \otimes_K M'$ mit $x \otimes x'$. Dann gelten die folgenden Rechenregeln:

$$\begin{aligned}
(x_1 + x_2) \otimes x' &= x_1 \otimes x' + x_2 \otimes x'\\
x \otimes (x_1' + x_2') &= x \otimes x_1' + x \otimes x_2'\\
(\lambda x) \otimes x' &= \lambda \cdot (x \otimes x')\\
x \otimes (\lambda x') &= \lambda \cdot (x \otimes x')
\end{aligned}$$

Es seien $\alpha : M \longrightarrow N$, $\alpha' : M' \longrightarrow N'$ K-Modulhomomorphismen.

Es gilt: *Es gibt einen eindeutig bestimmten K-Modulhomomorphismus*

$$\otimes_K(\alpha, \alpha') : M \otimes_K M' \longrightarrow N \otimes_K N',$$

der $x \otimes x'$ auf $\alpha(x) \otimes \alpha'(x')$ abbildet für alle $x \in M$, $x' \in M'$.

Denn:

1) Existenz: es gibt genau einen K-Modulhomomorphismus $\varphi : F(M, M') \longrightarrow N \otimes_K N'$ mit
$$\varphi(e_{(x,x')}) = \alpha(x) \otimes \alpha'(x')$$
für alle $x \in M$, $x' \in M'$. Man rechnet leicht nach, daß $U(M, M') \subset \operatorname{Kern} \varphi$. Daher induziert φ eine K-lineare Abbildung $\otimes_K(\alpha, \alpha')$, die die Restklasse $x \otimes x'$ von $e_{(x,x')}$ in $F(M, M')/U(M, M') = M \otimes_K M'$ auf $\alpha(x) \otimes \alpha'(x')$ abbildet.
2) Eindeutigkeit: Es ist $\{x\otimes x' : (x, x') \in M\times M'\}$ ein Erzeugendensystem von $M\otimes_K M'$. Zwei K-lineare Abbildungen, die auf einem Erzeugendensystem dieselben Werte annehmen, sind gleich. □

Es gilt: $\otimes_K$ *ist Funktor* $(K\text{-}Mod) \times (K\text{-}Mod) \longrightarrow (K\text{-}Mod)$. *Dabei bezeichnet* $(K\text{-}Mod) \times (K\text{-}Mod)$ das Produkt der Kategorie $(K\text{-}Mod)$ mit sich.

Universelle Eigenschaft von $\otimes_K$:

Es sei $\eta_{M,M'} : M \times M' \longrightarrow M \otimes_K M'$ die Abbildung, gegeben durch $(x, x') \longmapsto x \otimes x'$. Sie ist K-bilinear. Ist N ein K-Modul und $\varphi : M \times M' \longrightarrow N$ eine K-bilineare Abbildung, so gibt es genau eine K-lineare Abbildung $\varphi' : M \otimes_K M' \longrightarrow N$ mit $\varphi' \circ \eta_{M,M'} = \varphi$

Denn: Es sei $\hat{\varphi} : F(M, M') \longrightarrow N$ die K-lineare Abbildung, die $e_{(x,x')}$ auf $\varphi(x, x')$ abbildet für alle $(x, x') \in M \times M'$. Man rechnet leicht nach, daß $\hat{\varphi}(U(M, M')) = 0$ ist. Daher induziert $\hat{\varphi}$ die Abbildung φ'. □

Assozitivität von $\otimes_K$:

Es seien M, M', M'' K-Moduln.

Es gibt genau einen K-Modulisomorphismus.

$$\psi : (M \otimes_K M') \otimes_K M'' \longrightarrow M \otimes_K (M' \otimes_K M'')$$

mit: $\psi((x \otimes x') \otimes x'') = x \otimes (x' \otimes x'')$ für alle $x \in M$, $x' \in M'$, $x'' \in M''$.

Man schreibt daher auch $M \otimes_K M' \otimes_K M''$ für beide Tensorprodukte.

Beweis: Sei $x \in M$ und $b_x : M' \times M'' \longrightarrow T := (M \otimes_k M') \otimes_K M''$ sei gegeben durch $(x', x'') \longmapsto (x \otimes x') \otimes x''$. Es ist b_x K-bilinear und es gibt daher eine K-bilineare Abbildung $\varphi_x : M' \otimes_K M'' \longrightarrow T$ mit $\varphi_x(x' \otimes x'') = (x \otimes x') \otimes x''$. Die Abbildung $c : M \times (M' \otimes_K M'') \longrightarrow T$, gegeben durch $(x, t) \longmapsto \varphi_x(t)$ ist K-bilinear. Also existiert eine K-lineare Abbildung $\varphi : M \otimes_K (M' \otimes_K M'') \longrightarrow T$ mit $\varphi(x \otimes (x' \otimes x'')) = (x \otimes x') \otimes x''$.

Ebenso konstruiert man eine K-lineare Abbildung $\psi : T \longrightarrow M \otimes_k (M' \otimes_K M'')$ mit $\psi((x \otimes x') \otimes x'') = x \otimes (x' \otimes x'')$. □

Es sei M ein K-Modul.

Man setzt $T_0(M) := K$, $T_1(M) := M$ und für $n \geq 2$ definiert man induktiv $T_n(M) := T_{n-1}(M) \otimes_K M$. Wegen der Assozitivität von $\otimes_K$ kann man $T_n(M)$ als n-faches Tensorprodukt $M \otimes_K \ldots \otimes_K M$ auffassen.

Man setzt $T(M) := \bigoplus_{n=u}^{\infty} T_n(M)$. $T(M)$ ist die direkte Summe der K-Moduln $T_n(M)$, $n \geq 0$, und ist K-Modul.

Satz 2: *Es gibt genau eine Abbildung* $\otimes_T : T(M) \times T(M) \longrightarrow T(M)$ *mit:*

(1) $(T(M), +, \otimes_T)$ *ist assoziativer Ring mit Einselement* $1_{T(M)} = 1_K$

(2) $T(M)$ *ist* K*-Algebra bezüglich der kanonischen* K*-Modulstruktur und der Ringstruktur gemäß (1)*

(3) $(x_1 \otimes \ldots \otimes x_n) \otimes_T (x_{n+1} \otimes \ldots \otimes x_{n+m}) = x_1 \otimes \ldots \otimes x_{n+m}$ *für alle* $x_i \in M$, $n, m \geq 1$.

Man nennt diese K*-Algebra* **Tensoralgebra** *von* M.

Beweis: Für $n, m \geq 1$ ist die Zuordnung $(x, y) \longmapsto x \otimes y$ eine K-lineare Abbildung $T_n(M) \times T_m(M) \longrightarrow T_{n+m}(M)$. Für $n = 0$ und für $m = 0$ hat man ebenfalls K-bilineare Abbildung $(x, y) \longrightarrow x \cdot y$ für $x \in K$ bzw. $(x, y) \longrightarrow y \cdot x$ für $y \in K$.

Sind $x, y \in T(M)$, so ist

$$x = \sum_{n=0}^{r} x_n$$

$$y = \sum_{m=0}^{r} y_m$$

mit $x_n, y_n \in T_n(M)$ für alle n. Man setzt $x \otimes_T y = \sum_{n,m=0}^{r} x_n \otimes y_m$. Man rechnet leicht nach, daß $(T(M), +, \otimes_T)$ ein assoziativer Ring mit Eins ist, eine K-Algebra ist und daß die Eigenschaft (3) gilt. □

Satz 3: *Es sei A eine assoziative K-Algebra mit Einselement 1_A und $\varphi : M \longrightarrow A$ ein K-Modulhomomorphismus. Dann gibt es genau einen K-Algebrahomomorphismus $\bar{\varphi} : T(M) \longrightarrow A$ mit*

$$\bar{\varphi}(1) = 1$$
$$\bar{\varphi}(x) = \varphi(x) \text{ für alle } x \in M$$

Beweis:

1) Es wird $\pi_n : T_n(A) \longrightarrow A$ definiert mit Induktion über n.
   $n = 0$: $\pi_0 : T_0(M) = K \longrightarrow A$ wird gegeben durch $\lambda \longmapsto \lambda \cdot 1_A$
   $n = 1$: $\pi_1 := id_A$
   $n = 2$: Die Ringmultiplikation von A ist eine K-bilineare Abbildung $A \times A \longrightarrow A$. Sie induziert eine K-lineare Abbildung $m : A \otimes_K A \longrightarrow A$ mit $m(a \otimes a') = a \cdot a'$ für alle $a, a' \in A$.
   $n > 2$: $\pi_n := m \circ \otimes_K(\pi_{n-1}, id)$, wobei $T_n(A)$ aufgefaßt wird als $T_{n-1}(A) \otimes_K A$.
   Es sei $\pi := \bigoplus_{n=0}^{\infty} \pi_n$ die direkte Summe der K-Modulhomomorphismen $(\pi_n)_{n \geq 0}$. Man rechnet leicht nach, daß π K-Algebrahomomorphismus $T(M) \longrightarrow A$ ist.
2) φ induziert eine K-lineare Abbildung $T_n(\varphi) : T_n(M) \longrightarrow T_n(A)$.
   Es ist $T_0(\varphi) = id_K$, $T_1(\varphi) = \varphi$. Für $n > 1$ setzt man $T_n(\varphi) = \otimes_K(T_{n-1}(\varphi), \varphi)$.
   Für $x \in T(M)$, $x = \sum_{n=u}^{r} x_n$, $x_n \in T(M)$, setzt man $T(\varphi)(x) := \sum_{n=0}^{r} T_n(\varphi)(x_n)$.
   Man zeigt leicht, daß $T(\varphi)$ K-Algebrahomomorphismus ist.
3) $\bar{\varphi} := \pi \circ T(\varphi)$ ist K-Algebrahomomorphismus $T(M) \longrightarrow A$ mit $\bar{\varphi}(1) = 1_A$ und $\bar{\varphi}(x) = \varphi(x)$ für alle $x \in M$.
4) Eindeutigkeit: es sei $\psi : T(M) \longrightarrow A$ K-Algebrahomomorphismus mit $\psi(1) = 1$ und $\psi(x) = \varphi(x)$ für alle $x \in M$. Es ist dann $\psi(x_1 \otimes \ldots \otimes x_n) = \overline{\varphi}(x_1 \otimes \ldots \otimes x_n)$ für alle $x_i \in M$ und $\psi(x) = \bar{\varphi}(x) = x$ für alle $x \in T_0(M)$. Da $T_0(M) \cup \{x_1 \otimes \ldots \otimes x_n : n \geq 1,\ x_i \in M\}$ ein Erzeugendensystem des K-Moduls $T(M)$ ist, muß $\bar{\varphi} = \psi$ gelten. □

Korollar 1: *Ist $\varphi : M \longrightarrow M'$ K-Modulhomomorphismus, so existiert genau ein K-Algebrahomomorphismus $T(\varphi) : T(M) \longrightarrow T(M')$ mit*

$$T(\varphi)(1) = 1$$
$$T(\varphi)(x) = \varphi(x) \text{ für alle } x \in M$$

Die Zuordnung $\varphi \longmapsto T(\varphi)$ ist Funktor (K-Mod) $\longrightarrow$ (K-Alg mit 1), wobei (K-Alg mit 1) die nicht volle Unterkategorie von (K-Alg) der K-Algebrahomomorphismen $\varphi : A \longrightarrow A'$ von K-Algebren A, A'ist, dieEinselemente$1_A, 1_{A'}$ besitzen, mit $\varphi(1_A) = 1_{A'}$.

Korollar 2: *Es sei $\varphi : M \longrightarrow M'$ ein surjektiver K-Modulhomomorphismus. Dann ist $T(\varphi)$ surjektiv und Kern $T(\varphi)$ wird als Ideal erzeugt von Kern φ.*

Beweis:

1) Sind $\alpha : M \longrightarrow N$, $\alpha' : M' \longrightarrow N'$ surjektive K-Modulhomomorphismen, so ist $\otimes_K(\alpha, \alpha') : M \otimes_K M' \longrightarrow N \otimes_K N'$ surjektiv, da jedes $y \in N \otimes_K N'$ eine Darstellung $y = \sum_{i=1}^{r} v_i \otimes v_i'$ mit $v_i \in N$, $v_i' \in N'$ besitzt und deswegen $\otimes_K(\alpha, \alpha')(\sum_{i=1}^{r} w_i \otimes w_i') = y$ ist, wenn $w_i \in M$, $w_i' \in M'$ mit $\alpha(w_i) = v_i$, $\alpha'(w_i') = v_i'$ sind.
2) Mit Induktion über n und 1) folgt, daß $T_n(\varphi)$ surjektiv ist.
3) Sei I Ideal in $T(M)$ erzeugt von Kern φ, $A := T(M)/I$, $\pi : T(M) \longrightarrow A$ Restklassenhomomorphismus. Da $I \subset$ Kern $T(\varphi)$ gibt es einen K-Algebrahomomorphismus $\pi' : A \longrightarrow T(M')$ mit $T(\varphi) = \pi' \circ \pi$.
$\pi|M$ induziert eine K-lineare Abbildung $\psi : M' \longrightarrow A$ mit $\pi|M = \psi \circ \varphi$. Nach Satz 3 gibt es einen K-Algebrahomomorphismus $\bar{\psi} : T(M') \longrightarrow A$ mit $\pi = \bar{\psi} \circ T(\varphi) = \bar{\psi} \circ \pi' \circ \pi$. Da π surjektiv ist, folgt daraus $\bar{\psi} \circ \pi' = id_A$. Daher ist π' injektiv. Da π' nach Definition surjektiv ist, muß π' ein Isomorphismus sein. □

A sei K-Algebra

Definition: *Eine $\mathbb{N}$-Graduierung G von A ist eine Familie $(G_n(A))_{n \geq 0}$ von K-Untermoduln von A mit:*

(i) die kanonische Abbildung $\bigoplus_{n=0}^{\infty} G_n(A) \longrightarrow A$, induziert von den Einbettungen $G_n(A) \hookrightarrow A$, ist ein K-Modulisomorphismus

(ii) $G_n(A) \cdot G_m(A) \subset G_{n+m}(A)$ für alle $n, m \geq 0$.

Definition: *Eine K-Algebra zusammen mit einer $\mathbb{N}$-Graduierung $G = (G_n(A))_{n \geq 0}$ heißt* $\mathbb{N}$-**graduierte Algebra**. *Man nennt dann $G_n(A)$ den Modul der homogenen Elemente vom Grad n der $\mathbb{N}$-graduierten K-Algebra (A, G).*

Es seien (A, G), (A', G') $\mathbb{N}$-graduierte K-Algebren und $\varphi : A \longrightarrow A'$ ein K-Algebrahomomorphismus.

Definition: *φ heißt graduiert, wenn gilt: $\varphi(G_n(A)) \subset G_n'(A')$ für alle n.*

Es gilt: *Die graduierten K-Algebrahomomorphismen bilden bezüglich $\circ$ eine Meta-Kategorie (grad K-Alg).*

Es gilt: *Die Familie $(T_n(M))_{n \geq 0}$ ist eine $\mathbb{N}$-Graduierung von $T(M)$. $T(M)$ wird zusammen mit dieser Graduierung eine $\mathbb{N}$-graduierte K-Algebra. Ist $\varphi : M \longrightarrow M'$ K-Modulhomomorphismus, so ist $T(\varphi)$ graduierter K-Algebrahomomorphismus und die Zuordnung $\varphi \longmapsto T(\varphi)$ ist Funktor (K-Mod) $\longrightarrow$ (grad K-Alg).*

[3] Grassmann-Algebra

Es sei M K-Modul und $T(M)$ die Tensoralgebra von M.
Es sei $I(M)$ das Ideal in $T(M)$ erzeugt von $\{x^2 = x \otimes x : x \in M = T_1(M)\}$.

Es gilt: $I(M) = \bigoplus_{n=0}^{\infty} I_n(M)$, *wenn $I_n(M) := I(M) \cap T_n(M)$. Man sagt auch, daß $I(M)$ ein graduiertes Ideal ist.*

Denn: Es ist $I(M) = \{h = \sum_{i=1}^{r} f_i x_i^2 g_i : r \geq 1,\ f_i, g_i \in T(M),\ x_i \in M\}$. Ist

$$f_i = \sum_{n=0}^{<\infty} f_{in},\ g_i = \sum_{n=0}^{<\infty} g_{in}$$

mit $f_{in}, g_{in} \in T_n(M)$, so ist $h = \sum_{k=0}^{<\infty} h_k$ mit

$$h_k = \sum_{i=1}^{r} \sum_{m+n=k-2} f_{in} x_i^2 g_{im} \in T_k(M).$$

Da $h_k \in I(M)$, ist $h_k \in I_k(M)$. Hieraus folgt die Behauptung. □

Definition: *Die Restklassenalgebra* $\wedge(M) := T(M)/I(M)$ *heißt* **Grassmann-Algebra** *(oder äußere Algebra) von* M.

Es gilt: *Ist* $\pi : T(M) \longrightarrow \wedge(M)$ *der Restklassenhomomorphismus und* $\wedge_n(M) = \pi(T_n(M))$, *so ist* $\wedge_n(M) = T_n(M)/I_n(M)$ *und* $\wedge(M) = \bigoplus_{n=0}^{\infty} \wedge_n(M)$.

Es ist $(\wedge_n(M))_{n\geq 0}$ eine $\mathbb{N}$-Graduierung der Algebra $\wedge(M)$.
Es ist $\wedge_0(M) = K$ und $\wedge_1(M) = M$.

Konvention: Die Multiplikation von $\wedge(M)$ wird mit $\wedge$ bezeichnet.

Rechenregeln:

$$\begin{aligned} x \wedge (y_1 + y_2) &= x_1 \wedge y_1 + x_1 \wedge y_2 \\ (x_1 + x_2) \wedge y &= x_1 \wedge y + x_2 \wedge y \end{aligned}$$

für alle $x, x_i, y, y_i \in \wedge(M)$.

$$\begin{aligned} x \wedge x &= 0 \text{ für alle } x \in M \\ x \wedge y &= (-1)^{nm} y \wedge x \text{ für alle } x \in \wedge_n(M),\ y \in \wedge_m(M) \\ (\lambda x) \wedge y &= x \wedge (\lambda y) = \lambda \cdot (x \wedge y) \end{aligned}$$

für alle $\lambda \in K,\ x, y \in \wedge(M)$.

$$x_{\sigma(1)} \wedge x_{\sigma(2)} \wedge \ldots \wedge x_{\sigma(n)} = (\text{sign } \sigma) \cdot x_1 \wedge x_2 \wedge \ldots \wedge x_n$$

für alle $x_i \in M$ und alle Permutationen σ von $\{1, 2, \ldots, n\}$.

$$x_1 \wedge \ldots \wedge x_n = 0$$

für $x_i \in M$, wenn $x_i = x_j$ für $i \neq j$ gilt. □

M sei freier K-Modul und $\{e_i : i \in I\}$ sei Basis von M.
Für $i = (i_1, \ldots, i_n) \in I^n$ sei $e_i = e_{i_1} \otimes \ldots . \otimes e_{i_n} \in T_n(M)$.

Es gilt: $\{e_i : i \in I^n\}$ *ist Basis von* $T_n(M)$.

Denn:

1) Ist $\{e'_j : j \in I'\}$ Basis eines K-Moduls M', so ist $\{e_i \otimes e'_j : (i,j) \in I \times I'\}$ Basis von $M \otimes_K M'$.
Ist nämlich N K-Modul mit Basis $\{\bar{e}_{ij} : (i,j) \in I \times I'\}$, so existiert eine K-bilineare Abbildung $b : M \times M' \longrightarrow N$ mit $b(e_i, e'_j) = \bar{e}_{ij}$ für alle $(i,j) \in I \times I'$.
Daher gibt es eine K-lineare Abbildung $\bar{b} : M \otimes_K M' \longrightarrow N$ mit $\bar{b}(e_i \otimes e'_j) = \bar{e}_{ij}$ für alle $(i,j) \in I \times I'$.
Also ist $\{e_i \otimes e'_j : (i,j) \in I \otimes I'\}$ ein K-linear unabhängiges System. Da $\{x \otimes x' : x \in M,\ x' \in M'\}$ ein Erzeugendensystem von $M \otimes_K M'$ ist und $x \otimes x' = \sum\limits_{i,j} \lambda_i \lambda'_j e_i \otimes e'_j$ wenn $x = \sum \lambda_i e_i$, $x' = \sum \lambda'_j e'_j$, $\lambda_i, \lambda'_j \in K$, ist auch $\{e_i \otimes e'_j : (i,j) \in I \times I'\}$ ein Erzeugendensystem von $M \otimes_K M'$.
2) Es ist $T_n(M) = T_{n-1}(M) \otimes M$ für $n \geq 1$. Man verwendet 1) und führt Induktion über n. □

I sei nun total geordnet bezüglich einer Ordnung $<$
$I_n := \{i = (i_1, \ldots, i_n) \in I^n : i_1 < i_2 < \ldots < i_n\}$.

Satz 4: $\{\bar{e}_i := e_{i_1} \wedge \ldots \wedge e_{i_n} : i \in I_n\}$ *ist Basis von* $\wedge_n(M)$.

Beweis:
1) Da $\{e_i : i \in I^n\}$ Erzeugendensystem von $T_n(M)$ und $\{\pi(e_i) : i \in I^n\} = \{0\} \cup \{\pm \bar{e}_i : i \in I_n\}$ ist auch $\{\bar{e}_i : i \in I_n\}$ Erzeugendensystem von $\wedge_n(M)$.
2) Sei zunächst $I = \{1, 2, \ldots, n\}$. Dann ist $I_n = \{(1, 2, \ldots, n)\}$, wenn $<$ die übliche Kleinerbezeichnung der natürlichen Zahlen ist.
Es ist $\wedge_n(M) = K \cdot (e_1 \wedge \ldots \wedge e_n)$ nach 1). Man hat zu zeigen: Ist $\lambda \in K$ und $\lambda \cdot (e_1 \wedge \ldots \wedge e_n) = 0$, so ist $\lambda = 0$.
Es sei $E' := \{e_i : i \in I^n,\ i_\nu = i_\mu$ für ein Paar (ν, μ), $\nu \neq \mu\}$ und $E'' := \{e_{\sigma(1)} \otimes \ldots \otimes e_{\sigma(n)} - \operatorname{sign} \sigma \cdot e_1 \otimes \ldots \otimes e_n : \sigma$ Permutation von $\{1, \ldots, n\}$, $\sigma \neq id\}$.
Mit einer kleinen Rechnung zeigt man, daß $E' \cup E''$ Basis des K-Moduls $I_n(M)$ ist und $E' \cup E'' \cup \{e_1 \otimes \ldots \otimes e_n\}$ Basis von $T_n(M)$ ist. Es folgt obige Behauptung.
3) Sei nun I beliebig und $\sum\limits_{i \in I_n} \lambda_i \bar{e}_i = 0$ mit $\lambda_i \in K$. Es gibt eine endliche Menge I^0 mit $i \in I^0_n$, wenn $\lambda_i \neq 0$ ist.
Sei $I^0 = \{k_1, k_2, \ldots, k_m\}$ mit $k_1 < k_2 < \ldots < k_m$. Ist $i \in I^0_n$, $i = (i_1, \ldots, i_n)$, so existiert $j \in I^0_{m-n}$, $j = (j_1, \ldots, j_{m-n})$ mit $I^0 = \{i_1, \ldots, i_n, j_1, \ldots, j_{m-n}\}$. Es ist $0 = e_{j_1} \wedge \ldots \wedge e_{j_{m-n}} \wedge 0 = \lambda_i e_{j_1} \wedge \ldots \wedge e_{j_{m-n}} \wedge e_{i_1} \wedge \ldots \wedge e_{i_n} = \pm \lambda_i e_{k_1} \wedge \ldots \wedge e_{k_m}$.
Nach 2) folgt $\lambda_i = 0$. Es folgt, daß $\{\bar{e}_i : i \in I_n\}$ K-linear unabhängig ist. □

Satz 5: *Es sei* $\varphi : M \longrightarrow M'$ *ein* K*-Modulhomomorphismus.*
Es gibt genau einen K*-Algebrahomomorphismus* $\wedge(\varphi) : \wedge(M) \longrightarrow \wedge(M')$ *mit :*

$$\wedge(\varphi)(1) = 1$$
$$\wedge(\varphi)(x) = \varphi(x) \textit{ für alle } x \in M$$

Es ist $\wedge(\varphi)$ *graduierter Homomorphismus, d.h.* $\wedge(\varphi)(\wedge_n(M)) \subset \wedge_n(M')$ *für alle* n.
Die Zuordnung $\varphi \longmapsto \wedge(\varphi)$ *ist Funktor* $(K\text{-}Mod) \longrightarrow (grad\ K\text{-}Alg \text{ mit } 1)$.

Beweis:
1) Konstruktion von $\wedge(\varphi)$

Man betrachtet das Diagramm

$$\begin{array}{ccc} T(M) & \xrightarrow{T(\varphi)} & T(M') \\ \pi_M \downarrow & & \downarrow \pi(M') \\ \wedge(M) & & \wedge(M) \end{array}$$

wobei π_M, π'_M die jeweiligen Restklassenhomomorphismen sind.
Es ist $T(\varphi)(I(M)) \subset I(M')$, da $T(\varphi)(fx^2g) = T(\varphi)(f)\varphi(x)^2 \cdot T(\varphi)(g)$ ist, wenn $f, g \in T(M)$, $x \in M$, da $\varphi(x) \in M'$ ist.
Also ist $(\pi_{M'} \circ T(\varphi))(I(M)) = 0$ und es gibt genau einen K-Algebrahomomorphismus $\wedge(\varphi) : \wedge(M) \longrightarrow \wedge(M')$ mit

$$\wedge(\varphi) \circ \pi_M = \pi_{M'} \circ T(\varphi)$$

Es ist $\wedge(\varphi)(x_1 \wedge \ldots \wedge x_n) = \varphi(x_1) \wedge \ldots \wedge \varphi(x_n)$, wenn $x_i \in M$.
2) Beweise der übrigen Aussagen verlaufen nach üblichem Schema. □

Zusatz zu Satz 5: *Ist φ surjektiv, so ist $\wedge(\varphi)$ surjektiv und Kern $\wedge(\varphi)$ wird erzeugt als Ideal von Kern φ*

Beweis: Er kann geführt werden wie der Beweis von Kor. 2 zu Satz 3. □

Korollar: *M sei freier K-Modul der Dimension r.*
1) Zu $\varphi \in End_K M$ gibt es $d(\varphi) \in K$ mit $\wedge_r(\varphi) = d(\varphi) \cdot id_{\wedge_r(\varphi)}$, wenn $\wedge_r(\varphi)$ die Beschränkung von $\wedge(\varphi)$ auf $\wedge_r(M) \longrightarrow \wedge_r(M)$ ist.
2) $d(\varphi_1 \circ \varphi_2) = d(\varphi_1) \cdot d(\varphi_2)$ für $\varphi_1, \varphi_2 \in End_K M$
3) Ist $e_1, .., e_r$ Basis von M, $\varphi(e_j) = \sum_{i=1}^{r} a_{ij} e_i$, $a_{ij} \in K$, so ist $d(\varphi) = \det(a_{ij})_{1 \le i,j \le r}$

Beweis:
1) Es ist $e := e_1 \wedge \ldots \wedge e_r$ Basis von $\wedge_r(M)$. Ist $\wedge_r(\varphi)(e) = d(\varphi) \cdot e$, so ist $\wedge_r(\varphi) = d(\varphi) \cdot id_{\wedge_r(M)}$.
2) Dis Aussage ist trivial.
3) Es ist

$$\begin{aligned} \varphi(e_1) \wedge \ldots \wedge \varphi(e_r) &= \sum_{i_1,\ldots,i_r=1}^{r} (a_{i,1} e_{i1}) \wedge \ldots \wedge (a_{i_r r} e_{ir}) \\ &= \sum_{\sigma \in S_r} (sign \sigma) a_{\sigma(1)1} \ldots a_{\sigma(r)r} \cdot e_1 \wedge \ldots \wedge e_r \end{aligned}$$

wenn S_r die Menge der Permutationen von $\{1, \ldots, r\}$ ist. □

Es sei $\wedge_n : M^n \longrightarrow \wedge_n(M)$ gegeben durch $(x_1, \ldots, x_n) \longmapsto x_1 \wedge x_2 \wedge \ldots \wedge x_n$. Es ist $\wedge_n$ n-fach K-linear.

Satz 6: *N sei K-Modul und $\alpha : M^n \longrightarrow N$ sei n-fach K-lineare Abbildung mit:*

$$\alpha(x_1, \ldots, x_n) = 0$$

wenn $x_i = x_{i+1}$ für ein i, $1 \le i \le n-1$. Dann gibt es genau eine K-lineare Abbildung $\bar{\alpha} : \wedge_n(M) \longrightarrow N$ mit $\alpha = \bar{\alpha} \circ \wedge_n$.

Beweis: Die Abbildung $\otimes_n : M^n \longmapsto T_n(M)$ gegeben durch $(x_1, \ldots, x_n) \longmapsto x_1 \otimes x_2 \otimes \ldots \otimes x_n$ ist n-fach K-linear. Es gibt daher nach Satz 3 genau eine K-lineare Abbildung $\alpha' : T_n(M) \longrightarrow N$ mit $\alpha' \circ \otimes_n = \alpha$. Man rechnet leicht nach, daß $\alpha'(I_n(M)) = 0$, da jedes Element von $I_n(M)$ eine K-Linearkombination von Elementen der Form $f \wedge x \wedge x \wedge g$ mit $f \in T_r(M)$, $g \in T_s(M)$, $x \in M$, $r + s = n - 2$ ist. Es sind f und g Linearkombinationen von Elementen der Form $y_1 \wedge \ldots \wedge y_t$ mit $t \in \{r, s\}$. Somit induziert α' eine K-lineare Abbildung $\bar{\alpha} : T_n(M)/I_n(M) = \wedge_n(M) \longrightarrow N$ mit $\alpha = \bar{\alpha} \circ \wedge_n$. Die Eindeutigkeitsaussage ist trivial. □

Bemerkung: L sei Ideal in K, $\bar{K} = K/L$ und $\rho : K \longrightarrow \bar{K}$ der Restklassenhomomorphismus. N sei $\bar{K}$-Modul.

Es sei $\rho_*(N)$ der K-Modul, der durch Beschränkung der skalaren Multiplikation bezüglich ρ entsteht. Somit ist die additive Gruppe von $\rho_*(N)$ identisch mit der additiven Gruppe von N und die Multiplikation $K \times N \longrightarrow N$ ist gegeben durch $(\lambda, x) \longmapsto \rho(\lambda) \cdot x$.

Es gilt: $\wedge_n(\rho_*(N)) = \rho_*(\wedge_n(N))$ für $n \geq 1$.

denn: Man rechnet leicht nach, daß $\rho_*(N \otimes_{\bar{K}} N') \cong \rho_*(N) \otimes_K \rho_*(N')$. Es folgt $\rho_*(T_n(N)) = T_n(\rho_* N)$. □

Übung 1: Es sei $K = \mathbb{C}[t_1, t_2]$ der Polynomring in zwei Variablen t_1, t_2 über $\mathbb{C}$.
Es sei $M_r := \{f = \sum\limits_{(v,\mu) \in \mathbb{N}^2} c_{v\mu} t_1^v t_2^\mu : c_{v\mu} \in \mathbb{C},\ c_{v\mu} = 0 \text{ für } v + \mu < r\}$.
Dann ist M_r K-Untermodul von K, also Ideal von K. Je zwei Elemente von K sind K-linear abhängig, aber M_r wird nicht von einem Element erzeugt für $r \geq 1$.
Es ist $M_r/M_{r+1} \cong \rho_*(\mathbb{C}^{r+1})$ wenn $\rho : K \longrightarrow \mathbb{C} = K/M_1$ der Restklassenhomomorphismus ist. Mit obiger Bemerkung folgt, daß $\wedge_{r+1}(M_r) \neq 0$ ist.

4 Symmetrische Algebra

Es sei M K-Modul und $T(M)$ die Tensoralgebra von M.
Es sei $J(M)$ das Ideal in T(M), erzeugt von $\{x_1 \cdot x_2 - x_2 \cdot x_1 : x_1, x_2 \in M = T_1(M)\}$

Es gilt:

$$J(M) = \bigoplus_{n=0}^{\infty} J_n(M),$$

wenn $J_n(M) := J(M) \cap T_n(M)$,

d.h. $J(M)$ ist graduiertes Ideal.

denn: Das Erzeugendensystem von $J(M)$ besteht aus homogenen Elementen vom Grad 2 in $T(M)$.

Definition: $S(M) := T(M)/J(M)$ *heißt* **symmetrische Algebra** *von* M.

Es gilt: *Ist* $\pi : T(M) \longrightarrow S(M)$ *die Restklassenabbildung und* $S_n(M) = \pi(T_n(M))$, *so ist* $S(M) = \bigoplus_{n=0}^{\infty} S_n(M)$ *und* $S_n(M) = T_n(M)/J_n(M)$.
$S(M)$ *ist* $\mathbb{N}$*-graduierte* K*-Algebra mit Graduierung* $(S_n(M))_{n \geq 0}$.
$S(M)$ *ist kommutativ.* □

Es gilt: *Ist* $\{e_1, \ldots, e_r\}$ *Basis von* M, *so ist* $\{e_1^{v_1} e_2^{v_2} \ldots e_r^{v_r} : 0 \leq v_i,\ v_1 + \ldots + v_r = n\}$ *Basis von* $S_n(M)$.

$S(M)$ ist als K-Algebra isomorph zu $K[x_1, \ldots, x_r] :=$ K-Algebra der Polynome in den unabhängigen Variablen $x_1, \ldots, x_r$ über K.
Genauer: es gibt genau einen K-Algebraisomorphismus $\alpha : S(M) \longrightarrow K[x_1, \ldots, x_r]$ mit $\alpha(1) = 1$, $\alpha(e_i) = x_i$ für alle i.

Beweis:
1) Die erste Aussage folgt wie eine entsprechende Aussage für $\wedge_n(M)$.
2) Universelle Eigenschaften für $S(M)$ und $K[x_1, \ldots, x_r]$ haben zur Folge, daß α Isomorphismus ist.

Satz 7: *Es sei $\varphi : M \longrightarrow M'$ K-Modulhomomorphismus.*
Es gibt genau einen K-Algebrahomomorphismus $S(\varphi) : S(M) \longrightarrow S(M')$ mit:

$$S(\varphi)(1) = 1$$
$$S(\varphi)(x) = \varphi(x) \text{ für alle } x \in M$$

Es ist $S(\varphi)$ graduierter Homomorphismus. Die Zuordnung $\varphi \longmapsto S(\varphi)$ ist Funktor $(K\text{-}Mod) \longrightarrow$ (grad K-Alg mit 1)

Beweis: Man führt ihn analog zum Beweis von Satz 5. Man hat ein kommutatives Diagramm

$$\begin{array}{ccc} T(M) & \xrightarrow{T(\varphi)} & T(M') \\ \pi_M \downarrow & & \downarrow \pi_{M'} \\ S(M) & & S(M') \end{array}$$

wobei $\pi_M, \pi_{M'}$ die Restklassenhomomorphismen sind. Es ist $(\pi_{M'} \circ T(\varphi))(J(M)) = 0$, wie eine leichte Rechnung zeigt. Es gibt daher genau einen K-Algebrahomomorphismus $S(\varphi)$ für den gilt $\pi_{M'} \circ T(\varphi) = S(\varphi) \circ \pi_M$. □

Es seien A, A' K-Algebren und $B = A \otimes_K A'$ das Tensorprodukt der K-Moduln von A und A'. B ist K-Modul.

Es gilt: *Es gibt genau eine K-bilineare Abbildung*

$$m : B \times B \longrightarrow B$$

mit $m(a_1 \otimes a_1', \; a_2 \otimes a_2') = (a_1 a_2) \otimes (a_1' a_2')$ für alle $a_i \in A$, $a_i' \in A'$.

Denn:
1) Sind M, N K-Moduln, so gibt es einen eindeutig bestimmten K-Modulhomomorphismus $\tau : M \otimes N \longrightarrow N \otimes M$ mit $\tau(x \otimes y) = y \otimes x$ für alle $x \in M$, $y \in N$.
2) Es gibt einen eindeutig bestimmten K-Modulisomorphismus $\sigma : (A \otimes_K A') \otimes_K (A \otimes_K A') \longrightarrow (A \otimes_K A) \otimes_k (A' \otimes_K A')$ mit $\sigma((a_1 \otimes a_1') \otimes (a_2 \otimes a_2')) = (a_1 \otimes a_2) \otimes (a_1' \otimes a_2')$. Man verwendet 1) und die Assoziativität von $\otimes_K$.
3) Es gibt genau eine K-lineare Abbildung

$$\mu_A : A \otimes_K A \longrightarrow A$$

mit $\mu_A(a_1 \otimes a_2) = a_1 \cdot a_2$ für alle $a_1, a_2 \in A$.
Es gibt genau eine K-lineare Abbildung

$$\mu_{A'} : A' \otimes_K A' \longrightarrow A'$$

mit $\mu_{A'}(a'_1 \otimes a'_2) = a'_1 \cdot a'_2$ für alle $a'_i \in A'$.
Es sei $\mu := \otimes(\mu_A, \mu_{A'}) \circ \sigma : B \otimes_K B \longrightarrow B$. Es ist μ K-lineare Abbildung und daher ist $m : B \times B \longrightarrow B$ mit $m(b_1, b_2) := \mu(b_1 \otimes b_2)$ K-bilineare Abbildung. □

Es gilt: *(B, m) ist K-Algebra. Man schreibt zumeist $\cdot$ für m.*
Man nennt $((A \otimes_K A', \cdot)$ **Tensorprodukt** *der K-Algebren A und A'.*

Es gilt: *Es seien $\alpha : A \longrightarrow B$, $\alpha' : A' \longrightarrow B'$ K-Algebrahomomorphismen. Dann ist $\otimes_K(\alpha, \alpha') : A \otimes_K A' \longrightarrow B \otimes_K B'$ K-Algebrahomomorphismus. Die Zuordnung $(\alpha, \alpha') \longmapsto \otimes_K(\alpha, \alpha')$ ist Funktor $(K\text{-}Alg) \times (K\text{-}Alg) \longrightarrow (K\text{-}Alg)$.*
Denn: $\varphi := \otimes_K(\alpha, \alpha')$ ist K-Modulhomomorphismus. Es ist

$$\begin{aligned}\varphi((a_1 \otimes a'_1) \cdot (a_2 \otimes a'_2)) &= \varphi((a_1 a_2) \otimes (a'_1 a'_2)) \\ &= \alpha(a_1 a_2) \otimes \alpha'(a'_1 a'_2) \\ &= (\alpha(a_1) \cdot \alpha(a_2)) \otimes (\alpha'(a'_1)\alpha'(a'_2)) \\ &= (\alpha(a_1) \otimes \alpha'(a'_1)) \cdot (\alpha(a_2) \otimes \alpha'(a'_2)) \\ &= \varphi(a_1 \otimes a'_1) \cdot \varphi(a_2 \otimes a'_2)\end{aligned}$$

Ist $x_1 = \sum_{i=1}^{r} a_{i1} \otimes a'_{i1}$, $x_2 = \sum_{i=1}^{r'} a_{i2} \otimes a'_{i2}$, so ist ebenso $\varphi(x_1 \cdot x_2) = \varphi(x_1) \cdot \varphi(x_2)$ aufgrund des Distributivgesetzes und daher ist φ K-Algebrahomomorphismus. □

Es gilt: *Sind A, A' assoziative (bzw. kommutative) K-Algebren, so ist $A \otimes_K A'$ assoziative (bzw. kommutative) K-Algebra.*
Ist 1_A (bzw. $1_{A'}$) Einselement von A (bzw. A'), so ist $1_A \otimes 1_{A'}$ Einselement von $A \otimes_K A'$.

Satz 8: *M, M' seien K-Moduln. Es gibt genau einen K-Algebraisomorphismus*

$$\eta : S(M) \otimes_K S(M') \longrightarrow S(M \oplus M')$$

mit $\eta(1 \otimes 1) = 1$ und

$$\begin{aligned}\eta(x \otimes 1) &= (x, 0) \text{ für alle } x \in M \\ \eta(1 \otimes x') &= (0, x') \text{ für alle } x' \in M'\end{aligned}$$

Beweis:
1) Die Zuordnung

$$S(M) \times S(M') \longrightarrow S(M \oplus M')$$

gegeben durch $(f, f') \longmapsto S(i)(f) \cdot S(i')(f')$, wobei $i : M \longrightarrow M \oplus M'$, $i' : M' \longrightarrow M \oplus M'$ die kanonischen Einbettungen sind, ist K-bilinear. Sie induziert eine K-lineare Abbildung $\eta : S(M) \otimes_K S(M') \longrightarrow S(M \oplus M')$. Es ist η K-Algebrahomomorphismus, denn:

$$\begin{aligned}\eta((f_1 \otimes g_1) \cdot (f_2 \otimes g_2)) &= \eta(f_1 f_2 \otimes g_1 g_2) \\ &= S(i)(f_1 f_2) \cdot S(i)(g_1 g_2) \\ &= S(i)(f_1) \cdot S(i')(g_1) \cdot S(i)(f_2) \subset (i')(g_2) \\ &= \eta(f_1 \otimes g_1) \cdot \eta(f_2 \otimes g_2)\end{aligned}$$

Dabei wurde verwendet, daß $S(M)$ kommutativ ist.
Dies rechnet man ebenso für endliche Summen solcher Ausdrücke nach. Daher ist η K-Algebrahomomorphismus.

2) Es sei $\eta' : M \oplus M' \longrightarrow S(M) \otimes_K S(M')$ der K-Modulhomomorphismus, der (x, x') auf $x \otimes 1 + 1 \otimes x'$ abbildet.
η' induziert einen K-Algebrahomomorphismus $S(\eta') : S(M \oplus M') \longrightarrow S(M) \otimes_K S(M')$. Man verwendet die universelle Abbildungseigenschaft für $T(\eta')$ und die Kommutativität von $S(M) \otimes_K S(M')$.
3) Man zeigt leicht, daß η invers zu $S(\eta')$ ist. □

§9 Derivationen und Differentiale

Einführung

In der Differentialrechnung mehrerer Variabler entsteht das Problem, das Transformationsverhalten von partiellen Ableitungen, von Differentialoperatoren und Differentialausdrücken bei Variablentransformationen richtig zu beschreiben. Man hat im Laufe der Zeit festgestellt, daß sich dieser Kalkül vollständig algebraisch auffassen läßt mit Hilfe des universellen Differentialmoduls, dessen Einführung auf E. Kähler zurückgeht, und Tensorprodukten und äußeren Produkten desselben. Der von E. Cartan und H. Poincaré geschaffene Kalkül der alternierenden Differentialformen kann für jede assoziative und kommutative Algebra A konstruiert werden.

Es wird zunächst der universelle Differentialmodul $\Omega(A)$ von A und die universelle Derivation d_A von A definiert und seine Existenz nachgewiesen. Es wird danach der funktorielle Charakter dieser Konstruktion auseinandergesetzt. Ist A die $\mathbb{R}$-Algebra der unendlich oft differenzierbaren Funktionen auf einer offenen Menge von $\mathbb{R}^n$, so ist der A-Modul Der (A, A) der Derivation von A frei erzeugt von den üblichen partiellen Ableitungen. Es werden die Beziehungen zwischen dem universellen Differentialmodul von A, einer Restklassenalgebra von A und einer Algebra von Brüchen über A untersucht.

Auf der Grassmann-Algebra von $\Omega(A)$ kann man eine äußere Ableitung einführen und man kann die de Rham-Kohomologie von A studieren.

1 Universeller Differentialmodul

K sei ein assoziativer, kommutativer Ring mit 1 und A sei eine assoziative, kommutative K-Algebra mit Eins 1_A. Dann ist die Zuordnung $\rho_A : K \longrightarrow A$, gegeben durch $\lambda \longmapsto \lambda \cdot 1_A$ ein Ringhomomorphismus mit $\rho_A(1) = 1_A$.

Es sei M ein A-Modul und $\delta : A \longrightarrow M$ eine Abbildung.

Definition: *δ heißt K-Algebra-***Derivation***, wenn gilt:*

(i) δ ist K-linear (d.h. $\delta(\lambda_1 f_1 + \lambda_2 f_2) = \rho_A(\lambda_1) \cdot \delta(f_1) + \rho_A(\lambda_2) \cdot \delta(f_2)$ für alle $\lambda_i \in K,\ f_i \in A$).

(ii) („Produktregel"): $\delta(f \cdot g) = f \cdot \delta(g) + g \cdot \delta(f)$ für alle $f, g \in A$.

Es sei $\mathrm{Der}(A, M)$ die Menge aller K-Algebra-Derivationen $\delta : A \longrightarrow M$.

Es gilt: $\mathrm{Der}(A, M)$ *ist A-Untermodul von* $\mathrm{Hom}(A, M)$

Denn: Ist $f \in A$, $\delta \in \mathrm{Der}(A, M)$, so ist $f \cdot \delta$ die Abbildung, die gegeben ist durch $g \longmapsto f \cdot \delta(g)$.

Es ist $f \cdot \delta$ K-linear und

$$\begin{aligned}(f \cdot \delta)(g_1 \cdot g_2) &= f(g_1 \delta(g_2) + g_2 \cdot \delta(g_1)) \\ &= g_1 f \delta(g_2) + g_2 f \delta(g_1) \\ &= g_1 (f\delta)(g_2) + g_2 (f\delta)(g_1) \quad \square\end{aligned}$$

Es gilt: *Ist $\varphi : M \longrightarrow M'$ A-lineare Abbildung von A-Moduln und ist $\delta : A \longrightarrow M$ eine K-Algebra-Derivation, so ist $\varphi \circ \delta : A \longrightarrow M'$ auch K-Algebra-Derivation.*

Beispiel 1: Derivationen auf Polynomalgebren

Es sei K kommutativer, assoziativer Ring mit 1 und $A = K[x_1, \ldots, x_n]$ die K-Algebra der Polynome in den unabhängigen Variablen $x_1, \ldots, x_n$ über K.

Es sei A^n der A-Modul der n-Tupel über A und $e_1, \ldots, e_n$ die Standardbasis von A^n

Es gibt genau eine K-Algebra-Derivation $\partial_i : A \longrightarrow A$ mit $\partial_i(x_j) = \begin{cases} 1 & : i = j \\ 0 & : i \neq j \end{cases}$

Es gibt genau eine K–Algebra-Derivation $d : A \longrightarrow A^n$ mit $d(x_i) = dx_i = e_i$ für alle i.

denn:

1) Jedes $f \in A$ besitzt eine eindeutige Darstellung $f = \sum_{\nu \in N} c_\nu x^\nu$ wobei N eine endliche Teilmenge von $\mathbb{N}^n$ ist und $c_\nu \in K$, $x^\nu = x_1^{\nu_1} \ldots x_n^{\nu_n}$, wenn $\nu = (\nu_1, \ldots, \nu_n) \in \mathbb{N}^n$ ist.

   Man setzt
$$\partial_i(t) := \sum_{\substack{\nu \in N \\ \nu_i \geq 1}} c_\nu \cdot \nu_i \frac{x^\nu}{x_i}$$
   Es ist $\partial_i(x^\nu \cdot x^\mu) = (\nu_i + \mu_i)\frac{x^{\nu+\mu}}{x_i} = \nu_i \frac{x^\nu}{x_i} \cdot x^\mu + \mu_i \frac{x^\mu}{x_i} x^\nu$. Oft schreibt man $\frac{\partial}{\partial x_i}$ für ∂_i.

2) Ist $\partial : A \longrightarrow A$ K-Algebra-Derivation mit $\partial(x_j) = \begin{cases} 1 & : j = i \\ 0 & : j \neq i \end{cases}$, so ist $\partial' := \partial - \partial_i$ ebenfalls Derivation und es ist $\partial'(x_j) = 0$ für alle j. Es folgt $\partial'(x^\nu) = 0$ für alle $\nu \in \mathbb{N}^n$ und daher ist $\partial' \equiv 0$.

3) Setzt man $df := (\partial_1 f, \ldots, \partial_n f) \in A^n$, so ist d K-Algebra-Derivation $A \longrightarrow A^n$. Die Eindeutigkeit zeigt man wie in 2).

Weiter gilt: *Es sei M A-Modul und $\delta : A \longrightarrow M$ K-Algebra-Derivation. Dann gibt es genau eine A-lineare Abbildung $\varphi_\delta : A^n \longrightarrow M$ mit $\delta = \varphi_\delta \circ d$.*

Denn: es gibt genau eine A-lineare Abbildung $\varphi_\delta : A^n \longrightarrow M$ mit $\varphi_\delta(e_i) = \delta(x_i) \in M$ für alle i. Es ist $\varphi_\delta \circ d$ K-Algebra-Derivation $A \longrightarrow M$ und $\delta' := \delta - (\varphi_\delta \circ d)$ ist K-Algebra-Derivation $A \longrightarrow M$ mit $\delta'(x_i) = 0$ für alle i. Dann ist $\delta'(x^\nu) = 0$ für alle ν und $\delta' \equiv 0$. □

Satz 1: *A sei kommutative, assoziative K-Algebra mit 1.*
Es gibt einen A-Modul $\Omega(A)$ und eine K-Algebra-Derivation $d_A : A \longrightarrow \Omega(A)$ mit: Ist M A-Modul und $\delta : A \longrightarrow M$ eine K-Algebra-Derivation, so gibt es genau einen A-Modulhomomorphismus $\varphi_\delta : \Omega(A) \longrightarrow M$ mit $\delta = \varphi_\delta \circ d_A$.

Beweis:

1) F sei A-Modul, frei erzeugt von $\{e_f : f \in A\}$ mit $e_f \neq e_g$ für $f \neq g$. Es sei U der A-Untermodul von F, der erzeugt wird von
$$\begin{aligned} &\{e_{f+g} - e_f - e_g : f, g \in A\} \\ \cup&\{e_{\lambda f} - \rho_A(\lambda) \cdot e_f : \lambda \in K,\ f \in A\} \\ \cup&\{e_{fg} - f \cdot e_g - g \cdot e_g : f, g \in A\} \end{aligned}$$
   Es sei $\Omega(A) := F/U$ und $d_A f$ die Restklasse von e_f in $\Omega(A)$. Man zeigt leicht, daß die Zuordnung $f \longmapsto d_A f$ eine K-Algebra-Derivation ist.

2) Es gibt genau eine A-lineare Abbildungg $\Phi : F \longrightarrow M$ mit $\Phi(e_f) = \delta(f)$ für alle $f \in A$.
   Es ist $\varphi(U) = 0$, wie eine leichte Rechnung ergibt. Also induziert φ eine A-lineare Abbildung $\varphi_\delta : \Omega(A) \longrightarrow M$ mit $\varphi_\delta(d_A f) = \delta(f)$ für alle $f \in A$.
   Es ist φ_δ eindeutig durch δ bestimmt, da $\Omega(A)$ erzeugt wird von $\{d_A f : f \in A\}$.
   □

Bemerkung: $\Omega(A), d_A$ sind durch die universelle Abbildungseigenschaft von Satz 1 bis auf Isomorphie eindeutig bestimmt.

Definition: $\Omega(A)$ *heißt* **universeller Differentialmodul** *von A und d_A heißt universelle Derivation von A.*

Beispiel 2: Potenzreihenalgebra
Es sei $A = K[x_1, \ldots, x_n]$ wie in Beispiel 1 und $\hat{A} := \prod_{\nu \in \mathbb{N}^n} K \cdot x^\nu$ das direkte Produkt der K-Untermoduln $K \cdot x^\nu$ von A.
Ein Element $f \in \hat{A}$ kann als formale Potenzreihe $f = \sum_{\nu \in \mathbb{N}^n} c_\nu x^\nu,\ c_\nu \in K$, aufgefaßt werden. Ist $f' = \sum_{\nu \in \mathbb{N}^n} c'_\nu x^\nu \in \hat{A},\ c'_\nu \in K$, so setzt man

$$f \cdot f' := \sum_{\nu \in \mathbb{N}^n} \Big(\sum_{\substack{\alpha+\beta=\nu \\ \alpha,\beta \in \mathbb{N}^n}} c_\alpha c_\beta \Big) \cdot x^\nu$$

Der K-Modul $\hat{A}$ wird zusammen mit dieser Multiplikation eine kommutative, assoziative K-Algebra mit 1. Sie heißt K-Algebra der formalen Potenzreihen in den Variablen $x_1, \ldots, x_n$ über K. Man setzt

$$\hat{\partial}_i(f) = \sum_{\substack{\nu \in \mathbb{N}^n \\ \nu_i \geq 1}} c_\nu \cdot \nu_i \frac{x^\nu}{x_i}$$

Dann ist $\hat{\partial}_i$ K-Algebra-Derivation $\hat{A} \longrightarrow \hat{A}$.
Es gilt: Der $(\hat{A}, \hat{A})$ hat $\hat{A}$-Modulbasis $\hat{\partial}_1, \ldots, \hat{\partial}_n$.
Beweis:

1) Es sei $\partial \in \operatorname{Der}(\hat{A}, \hat{A})$ und $\partial' := \sum_{i=1}^{n} \partial(x_i)\hat{\partial}_i - \partial$. Dann ist $\partial'(x_i) = 0$ für alle i und daher $\partial'(f) = 0$ für jedes Polynom $f \in A \subseteq \hat{A}$.
2) Ist $f \in \hat{A},\ f = \sum_{\nu \in \mathbb{N}^n} c_\nu x^\nu,\ c_\nu \in K$, so setzt man

$$\operatorname{ord} f := \begin{cases} \infty & : f = 0 \\ \min & \{\nu_1 + \ldots + \nu_n : c_\nu \neq 0,\ \nu = (\nu_1, \ldots, \nu_n)\} \end{cases}$$

   Es ist $\operatorname{ord} f \cdot g \geq \operatorname{ord} f + \operatorname{ord} g$ und daher ist $\mathfrak{m}_r := \{f \in \hat{A} : \operatorname{ord} f \geq r\}$ ein Ideal in $\hat{A}$.
3) Es ist $\partial'(\mathfrak{m}_r) \subset \mathfrak{m}_r$.

Es sei $f \in \mathfrak{m}_r$. Da $\mathfrak{m}_r$ als Ideal erzeugt wird von den homogenen Polynomen vom Grad r, gibt es $f_i \in A$, $g_i \in \hat{A}$ mit $f = \sum_{i=1}^{t} f_i g_i$ und ord $f_i \geq r$. Daher ist $\partial'(f) = \sum_{i=1}^{t} f_i \partial'(g_i) \in \mathfrak{m}_r$.

4) Annahme: es gibt $g \in \hat{A}$ mit $\partial'(g) \neq 0$. Dann ist ord $\partial'(g) = r \in \mathbb{N}$. Es ist $g = g_1 + g_2$ mit $g_1 \in A$ und ord $g_2 \geq r+1$.
   Es ist $\partial'(g) = \partial'(g_1) + \partial'(g_2) = 0 + \partial'(g_2) \in \mathfrak{m}_{r+1}$. Dies ist ein Widerspruch. Es folgt $\partial' \equiv 0$. □

Es sei $d_A : A \longrightarrow \Omega(A)$ die universelle Derivation von A.

Korollar 1:
Die Zuordnung $\varphi \mapsto \varphi \circ d_A$ ist ein A-Modulisomorphismus $\mathrm{Hom}_A(\Omega(A), M) \to \mathrm{Der}(A, M)$. *Insbesondere ist* $\Omega(A)^* := \mathrm{Hom}_A(\Omega(A), A) \cong \mathrm{Der}(A, A)$. □

Übung 1: Algebra $C^\infty(X)$
Es sei X eine offene Teilmenge von $\mathbb{R}^n$ und $A = C^\infty(X)$ die $\mathbb{R}$-Algebra der unendlich oft differenzierbaren Funktionen auf X. Es seien $\partial_1, \ldots, \partial_n$ die üblichen partiellen Ableitungen; sie sind Derivationen in $\mathrm{Der}(A, A)$.
Man zeige: $\partial_1, \ldots, \partial_n$ ist eine A-Modulbasis von $\mathrm{Der}(A, A)$.
Hinweise:

1) Es seien $x_1, \ldots, x_n$ die Koordinatenfunktionen auf $X, p = (p_1, \ldots, p_n) \in X$ und $I_p := \{f \in A : f(p) = 0\}$. Dann ist I_p Ideal von A und $x_i - p_i \in I_p$ für alle i. Unter Verwendung von Sätzen über die Taylorentwicklung von f in p, kann man nachweisen, daß I_p von $\{x_1 - p_1, \ldots, x_n - p_n\}$ erzeugt wird.
2) Es sei $\partial \in \mathrm{Der}(A, A)$ und $\partial' := \partial - \sum_{i=1}^{n} \partial(x_i) \cdot \partial_i$. Dann ist $\partial'(x_i) = 0$ für alle i und daher ist $\partial'(f) = 0$ für jedes Polynom in den Variablen $x_1, \ldots, x_n$.
3) Es sei $f \in I_p$. Dann gibt es $g_i \in A$ mit $f = \sum_{i=1}^{n} g_i(x_i - p_i)$ nach 1). Daher ist $\partial'(f) = \sum_{i=1}^{n} \partial'(g_i) \cdot (x_i - p_i) \in I_p$. Somit gilt $\partial'(I_p) \subset I_p$ für jeden Punkt $p \in X$.
4) Annahme: es gibt $g \in A$ mit $\partial'(g) \neq 0$. Dann existiert $p \in X$ mit $\partial'(g)(p) \neq 0$. Es ist $g = g(p) + (g - g(p))$ und daher ist $\partial'(g) = \partial'(g - g(p)) \in I_p$. Dies ist ein Widerspruch. □

Es seien A, A' assoziative Ringe mit 1 und $\alpha : A \longrightarrow A'$ Ringhomomorphismus mit $\alpha(1) = 1$. M sei A-Modul, M' sei A'-Modul.

Definition: *Eine Abbildung $\varphi : M \longrightarrow M'$ heißt Modulhomomorphismus über α, wenn gilt:*
(i) φ ist additiv.
(ii) $\varphi(\lambda \cdot x) = \alpha(\lambda) \cdot \varphi(x)$ für alle $\lambda \in A$, $x \in M$.

Bemerkung: Die Modulhomomorphismen bilden bezüglich Komposition eine Kategorie (Mod). Man hat einen natürlichen Funktor (Mod) $\longrightarrow$ (Rg) gegeben durch $\varphi \longmapsto \alpha$. Es gilt: φ ist Modulhomomorphismus über α genau dann, wenn φ A-Modulhomomorphismus $M \longrightarrow \alpha_*(M')$ ist, siehe § 5, [2] Dabei ist $\alpha_*(M')$ der A-Modul, dessen additive Gruppe mit der von M' übereinstimmt und dessen Multiplikation $A \times \alpha_*(M') \longrightarrow \alpha_*(M')$ gegeben ist durch $(\lambda, x) \longrightarrow \alpha(\lambda) \cdot x$.

Korollar 2: *$\alpha : A \longrightarrow A'$ sei K-Algebrahomomorphismus von assoziativen, kommutativen K-Algebren mit 1 und $\alpha(1) = 1$.*

Es gibt genau einen Modulhomomorphismus $\Omega(\alpha) : \Omega(A) \longrightarrow \Omega(A')$ über α mit $\Omega(\alpha) \circ d_A = d_{A'} \circ \alpha$.

Die Zuordnung $\alpha \longmapsto \Omega(\alpha)$ ist ein Funktor.

Beweis: Es ist $(d_{A'} \circ \alpha) : A \longrightarrow \alpha_*(\Omega(A'))$ eine K-Algebra-Derivation. Daher gibt es nach Satz 1 genau eine A-lineare Abbildung $\Omega(\alpha) : \Omega(A) \longrightarrow \alpha_*(\Omega(A'))$ mit $\Omega(\alpha) \circ d_A = d_{A'} \circ \alpha$. □

[2] Berechnung von universellen Differentialmoduln

Es sei $\alpha : A \longrightarrow A'$ ein K-Algebrahomomorphismus von assoziativen, kommutativen K-Algebren mit Eins und $\alpha(1) = 1$.

Es sei α surjektiv und $I = \text{Kern}\ \alpha$. Dann ist A' kanonisch isomorph zur Restklassenalgebra A/I.

Satz 2: *$\Omega(\alpha) : \Omega(A) \longrightarrow \Omega(A')$ ist surjektiv und Kern $\Omega(\alpha)$ wird als A-Modul erzeugt von $I \cdot \Omega(A) \cup \{d_A f : f \in I\}$.*

Beweis:

1) $\Omega(\alpha)$ ist surjektiv: es sei $\omega' \in \Omega(A')$. Man hat eine Darstellung $\omega' = \sum_{i=1}^{r} f_i' dg_i'$ mit $f_i',\ g_i' \in A'$. Es sei $f_i,\ g_i \in A$ mit $\alpha(f_i) = f_i', \alpha(g_i) = g_i'$. Setzt man $\omega := \sum_{i=1}^{n} f_i dg_i \in \Omega(A)$, so ist $\Omega(\alpha)(\omega) = \sum_{i=1}^{r} \alpha(f_i) \cdot \Omega(\alpha)(dg_i)$ und $\Omega(\alpha)(dg_i) = d\alpha(g_i) = dg_i'$. Also ist $\Omega(\alpha)(\omega) = \omega'$.

2) $I \cdot \Omega(A) := \{\sum_{i=1}^{r} f_i\omega_i : r \geq 1,\ f_i \in I,\ \omega_i \in \Omega(A)\}$ ist A-Untermodul von $\Omega(A)$ und $\Omega(\alpha)(\sum_{i=1}^{r} f_i\omega_i) = \sum_{i=1}^{r} \alpha(f_i)\Omega(\alpha)(\omega_i) = 0$, da $\alpha(f_i) = 0$ für alle i. Somit ist $I \cdot \Omega(A) \subset \text{Kern}\ \Omega(\alpha)$.

   Es ist $\Omega(\alpha)(df) = d\alpha(f) = 0$ wenn $f \in I$. Also ist $d(I) \subset \text{Kern}\ \Omega(\alpha)$.

3) Es sei N der A-Untermodul erzeugt von $I \cdot \Omega(A) \cup d(I)$, $\bar{\Omega} := \Omega(A)/N$ und $\pi : \Omega(A) \longrightarrow \bar{\Omega}$ der Restklassenhomomorphismus. Nach 2) ist $N \subset \text{Kern}\ \Omega(\alpha)$ und daher gibt es einen Modulhomomorphismus $\varphi : \bar{\Omega} \longrightarrow \Omega(A')$ über α mit $\Omega(\alpha) = \varphi \circ \pi$.

   Es gibt eine K-Algebra-Derivation $\delta : A' \longrightarrow \bar{\Omega}$ mit $\delta \circ \alpha = \pi \circ d$.

   denn : Für $f' \in A'$ setzt man $\delta f' := (\pi \circ d)(f)$, wenn $f \in A$ mit $\alpha(f) = f'$ ist. Ist $\alpha(f_1) = f'$, $f_1 \in A$ so ist $f - f_1 \in I$ und $\pi(df) = \pi(df_1)$. Dies zeigt, daß δ wohldefiniert ist. Man rechnet leicht nach, daß δ Derivation ist.

   Man kann $\bar{\Omega}$ als A'-Modul auffassen, da $I \cdot \bar{\Omega} = 0$ ist. Es gibt daher genau einen A'-Modulhomomorphismus $\psi : \Omega(A') \longrightarrow \bar{\Omega}$ mit $\psi \circ d_{A'} = \delta$.

$$\begin{array}{ccc} A & \xrightarrow{\bar{d}} & \bar{\Omega} \\ {\scriptstyle\alpha}\downarrow & \nearrow{\scriptstyle\delta} & {\scriptstyle\varphi}\downarrow\uparrow{\scriptstyle\psi} \\ A' & \xrightarrow[d_{A'}]{} & \Omega(A') \end{array}$$

ist kommutativ, wobei $\bar{d} = \pi \circ d_A$ ist.

Es ist φ surjektiv nach 1).

Aus $d_{A'} = \varphi \circ \delta$, $\psi \circ d_{A'} = \delta$ erhält man $\varphi \circ \psi \circ d_{A'} = d_{A'}$ und $\varphi \circ \psi = id$. Aus $\psi \circ \varphi \circ \delta = \delta$ erhält man $\psi \circ \varphi \circ \bar{d} = \bar{d}$ und $\psi \circ \varphi = id$. □

Korollar: Es sei F Erzeugendensystem des Ideals I und E Erzeugendensystem des A-Moduls $\Omega(A)$. Dann wird Kern $\Omega(\alpha)$ erzeugt von $\{f \cdot \omega : f \in F,\ \omega \in E\} \cup \{df : f \in F\}$

Beispiel 3: Ebene Kurven

Es sei $f \in \mathbb{C}[x,y] = \mathbb{C}$-Algebra der Polynome über $\mathbb{C}$ in zwei unabhängigen Variablen x, y, $f \notin \mathbb{C}$, und $V = V(f) := \{(a,b) \in \mathbb{C}^2 : f(a,b) = 0\}$ die Nullstellenmenge von f in $\mathbb{C}^2$. Es ist $V \neq \varnothing$. Entwickelt man

$$f = \sum_{i=0}^{n} f_i(x) \cdot y^i,\ f_i(x) \in \mathbb{C}[x],\ f_n(x) \neq 0,\ n \geq 1,$$

als Polynom in y mit Koeffizienten aus $\mathbb{C}[x]$, und ist $a \in \mathbb{C}$, $f_n(a) \neq 0$, so gibt es $b_1, \ldots, b_n \in \mathbb{C}$ mit $f(a,y) = c\prod_{i=1}^{n}(y - b_i)$. Insbesondere ist $(a, b_i) \in V$.

Es sei $A = \mathbb{C}[x,y]/f\mathbb{C}[x,y]$ die Restklassenalgebra nach dem von f erzeugten Ideal. Jedes Element $g \in A$ ist eine Funktion $V \longrightarrow \mathbb{C}$, denn: Ist $(a,b) \in V$, f_1, $f_2 \in \mathbb{C}[x,y]$ mit $f_1 - f_2 \in f\mathbb{C}[x,y]$ so ist $f_1(a,b) = f_2(a,b)$. Daher ist die Funktion $(a,b) \longmapsto f_i(a,b)$ als Funktion auf V betrachtet nur von der Restklasse von f_i in A abhängig.

Der Differentialmodul der $\mathbb{C}$-Algebra $\mathbb{C}[x,y]$ hat die Basis dx, dy. Es sei $\bar{\Omega} := \Omega/f\Omega$. Es ist $\bar{\Omega} \cong A^2 = A\overline{dx} \oplus A\overline{dy}$ freier A-Modul vom Rang 2. Die Restklasse $\overline{df}$ von df in $\bar{\Omega}$ ist $\overline{f_x}\ \overline{dx} + \overline{f_y}\ \overline{dy}$, wobei $f_x = \frac{\partial f}{\partial x}$, $f_y = \frac{\partial f}{\partial y}$ und $\overline{f_x}, \overline{f_y}$ die Restklassen in A sind. Nach Satz 2 ist $\Omega(A)$ kanonisch isomorph zum A-Restklassenmodul $A^2/A\overline{df}$. □

Es sei S multiplikatives System in A, $0 \notin S$, und $S^{-1}A$ der Ring der Brüche mit Nennern aus S. $S^{-1}A$ wird K-Algebra, wenn man die Modulmultiplikation $K \times S^{-1}A \longrightarrow S^{-1}A$ definiert durch $(\lambda, \frac{a}{s}) := \frac{\lambda \cdot a}{s}$ für $a \in A$, $s \in S$, $\lambda \in K$.

Es sei $j_A : A \longrightarrow S^{-1}A$ der kanonische Ringhomomorphismus mit $j_A(a) = \frac{a}{1}$ für $a \in A$. Er ist K-Algebrahomomorphismus.

Sei nun M A-Modul. Man konstruiert einen $S^{-1}A$-Modul $S^{-1}M$ auf folgende Weise: Auf $M \times S$ wird eine Äquivalenzrelation $\sim$ eingeführt durch:

$(x,s) \sim (x',s')$ genau dann, wenn $t \in S$ existiert mit $t(s'x - sx') = 0$.

Es sei $\frac{x}{s}$ die Äquivalenzklasse von $(x,s) \in M \times S$ bezüglich $\sim$ und $S^{-1}M := \{\frac{x}{s} : (x,s) \in M \times S\}$. Man setzt $\frac{x}{s} + \frac{x'}{s'} := \frac{s'x + sx'}{s \cdot s'}$, $\frac{a}{s} \cdot \frac{x'}{s'} := \frac{ax'}{s \cdot s'}$ für $\frac{x}{s}, \frac{x'}{s'} \in S^{-1}M$, $\frac{a}{s} \in S^{-1}A$.

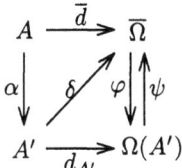

Es gilt: *$S^{-1}M$ ist $S^{-1}A$-Modul und $j_M : M \longrightarrow S^{-1}M$, gegeben durch $x \longmapsto \frac{x}{1}$ ist Modulhomomorphismus über j_A. Ist $\varphi : M \longrightarrow N$ A-Modulhomomorphismus, so gibt es genau einen $S^{-1}A$-Modulhomomorphismus $S^{-1}\varphi : S^{-1}M \longrightarrow S^{-1}N$ mit $(S^{-1}\varphi)(\frac{x}{s}) = \frac{\varphi(x)}{s}$ für $x \in M$, $s \in S$.*
Die Zuordnung $\varphi \longmapsto S^{-1}\varphi$ ist ein Funktor (A-Mod) $\longrightarrow$ ($S^{-1}A$-Mod).

Satz 3: $\Omega(S^{-1}A) \cong S^{-1}\Omega(A)$.

Beweis:

1) $d_A : A \longrightarrow \Omega(A)$ sei universelle Derivation von A. Es ist $d' := j_{\Omega(A)} \circ d_A : A \longrightarrow S^{-1}\Omega(A)$ Derivation. Man kann d' fortsetzen zu einer Derivation $\delta : S^{-1}A \longrightarrow S^{-1}\Omega(A)$ vermöge $\delta(\frac{a}{s}) := \frac{sd'(a)-ad'(s)}{s^2}$. Das Diagramm

$$\begin{array}{ccc} A & \xrightarrow{d_A} & \Omega(A) \\ j_A \downarrow & & \downarrow j_{\Omega(A)} \\ S^{-1}A & \xrightarrow{\delta} & S^{-1}\Omega(A) \end{array}$$

ist kommutativ.

2) Man zeigt: δ ist universelle Derivation auf $S^{-1}A$
Es sei $\partial : S^{-1}A \longrightarrow M$ eine K-Algebra-Derivation, wobei M $S^{-1}A$-Modul ist. Dann ist $\partial \circ j_A$ K-Algebra-Derivation auf A und es gibt eine A-lineare Abbildung $\varphi : \Omega(A) \longrightarrow (j_A)_* M$ mit $\partial \circ j_A = \varphi \circ d_A$. Man hat $S^{-1}\varphi : S^{-1}\Omega(A) \longrightarrow S^{-1}(j_A)_*(M) = M$ und daher ist $S^{-1}\varphi \circ \delta = \partial$. Die Eindeutigkeit von $S^{-1}\varphi$ ist trivial. □

Beispiel 4: Lokale Ringe von Kurven
Es sei $f \in \mathbb{C}[x,y]$, $V = V(f), A$ wie in Beispiel 3. Ist $p \in V$, so ist $I_p := \{g \in A,\ g(p) = 0\}$ ein maximales Ideal in A und $A/I_p \cong \mathbb{C}$. Man nennt $\mathcal{O}_{V,p} := S_p^{-1} \cdot A$, $S_p := A - I_p$, den **lokalen Ring** von V im Punkt p.
Es gilt: $\Omega(\mathcal{O}_{V,p})$ ist freier $\mathcal{O}_{V,p}$-Modul vom Rang 1 genau dann, wenn $\frac{\partial f}{\partial x}(p) \neq 0$ oder $\frac{\partial f}{\partial y}(p) \neq 0$.
denn: $\Omega(A) \cong A^2/A \cdot (\bar{f}_x, \bar{f}_y)$. Es sei $a_x := \frac{\bar{f}_x}{1}$, $a_y := \frac{\bar{f}_y}{1} \in \mathcal{O}_{V,p} =: \mathcal{O}$. Dann ist $\Omega(\mathcal{O}) = \mathcal{O}^2/\mathcal{O} \cdot (a_x, a_y)$ nach Satz 3.
Ist $\Omega(\mathcal{O})$ frei, dann gibt es $(b_1, b_2) \in \mathcal{O}^2$ mit : (a_x, a_y) und (b_1, b_2) sind Basis von $\mathcal{O}^2$.
Dann ist $\det \begin{pmatrix} a_x & b_1 \\ a_y & b_2 \end{pmatrix} = a_x b_2 - a_y b_1$ eine Einheit in $\mathcal{O}$.
Ein Element $\frac{f}{s}$, $f \in A$, $s \in S_p$, ist Einheit in $\mathcal{O}$ genau dann, wenn $f(p) \neq 0$ ist.
Daher ist $f_x(p) \neq 0$ oder $f_y(p) \neq 0$.
Wenn $f_x(p) \neq 0$ ist, so ist (a_x, a_y) und $(0,1)$ Basis von $\mathcal{O}^2$, da a_x Einheit in $\mathcal{O}$ ist.
□

3 De Rham-Komplex

K sei kommutativer, assoziativer Ring mit 1 und A sei kommutative, assoziative K-Algebra mit 1.
Es sei $\Omega := \Omega(A)$ der universelle Differentialmodul von A und $d_A : A \longrightarrow \Omega$ die universelle Derivation von A.
Es sei $\Omega^\bullet(A) = \wedge(\Omega)$ die Grassmannalgebra von Ω und $\Omega^r(A) := \wedge_r(\Omega)$ das r-fache alternierende (= äußere) Produkt von Ω. Man nennt $\Omega^r(A)$ den A-Modul der alternierenden Differentialformen vom Grad r von A.

Satz 4: *Es gibt genau eine Folge $(d_r(A))_{r\geq 0}$ von K-linearen Abbildungen*

$$d_r = d_r(A) : \Omega^r(A) \longrightarrow \Omega^{r+1}(A)$$

mit

(i) $d_0 = d_A$

(ii) $d_r(f\cdot\omega) = d_0(f)\wedge\omega + f\cdot d_r(\omega)$ *für alle* $f\in A,\ \omega\in\Omega^r(A)$.

(iii) $d_{r+1}\circ d_r = 0$ *für alle* $r\geq 0$

Die Folge $(\Omega^r(A),\ d_r(A))$ *heißt* **de Rham-Komplex** *von* A.

Folgerung: *Bild* d_{r-1} *ist* K*-Untermodul von Kern* d_r.

Definition: *Der* K*-Restklassenmodul* $H^r_{dR}(A) :=$ *Kern* $d_r/$*Bild* d_{r-1} *heißt* r*.ter* **de Rham-Kohomologiemodul** *von* A. *Dabei wird Bild* $d_{-1} := 0$.

Übung 2: Algebra der Laurentpolynome
Es sei K ein Körper der Charakteristik 0 und $A_1 = K[x,x^{-1}]$ die K-Algebra der Laurentpolynome in einer Variablen x über K.

Ein Element $f\in A_1$ besitzt eine eindeutige Darstellung $f = \sum_{v=r}^{<\infty} c_v x^v$ mit $c_v\in K$, $r\in \mathbb{Z}$.

Es ist $\Omega(A_1)$ freier A_1-Modul mit Basis dx, da $df = (\sum_{v=r}^{<\infty} v\ c_v x^{v-1})\cdot dx$. Es ist daher $\Omega^r(A_1) = 0$ für $r\geq 2$ und $H^r_{dR}(A_1) = 0$ für $r\geq 2$.

Es ist Kern $d_1 = \Omega(A_1)$ und Bild $d_0 = \{gdx : g = \sum_{v=r}^{<\infty} b_v x^v,\ b_v\in K,\ r\in\mathbb{Z},\ b_{-1} = 0\}$.

Daher ist $H^1_{dR}(A_1)\cong K\cdot\frac{dx}{x}$. Es ist $H^0_{dR}(A_1)\cong K\cdot x^0$. □

Beweis von Satz 4:

1) Sei zunächst $P = K[x_1,\ldots,x_n]$ die Polynomalgebra in n unabhängigen Variablen $x_1,\ldots,x_n$ über K. Dann ist $\{dx_{i_1}\wedge\ldots\wedge dx_{i_r} : 1\leq i_1 < i_2 < \ldots < i_r\leq n\}$ Basis des P-Moduls $\Omega^r(A)$.
Es sei $d_1 : \Omega(P)\longrightarrow\Omega^2(P)$ die Abbildung, die gegeben wird durch die Formel

$$d_1(\sum_{i=1}^n f_i dx_i) := \sum_{i=1}^n df_i\wedge dx_i,$$

wobei $df_i := d_0(f_i)$, $f_i\in P$.
Dann gilt für $\omega = \sum_{i=1}^n f_i dx_i$, $f\in P$:

$$\begin{aligned} d_1(f\cdot\omega) &= \sum_{i=1}^n d(ff_i)\wedge dx_i \\ &= \sum f df_i\wedge dx_i + \sum f_i df\wedge dx_i \\ &= f\cdot d_1\omega + \sum df\wedge f_i dx_i \\ &= f\cdot d_1\omega + df\wedge\omega \end{aligned}$$

Zudem ist $d_1 \circ d_0 = 0$, denn:

$$\begin{aligned} d_1(df) &= d_1(\sum_{i=1}^{n} \frac{\partial f}{\partial x_i} dx_i) \\ &= \sum_{i=1}^{n}\sum_{j=1}^{n} \frac{\partial^2 f}{\partial x_i \partial x_j} dx_j \wedge dx_i \\ &= 0 \end{aligned}$$

weil $\frac{\partial^2 f}{\partial x_i \partial x_j} = \frac{\partial^2 f}{\partial x_j \partial x_i}$ und $dx_i \wedge dx_j = -dx_j \wedge dx_i$.
Sei nun $r \geq 2$: es werde $d_r : \Omega^r(P) \longrightarrow \Omega^{r+1}(P)$ gegeben durch

$$d_r(\sum_{i \in \underline{n}_r} f_i dx_{i_1} \wedge \ldots \wedge dx_{i_r}) := \sum_{i \in \underline{n}_r} df_i \wedge dx_{i_1} \wedge \ldots \wedge dx_{i_r}$$

wobei $f_i \in P, \underline{n}_r := \{i = (i_1, \ldots, i_r) : 1 \leq i_1 < \ldots < i_r \leq n\}$
Man rechnet wie oben leicht nach, daß $d_r(f \cdot \omega) = f d_r \omega + df \wedge \omega$. Es ist $d_r \circ d_{r-1} = 0$, denn: Ist $\omega' = dx_{i_1} \wedge \ldots \wedge dx_{i_{r-1}}$, $\omega = f \cdot \omega'$, so ist $d_{r-1}\omega = df \wedge \omega'$, da $d_{r-1}\omega' = 0$ ist. Es ist $d_r(d_{r-1}\omega) = d_1(df) \wedge \omega' = 0$, da $d_1(df) = 0$ ist.

2) Ist $P_\Lambda = K[x_\lambda : \lambda \in \Lambda]$ Polynomalgebra über K in unabhängigen Variablen $\{x_\lambda : \lambda \in \Lambda\}$, $x_\lambda \neq x_{\lambda'}$ für $\lambda \neq \lambda'$, so beweist man Satz 4 für P_Λ ebenso wie in 1).
3) Sei nun A K-Algebra. Es gibt eine Polynomalgebra P_Λ und ein Ideal I in P_Λ mit : A ist isomorph zu P_Λ/I.
Denn: es sei $\{a_\lambda : \lambda \in \Lambda\}$ ein Erzeugendensystem der K-Algebra A. Es gibt genau einen K-Algebrahomomorphismus $\alpha : P_\Lambda \longrightarrow A$ mit $\alpha(x_\lambda) = a_\lambda$. Es ist α surjektiv, weil $\alpha(P_\Lambda)$ eine K-Unteralgebra von A ist, die $\{a_\lambda : \lambda \in \Lambda\}$ enthält. Daher ist $A \cong P_\Lambda/(\text{Kern } \alpha)$.
4) Es sei $r \geq 1$ und $\varphi_r = \wedge_r(\Omega(\alpha)) : \Omega^r(P) \longrightarrow \Omega^r(A)$.
Behauptung: $(\varphi_{r+1} \circ d_r(P))(\text{Kern } \varphi_r) = 0$.
Denn: Sei zunächst $r = 1$. Es wird Kern φ_1 erzeugt von $\{f dx_\lambda : f \in \text{Kern } \alpha\} \cup \{df : f \in \text{Kern } \alpha\}$ Nach §8, Zusatz zu Satz 5, ist Kern $\varphi_2 = \text{Kern } \varphi_1 \wedge (\wedge_1(\Omega(P)))$. Daher ist $d_1(f dx_\lambda) = df \wedge dx_\lambda \in \text{Kern } \varphi_2$ und $d_1(df) = 0 \in \text{Kern } \varphi_2$.
Es sei nun $r \geq 2$. Es ist Kern $\varphi_r = \text{Kern } \varphi_1 \wedge (\wedge_{r-1}(\Omega(P)))$ und Kern $\varphi_{r+1} = \text{Kern } \varphi_1 \wedge \wedge_r(\Omega(P)))$. Daher wird Kern φ_r erzeugt von

$$\begin{aligned} &\{\omega_1 = df \wedge \omega' : \omega' \in \Omega^{r-1}(P),\ f \in \text{Kern } \alpha\} \\ &\cup\{\omega_2 = f \cdot \omega'' : f \in \text{Kern } \alpha,\ \omega'' \in \Omega^r(P)\} \end{aligned}$$

Es ist $d\omega_1 = df \wedge \omega' \in \text{Kern } \varphi_{r+1}$, da $df \in \text{Kern } \varphi_1$ und $d\omega_2 = df \wedge \omega'' \in \text{Kern } \varphi_{r+1}$.
Damit ist die obige Behauptung gezeigt.
Da φ_r surjektiv ist, erhält man eine K-lineare Abbildung $d_r(A) : \Omega^r(A) \longrightarrow \Omega^{r+1}(A)$, für welche das Diagramm

$$\begin{array}{ccc} \Omega^r(P) & \stackrel{d_r(P)}{\longrightarrow} & \Omega^{r+1}(P) \\ \varphi_r\pi \downarrow & & \downarrow \varphi_{r+1} \\ \Omega^r(A) & \stackrel{d_r(A)}{\longrightarrow} & \Omega^{r+1}(A) \end{array}$$

kommutativ ist. Man rechnet leicht nach, daß $d_r(A)$ die Eigenschaften (ii) und (iii) hat. □

Rechenregeln: $\omega \in \Omega^r(A)$, $\omega' \in \Omega^s(A)$
Dann gilt:
(i) $\omega' \wedge \omega = (-1)^{rs}\omega \wedge \omega'$
(ii) $d(\omega \wedge \omega') = d\omega \wedge \omega' + (-1)^r \omega \wedge d\omega'$

Beweis: Unter Verwendung des Distributivgesetzes kann man den Beweis auf den Fall reduzieren, daß $\omega = f dx_1 \wedge \ldots \wedge dx_r$, $\omega' = g \cdot dy_1 \wedge \ldots \wedge dy_s$ mit f, g, x_i, $y_i \in A$.
Ad i) Man führt Induktion über s.
Ad ii)

$$\begin{aligned} d(\omega_\wedge\omega') &= d(fg) \wedge dx_1 \wedge \ldots \wedge dx_r \wedge dy_1 \wedge \ldots \wedge dy_s \\ &= (fdg + gdf) \wedge dx_1 \wedge \ldots \wedge dy_s = \\ &= f(-1)^r dx_1 \wedge \ldots \wedge dx_r \wedge dg \wedge dy_1 \wedge \ldots \wedge dy_s + \\ &+ df dx_1 \wedge \ldots \wedge dx_r \wedge \omega' \end{aligned}$$

Korollar zu Satz 4:
Es gibt genau eine K-lineare Abbildung $d^\bullet = d^\bullet(A) : \Omega^\bullet(A) \longrightarrow \Omega^\bullet(A)$ mit

$$d^\bullet\omega = d_r(A)(\omega)$$

wenn $\omega \in \Omega^r(A)$ ist.
Weiter gilt: $d^\bullet(f\omega) = fd^\bullet\omega + df \wedge \omega$ für alle $f \in A$, $\omega \in \Omega^\bullet(A)$.

Beweis: Man setzt $d^\bullet := \bigoplus_{r=0}^{\infty} d_r(A)$. □

Es gilt: Kern $d^\bullet(A)$ *ist graduierte K-Unteralgebra von $\Omega^\bullet(A)$. Bild $d^\bullet(A)$ ist graduiertes Ideal in* Kern $d^\bullet(A)$.

Beweis: Ist $\omega \in \Omega^\bullet(A)$ mit $d^\bullet\omega = 0$, $\omega = \sum_{r=0}^{<\infty} \omega_r$, $\omega_r \in \Omega^r(A)$, so ist $d^\bullet\omega_r = 0$ für alle r. Ist $\omega' = \sum_{s=0}^{<\infty} \omega'_s \in \Omega^\bullet(A)$, $\omega'_s \in \Omega^s(A)$, so ist

$$\begin{aligned} d^\bullet(\omega \wedge d\omega') &= d^\bullet(\sum_{r,s} \omega_r \wedge d_s\omega'_s) \\ &= \sum_{r,s} d_{r+s}(\omega_r \wedge d_s\omega'_s) \\ &= 0 \end{aligned}$$

da $d_{r+s}(\omega_r \wedge d_s\omega'_s) = d_r\omega_r \wedge d\omega'_s + (-1)^r\omega_r \wedge d_{s+1}\omega'_s = 0 + 0 = 0$ □

Definition: *Die K-Restklassenalgebra $H^\bullet_{dR}(A) :=$* Kern $d^\bullet(A)/$*Bild $d^\bullet(A)$ heißt de Rham-Kohomologiealgebra von A.*

Übung 3: Es sei K ein Ring, der den Körper $\mathbb{Q}$ der rationalen Zahlen als Unterring enthält.
Es gibt einen kanonischen K-Algebraisomorphismus

$$\varphi : \wedge(K^n) \longrightarrow H^\bullet_{dR}(K[x_1, x_1^{-1}, \ldots, x_n, x_n^{-1}])$$

wenn $K[x_1, x_1^{-1}, \ldots, x_n, x_n^{-1}]$ die K-Algebra der Laurentpolynome in unabhängigen Variablen $x_1, \ldots, x_n$ über K ist. Ist $e_1, \ldots, e_n$ die Standardbasis von K^n, so ist $\varphi(e_i)$ die Kohomologieklasse von $\frac{dx_i}{x_i}$ für alle i.

§10 Schemata

Einführung

Grothendieck hat jedem kommutativen, assoziativen Ring R mit 1 ein geometrisches Objekt (Spec $R, \mathcal{O}_R$) zugeordnet, das aus einem topologischen Raum Spec R und einer Garbe $\mathcal{O}_R$ von Ringen auf Spec R besteht. Diese Konstruktion ist funktoriell und kann als Verfahren aufgefaßt werden, die kommutative Algebra zu geometrisieren. Man nennt (Spec $R, \mathcal{O}_R$) das affine Schema von R.

Es ist Spec R die Menge der Primideale von R. Im Hilbertschen Nullstellensatz wird eine explizite Beschreibung von Spec $K[x_1, \ldots, x_n]$ angegeben, wenn K ein kommutativer, algebraisch abgeschlossener Körper ist. Es wird die Zariskitopologie auf Spec R eingeführt und die Strukturgarbe $\mathcal{O}_R$ konstruiert. Durch $\mathcal{O}_R$ hat man Mittel, das System der Beziehungen zwischen Ringen $S^{-1}R$ von Brüchen zu verschiedenen multiplikativen Systemen S darzustellen und zu beherrschen. Es werden das Normalisierungslemma von E. Noether und einige elementare Aussagen über ganzalgebraische Erweiterungen hergeleitet, aus denen sich ein Beweis des Hilbertschen Nullstellensatzes ergibt.

Durch Verkleben von affinen Schemata erhält man den allgemeinen Begriff des Schemas. Zu einem graduierten Ring R konstruiert man ein Schema (Proj $R, \mathcal{O}_R$). Eine Einführung in die Kommutative Algebra wurde von Zariski-Samuel geschrieben, [ZS]. Von Hartshorne stammt eine ansprechende Anleitung zur abstrakten Algebraischen Geometrie, [Ha].

[1] Spektrum eines Ringes

Es bezeichne $(\overline{Rg})$ die Kategorie der Ringhomomorphismen $\varphi : R \longrightarrow R'$ von assoziativen, kommutativen Ringen mit Einselementen $1_R \in R$, $1_{R'} \in R'$, für welche $\varphi(1_R) = 1_{R'}$ gilt.

Konvention für § 10: Die Objekte von $(\overline{Rg})$ werden als Ringe bezeichnet; die Morphismen von $(\overline{Rg})$ werden als Ringhomomorphismen bezeichnet.

Es sei R Ring und P Ideal von R.

Definition: *P heißt* **Primideal** *von R, wenn gilt:*

(i) $P \neq R$

(ii) Der Restklassenring R/P ist nullteilerfrei (d.h. wenn $x, y \in R/P$ und $x \cdot y = 0$ ist, so ist $x = 0$ oder $y = 0$).

Mit Spec R wird die Menge aller Primideale von R bezeichnet.

Es gilt: *Ist R nicht der Nullring, so ist* Spec $R \neq \varnothing$.

Denn: Es sei $\mathcal{I}$ die Menge aller Ideale von R, die ungleich R sind. Es ist das Nullideal $\{0\} \in \mathcal{I}$, da $1_R \neq 0$ ist.

Ist $\mathcal{I}_0 \subset \mathcal{I}$ eine bezüglich der Inklusion total geordnete Teilmenge, so ist $\bigcup_{I \in \mathcal{I}_0} I$ aus $\mathcal{I}$. Nach dem Lemma von Zorn hat daher $\mathcal{I}$ maximale Elemente. Sei nun M ein maximales Element in $\mathcal{I}$.
Es sei R/M der Restklassenring und $\pi : R \longrightarrow R/M$ der Restklassenhomomorphismus. Ist $\overline{I}$ ein Ideal von R/M, $\overline{I} \neq R/M$, so ist $\pi^{-1}(\overline{I}) \in \mathcal{I}$, $M \subset \pi^{-1}(\overline{I})$ und daher ist $M = \pi^{-1}(\overline{I})$ und also $\overline{I} = \{0\}$. Daher ist R/M ein Körper und $M \in \operatorname{Spec} R$. □

Definition: *Ein Ideal M von R heißt* **maximales Ideal** *von R, wenn gilt:*
(i) $M \neq R$
(ii) Der Restklassenring R/M ist ein Körper.

Es bezeichne Max R die Menge der maximalen Ideale von R. Es ist Max $R \subset \operatorname{Spec} R$.
Nun sei $\varphi : R \longrightarrow R'$ ein Ringhomomorphismus.

Es gilt: *Ist $P' \in \operatorname{Spec} R$, so ist $\varphi^{-1}(P') \in \operatorname{Spec} R$.*
Die Zuordnung $P' \longmapsto \varphi^{-1}(P')$ ist eine Abbildung $\operatorname{Spec}(\varphi) : \operatorname{Spec} R' \longrightarrow \operatorname{Spec} R$.
Die Zuordnung $\varphi \longmapsto \operatorname{Spec}(\varphi)$ ist ein Funktor $(\underline{Rg})^{op} \longrightarrow (Mg)$.

Satz 1: *(Hilbertscher Nullstellensatz)*
Es sei K ein algebraisch abgeschlossener Körper und $R = K[x_1, \ldots, x_n]$ die Polynomalgebra in n unabhängigen Variablen $x_1, \ldots, x_n$ über K.
Dann gilt:
(i) Ist $a = (a_1, \ldots, a_n) \in K^n$, so ist $M_a := \{f \in R : f(a_1, \ldots, a_n) = 0\} \in \operatorname{Max} R$. Dabei bezeichnet $f(a_1, \ldots, a_n)$ den Wert von f an der Stelle a; er entsteht durch Einsetzen von a_i für x_i für alle i.
(ii) Die Zuordnung $a \longmapsto M_a$ ist eine bijektive Abbildung $K^n \longrightarrow \operatorname{Max} R$.
(iii) Ist $P \in \operatorname{Spec} R$, $V(P) := \{a \in K^n : P \subset M_a\}$, so ist $P = \bigcap_{a \in V(P)} M_a$.

Zum Beweis: (i) Es gibt genau einen K-Algebrahomomorphismus $\varphi_a : R \longrightarrow K$ mit $\varphi_a(x_i) = a_i$ für alle i. Es ist $M_a = \operatorname{Kern} \varphi_a$ und $\varphi_a(R) = K$. Also ist $R/M_a \cong K$ und $M_a \in \operatorname{Max} R$.
(ii) 1) Es seien $a, b \in K^n$ und es gelte $M_a = M_b$. Dann ist $\varphi_a = \varphi_b$ und $a_i = \varphi_a(x_i) = \varphi_b(x_i) = b_i$ für alle i. Also ist $a = b$.
2) Ist M maximales Ideal von R, so ist $\dim_K R/M < \infty$ (siehe Bemerkung im Anschluß an Satz 4,unten). Da K algebraisch abgeschlossen ist und R/M algebraische Körpererweiterung von K ist, muß $K = R/M$ sein.
Zu x_i existiert daher $a_i \in K$ mit $x_i - a_i \in M$. Da M_a als Ideal von R erzeugt wird von $\{x_1 - a_1, \ldots, x_n - a_n\}$ muß daher $M_a = M$ sein .
(iii) siehe Bemerkung zu Satz 4,unten. □

Es sei R Ring, $P \in \operatorname{Spec} R$, $f \in R$.

Definition: *Die Restklasse von f im Restklassenring R/P heißt Wert von f an der Stelle P und wird mit $f(P)$ bezeichnet.*

Es gilt: *$f(P) = 0$ genau dann, wenn $f \in P$*
$f(P) \neq 0$ für alle $P \in \operatorname{Spec} R$ genau dann, wenn f Einheit von R ist.
Denn: 1) Es sei $f(P) \neq 0$ für alle $P \in \operatorname{Spec} R$ und $fR := \{fg : g \in R\}$. fR ist Ideal von R. Ist $fR = R$ so ist f Einheit in R. Ist $fR \neq R$, so existiert ein maximales Ideal $M \in \operatorname{Max} R$ mit $fR \subset M$. Also ist $f(M) = 0$.
2) Es ist $(f+g)(P) = f(P)+g(P)$ für $f, g \in R$. Also ist $1 = 1(P) = (f \cdot f^{-1})(P) = f(P) \cdot f(P)^{-1}$ und daher ist $f(P) \neq 0$, wenn f Einheit in R ist. □

Es gilt: *Es gibt genau eine Topologie auf* Spec R, *die* **Zariski-Topologie** *auf* Spec R *genannt wird, mit: die abgeschlossenen Mengen bezüglich der Zariski-Topologie sind die Mengen* $N := \{P \in \text{Spec } R : f_\lambda(P) = 0$ *für alle* $\lambda \in \Lambda\}$, *wobei* $\{f_\lambda : \lambda \in \Lambda\}$ *eine Familie von Elementen* f_λ *aus* R *ist.*

Denn: Es sei $N_i := \{P \in \text{Spec } R : f_{i\lambda}(P) = 0$ für alle $\lambda \in \Lambda_i\}$, $\{f_{i\lambda}\}_{\lambda \in \Lambda_i}$ Familie von Elementen aus R, $i \in I$. Dann ist $\bigcap_{i \in I} N_i = \{P \in \text{Spec } R : f_{i\lambda}(P) = 0$ für alle $i \in I$ und alle $\lambda \in \Lambda_i\}$ und $N_i \cup N_j = \{P \in \text{Spec } R : (f_{i\lambda} \cdot f_{j\lambda'})(P) = 0$ für alle $\lambda \in \Lambda_i, \lambda' \in \Lambda_j\}$

Übung 1: Spec $\mathbb{Z}$ kann identifiziert werden mit $\mathbb{P} \cup \{\eta\}$, wobei $\mathbb{P}$ die Menge der Primzahlen in $\mathbb{N}$ ist und η der allgemeine Punkt in Spec $\mathbb{Z}$, für welchen gilt: Die abgeschlossene Hülle $\overline{\{\eta\}}$ von $\{\eta\}$ ist Spec $\mathbb{Z}$.
Die abgeschlossene Teilmengen $\neq$ Spec $\mathbb{Z}$ sind die endlichen Teilmengen von $\mathbb{P}$. □

Übung 2: Es sei $R = K[x]$ die Algebra der Polynome einer Variablen x über K, K algebraisch abgeschlossener Körper.
Dann kann Spec R identifiziert werden mit $K \cup \{\eta\}$. Dabei ist η der allgemeine Punkt von Spec R, für welchen die abgeschlossene Hülle $\overline{\{\eta\}}$ von $\{\eta\}$ Spec R ist. Die abgeschlossenen Teilmengen $\neq$ Spec R sind die endlichen Teilmengen von K. □

Es sei $\varphi : R \longrightarrow R'$ Ringhomomorphismus.
Es gilt: Spec (φ) *ist stetig*
Denn: $N = \{P \in \text{Spec } R : f_\lambda(P) = 0$ für alle $\lambda \in \Lambda\}$, wobei $\{f_\lambda\}_{\lambda \in \Lambda}$ eine Familie von Elementen aus R ist.
Es sei $N' := (\text{Spec } (\varphi))^{-1}(N)$. Dann ist $N' = \{P' \in \text{Spec } R' : \varphi(f_\lambda)(P') = 0$ für alle $\lambda \in \Lambda\}$, wie eine kleine Rechnung zeigt. □

Es gilt: *Die Zuordnung* $\varphi \longmapsto$ Spec (φ) *ist Funktor* $(\overline{Rg})^{op} \longrightarrow (topRm)$.

Es sei X ein topologischer Raum und $OI(X)$ die Kategorie der offenen Inklusionen $U \hookrightarrow U'$, U, U' offene Teilmengen von X.

Definition: *Eine* **Prägarbe** A *von Ringen auf* X *ist ein Funktor* $A : OI(X)^{op} \longrightarrow (\overline{Rg})$ *mit* $A(\emptyset) = 0$. *Man nennt* $A(U \subset U') : A(U') \longrightarrow A(U)$ **Beschränkungshomomorphismus** *und bezeichnet ihn oft mit* $|_U^{U'}$ *oder mit* $|U$.

A sei Prägarbe von Ringen auf X. Der Begriff der Garbe wurde bereits in §7, [4] angegeben. Man nennt die folgenden Eigenschaften (i), (ii) die Garbenbedingungen für A.

Definition: *A heißt* **Garbe**, *wenn gilt: Ist* $(U_\lambda)_{\lambda \in \Lambda}$ *eine Familie von offenen Teilmengen von* X *und ist* $U = \bigcup_{\lambda \in \Lambda} U_\lambda$, *so gilt:*

(i) wenn $f \in A(U)$ *und* $A(U_\lambda \subset U)(f) = 0$ *für alle* $\lambda \in \Lambda$, *so ist* $f = 0$.
(ii) Ist $(f_\lambda)_{\lambda \in \Lambda}$ *eine Familie mit* $f_\lambda \in A(U_\lambda)$ *und* $A(U_\lambda \cap U_{\lambda'} \subset U_\lambda)(f_\lambda) = A(U_\lambda \cap U_{\lambda'} \subset U_{\lambda'})(f_{\lambda'})$ *für alle* $\lambda, \lambda' \in \Lambda$, *so existiert* $f \in A(U)$ *mit:* $A(U_\lambda \subset U)(f) = f_\lambda$ *für alle* $\lambda \in \Lambda$.

Bemerkung: Schreibt man $|U'$ für den Beschränkungshomomorphismus $A(U' \subset U)$, so lautet die Bedingung (ii): Ist $f_\lambda | U_\lambda \cap U_{\lambda'}, = f_\lambda | U_\lambda \cap U_{\lambda'}$, für alle $\lambda, \lambda' \in \Lambda$, so existiert $f \in A(U)$ mit $f | U_\lambda = f_\lambda$ für alle $\lambda \in \Lambda$. □

Satz 2: *Es gibt genau eine Garbe $\mathcal{O}_R$ von Ringen auf* Spec R*, für welche gilt: Ist* $s \in R$, $U = \{P \in \text{Spec } R : s(P) \neq 0\}$ *so ist* $\mathcal{O}_R(U) = \{s^n : n \geq 0\}^{-1} \cdot R$ *der Ring der* **Brüche** *mit Nennern aus* $\{s^n : n \geq 0\}$ *und der Beschränkungshomomorphismus* $\mathcal{O}(U \subset \text{Spec } R)$ *ist der kanonische Ringhomomorphismus, der* $f \in R$ *auf dem Bruch* $\frac{f}{1}$ *abbildet. Man nennt* $\mathcal{O}_R$ *die Strukturgarbe auf* Spec R*. Das Paar* (Spec $R, \mathcal{O}_R$) *heißt auch affines Schema zu* R. □

Lemma 1: Spec R *ist quasi-kompakt (d.h. jede offene Überdeckung von* Spec R *besitzt eine endliche Teilüberdeckung).*

Beweis: Es sei U_λ offen in $X :=$ Spec R für $\lambda \in \Lambda$, und $\bigcup\limits_{\lambda \in \Lambda} U_\lambda = X$. Es sei $s \in R$ und $D_s := \{P \in X : s(P) \neq 0\}$. Es ist D_s offen in X, da $\{P \in X : s(P) = 0\}$ abgeschlossen in X ist.
Zu $P \in U_\lambda$ existiert $s \in R$ mit $D \subset D_s \subset U_\lambda$. Denn: es gibt $F \subset R$ mit $X - U_\lambda = \{P \in X : s(P) = 0$ für alle $s \in F\}$. Zu $P \in U_\lambda$ gibt es $s \in F$ mit $s(P) \neq 0$. Dann ist $P \in D_s \subset U_\lambda$.
Sei nun $S_\lambda := \{s \in R : D_s \subset U_\lambda\}$ und $S = \bigcup\limits_{\lambda \in \Lambda} S_\lambda$. Es ist $\bigcup\limits_{s \in S} D_s = X$. Es sei I das von S in R erzeugte Ideal.
Es gilt: $I = R$.
Denn: Ist $I \neq R$, so gibt es $M \in$ Max R mit $I \subset M$. Dann ist $s(M) = 0$ für alle $s \in R$ und $M \notin \bigcup\limits_{s \in S} D_s$. Dies zeigt $I = R$.

Nun ist $I = \{\sum\limits_{i=1}^{r} f_i s_i : r \geq 1, f_i \in R, s_i \in S\}$. Also gilt es $f_i \in R$, $s_i \in S$ mit

$$1 = \sum_{i=1}^{r} f_i s_i.$$

Es gilt: $X = \bigcup\limits_{i=1}^{r} D_{s_i}$

Denn: Ist $P \subset X, P \notin D_{s_i}$ für alle i, so ist $s_i(P) = 0$ für alle i und $1 = 1(P) = \sum\limits_{i=1}^{r} (f_i s_i)(P) = \sum\limits_{i=1}^{r} f_i(P) \cdot s_i(P) = \sum\limits_{i=1}^{r} f_i(P) \cdot 0 = 0(P)$.

Ist $D_{s_i} \subset U_{\lambda_i}$, so ist $X = \bigcup\limits_{i=1}^{r} U_{\lambda_i}$ und $\{U_{\lambda_1}, \ldots, U_{\lambda_r}\}$ ist endliche Teilüberdeckung von $\{U_\lambda\}_{\lambda \in \Lambda}$. □

Lemma 2: *Es sei* $s \in R$, $R_s := \{s^n : n \geq 0\}^{-1} \cdot R$*. Es sei* $j_s : R \longrightarrow R_s$ *der Ringhomomorphismus, der* f *auf* $\frac{f}{1}$ *abbildet. Dann gilt:* Spec (j_s) : Spec $R_s \longrightarrow$ Spec R *ist injektiv, offen und Bild* (Spec $(j_s)) = D_s$*. Man identifiziert oft* D_s *mit* Spec R_s *vermöge* Spec (j_s)

Beweis: 1) Es sei $P' \in$ Spec R_s. Dann ist Spec $(j_s)(P') = \{a \in R : \frac{a}{1} \in P'\} =: P$. Es ist $P' = j_s(P) \cdot R_s$, da $f \in P'$ eine Darstellung $f = \frac{a}{s^n}$ hat und $\frac{a}{1} = f \cdot s^n over 1 \in P'$, $f = \frac{1}{s^n} \cdot \frac{a}{1}$. Somit ist Spec (j_s) injektiv.
2) Ist $P =$ Spec $(j_s)(P')$, so ist $s(P) = \frac{s}{1}(P') \neq 0$ und daher ist $P \in D_s$ und somit Bild (Spec $(j_s)) \subset D_s$.
Ist $P \in$ Spec R und $s(P) \neq 0$, so ist $P' := j_s(P) \cdot R_s$ ein Primideal in R_s, wie man leicht nachrechnet. Zudem ist Spec $(j_s)(P') = P$ und somit Bild (Spec $(j_s)) = D_s$.

3) Ist $a \in R$, so ist Spec $(j_s)(D_{\frac{a}{s^n}}) = D_a \cap D_s$.

Ist U offen in Spec R_s, so ist $U = \bigcup_{\lambda \in \Lambda} D_{\frac{a_\lambda}{s^{n_\lambda}}}$, $a_\lambda \in R$, $n_\lambda \geq 0$. Es ist Spec $(j_s)(U) = (\bigcup_{\lambda \in \Lambda} D_{a_\lambda}) \cap D_s$ offen in X. □

Beispiel 1: Strukturgarbe auf Spec $\mathbb{Z}$.

Man kann $X :=$ Spec $\mathbb{Z}$ identifizieren mit $\mathbb{P} \dot{\cup} \{\eta\}$, wobei $\mathbb{P}$ die Menge der Primzahlen in $\mathbb{N}$ ist. Ist U offene Teilmenge von X, $U \neq \emptyset$, so ist $X - U = \{p_1, \ldots, p_r\} \subset \mathbb{P}$. Ist $s = \prod_{i=1}^{r} p_i$, so ist $D_s = U$. Es ist $\mathcal{O}(D_s) = \{\frac{a}{b} \in \mathbb{Q} : a, b \in \mathbb{Z},\ b \neq 0$, jeder Primfaktor von b ist Primfaktor von $s\}$. Alle Beschränkungshomomorphismen $\mathcal{O}(D_s) \longrightarrow \mathcal{O}(D_{s'})$ sind injektiv, wenn $D_{s'} \neq \emptyset$. Daher ist die Garbeneigenschaft (i) trivialerweise erfüllt.

Sei $D_s = D_{s_1} \cup \ldots \cup D_{s_r}$. Es gilt: p sei Primzahl, die s nicht teilt. Dann gibt es ein i mit: p teilt s_i nicht. Sei $f_i \in \mathcal{O}(D_{s_i})$, $f_i = \frac{a_i}{b_i}$, $a_i, b_i \in \mathbb{Z}$. Man kann annehmen, daß a_i, b_i teilerfremd sind. Es sei $f_i | D_{s_i} \cap D_{s_j} = f_j | D_{s_i} \cap D_{s_j}$ für alle i, j.

Ist q Primteiler von b_i, so ist wegen $a_i b_j = b_i a_j$ die Zahl q ein Teiler von b_j für alle j. Daher ist q ein Teiler von s und $f_i \in \mathcal{O}(D_s)$ für alle i. Es folgt $f_i = f_j$ für alle i, j. Somit existiert $f \in \mathcal{O}(D_s)$ mit $f | D_{s_i} = f_i$ für alle i, d.h. die Garbeneigenschaft (ii) ist erfüllt. □.

Übung 3: Spec R unzusammenhängend.

Es sei $X =$ Spec $R = U_1 \cup U_2$, wobei U_1, U_2 offen in X und $U_1 \cap U_2 = \emptyset$ ist. Es sei $\mathcal{O} = \mathcal{O}_R$ die Strukturgarbe auf X. Es sei $f_i \in \mathcal{O}(U_i)$. Es ist $f_1 | U_1 \cap U_2 = 0 = f_2 | U_1 \cap U_2$. Daher gibt es genau ein $f \in \mathcal{O}(X) = R$ mit $f | U_i = f_i$. Also ist $R = \mathcal{O}(U_1) \bigoplus \mathcal{O}U_2)$ der direkte Summenring, d.h. $f \in R$ kann identifiziert werden mit dem Paar (f_1, f_2), $f_i \in \mathcal{O}(U_i)$ und $(f_1, f_2) + (f_1', f_2') = (f_1 + f_1', f_2 + f_2')$, wenn $(f_1', f_2') \in \mathcal{O}(U_1) \bigoplus \mathcal{O}(U_2)$.

Es sei $e_1 \in R$ mit $e_1 | U_1 = 1, e_2 | U_2 = 0$ und $e_2 \in R$ mit $e_2 | U_1 = 0, e_2 | U_2 = 1$. Dann ist $e_i^2 = e_i, e_1, e_2 = 0$ und $e_1 + e_2 = 1_R$. Zudem ist $U_i = D_{e_i}$. □

Es sei $P \in X =$ Spec R.

$S_P := R - P := \{s \in R : s(P) \neq 0\}$ ist multiplikatives System in R.

Definition: *Der Ring $S_P^{-1} \cdot R$ der Brüche mit Nenner aus S_P und Zählern aus R heißt* **lokaler Ring** *(oder Halm) von $\mathcal{O}_R$ im Punkt P. Er wird oft mit $\mathcal{O}_{R,P}$ bezeichnet.*

Es gilt: $\sharp$Max $\mathcal{O}_{R,P} = 1$

Denn: $S_P^{-1} \cdot P$ ist das einzige maximale Ideal von $\mathcal{O}_{R,P}$. □

Zusatz zu Satz 2: *Zu jeder offenen Menge U von X mit $P \in U$ gibt es genau einen Ringhomomorphismus $|_P^U : \mathcal{O}_R(U) \longrightarrow \mathcal{O}_{R,P}$ mit: $|_P^{U'} \circ |_{U'}^U = |_P^U$ für alle offenen Mengen $U' \subseteq U$ mit $P \in U'$. Es ist $|_P^X = j_{R, S_P^{-1} R}$ die kanonische Abbildung, die $f \in R$ auf den Bruch $\frac{f}{1}$ abbildet.*

Beweisskizze zu Satz 2:

1) Es sei $X =$ Spec R, $s, t \in R$ mit $D_s \supset D_t$. Dann gibt es genau einen Ringhomomorphismus $j_{ts} : R_s \longrightarrow R_t$ mit $j_t = j_{ts} \circ j_s$, wobei $j_s : R \longrightarrow R_s$ der kanonische Ringhomomorphismus ist, der $f \in R$ auf $\frac{f}{1}$ in R_s abbildet, denn: $(j_t(s))(P) \neq 0$ für alle $P \in D_t =$ Spec R_t. Daher ist $j_t(s)$ Einheit in R_t. Nach der universellen Abbildungseigenschaft für Brüche gibt es genau einen Ringhomomorphismus j_{ts}, der $\frac{a}{s^n}$ auf $\frac{j_t(a)}{j_t(s)^n}$ abbildet für alle $a \in R$, $n \geq 0$.

Ist insbesondere $D_s = D_t$, so ist j_{ts} kanonischer Isomorphismus. Daher ist $\mathcal{O}(D_s) := R_s$ wohldefiniert, ebenso wie $\mathcal{O}(D_t \subset D_s) := j_{ts}$.

2) Es sei $X = D_{s_1} \cup D_{s_2}$, $s_i \in R$. Es sollen die Garbeneigenschaften für die Überdeckung $\{D_{s_1}, D_{s_2}\}$ nachgewiesen werden.

(i) Es sei $f \in \mathcal{O}(X) = R$ mit $f|D_{s_i} = 0$ für $1 \leq i \leq 2$. Dann ist $s_i^{n_i f} = 0$ für $n_1, n_2 \in \mathbb{N}$.
Es gibt $\alpha_1, \alpha_2 \in R$ mit $\alpha_1 s_1^{n_1} + \alpha_2 s_2^{n_2} = 1$, da $D_{s_i}^{n_i} = D_{s_i}$ und $s_1^{n_1}, s_2^{n_2}$ als Ideal R erzeugen. Also ist $f = 1 \cdot f = \alpha_1 s_1^{n_1} f + \alpha_2 s_2^{n} f = 0 + 0 = 0$.

(ii) Es sei $f_i \in \mathcal{O}(D_{s_i})$ mit $f_1|D_{s_1} \cap D_{s_2} = f_2|D_{s_1} \cap D_{s_2}$ Es ist $f_i = \frac{a_i}{s_i^{n_i}}$ mit $a_i \in R, n_i \in \mathbb{N}$ mit $(s_1 s_2)^k (a_1 s_2^{n_2} - a_2 s_1^{n_1}) = 0$. Ist $b_i = a_i \cdot s_i^k$, $m_i = n_i + k$, so ist $f_i = \frac{b_i}{s_i^{m_i}}$ und $b_1 s_2^{m_2} = b_2 s_1^{m_1}$. Es gibt $\alpha_1, a_2 \in R$ mit $\alpha_1 s_1^{m_1} + \alpha_2 s_2^{m_2} = 1$.
Sei $f := \alpha_1 b_1 + \alpha_2 b_2 \in R$. Es ist

$$f|D_{s_1} = \frac{(\alpha_1 b_1 + \alpha_2 b_2) \cdot s_1^{m_1}}{s_1^{m_1}} = \frac{\alpha_1 b_1 s_1^{m_1} + \alpha_2 b_1 s_2^{m_2}}{s_1^{m_1}} = \frac{(\alpha_1 s_1^{m_1} + \alpha_2 s_2^{m_2}) \cdot b_1}{s_1^{m_1}} = f_1$$

Ebenso zeigt man $f|D_{s_2} = f_2$.

3) Es sei $X = D_{s_1} \cup \ldots \cup D_{s_n}$, $s_i \in R$. Man kann die Garbeneigenschaften für die Überdeckung $\{D_{s_1}, \ldots, D_{s_n}\}$ von X mit Induktion über n nachweisen. Sei $n \geq 3$. Es gibt $\alpha_i \in R$ mit $\alpha_1 s_1 + \ldots + \alpha_n s_n = 1$. Man setzt $t = \alpha_1 s_1 + \ldots + \alpha_{n-1} s_{n-1}$, dann ist $X = D_t \cup D_{1-t}$ und $D_t \cap D_{s_i} = D_{ts_i}$, $D_t = D_{ts_1} \cup \ldots \cup D_{ts_n - 1}$, $D_{1-t} \subset D_{s_n}$.

(i) Ist $f \in \mathcal{O}(X)$ und $f|D_{s_i} = 0$ für alle i, so ist $f|D_{ts_i} = 0$ und daher $f|D_t = 0$. Ebenso ist $f|D_{1-t} = 0$, da $D_{1-t} \subset D_{s_n}$. Also ist $f = 0$.

(ii) Es seien $f_i \in \mathcal{O}(D_{s_i})$ und $f_i|D_{s_i} \cap D_{s_j} = f_j|D_{s_i} \cap D_{s_j}$ für alle i, j.
Es sei $f_i' = f_i|D_{ts_i}$ für $i \leq n-1$. Dann ist $f_i'|D_{ts_i} \cap D_{ts_j} = f_j'|D_{ts_i} \cap D_{ts_j}$ für alle i, j. Somit existiert $f' \in \mathcal{O}(D_t)$ mit $f'|D_{ts_i} = f_i'$.
Man rechnet leicht nach, daß $f'|D_t \cap D_{1-t} = f_n|D_t \cap D_{1-t}$ ist. Also existiert $f \in R$ mit $f|D_t = f'$, $f|D_{1-t} = f_n|D_{1-t}$.
Wegen (i) folgt $f|D_{s_i} = f_i$ für alle i.

4) Es sei U offen in X und $T(U) := \{t \in R : D_t \subset U\}$. Es sei $P(U) := \prod_{t \in T(U)} \mathcal{O}(D_t)$ das direkte Produkt der Ringe $\mathcal{O}(D_t)$; die additive Gruppe von $P(U)$ ist das direkte Produkt der additiven Gruppe von $\mathcal{O}(D_t)$. Es gibt genau eine Ringmultiplikation auf $P(U)$ derart, daß alle Projektionsabbildungen Ringhomomorphismen sind.
Es sei $P'(U) := \{f \in P(U) : f = (f_t)_{t \in T(U)'} f_t|D_t \cap D_t' = f_{t'} = f_{t'}|D_t \cap D_{t'}$ für alle $t, t' \in T(U)\}$ Unterring von $P(U)$. Er heißt auch projektiver (=inverser) Limes des Systems $\{\mathcal{O}(D_t), \mathcal{O}(D_{t'} \subset D_t); t', t \in T(U)\}$ und wird oft mit $\varprojlim_{t \in T(U)} \mathcal{O}(D_t)$ bezeichnet.
Ist U' offen in U, so ist $T(U')$ Teilmenge von $T(U)$. Durch Projektion erhält man einen kanonischen Ringhomomorphismus $\prod_{U'}^{U} : P(U) \longrightarrow P(U')$. Man rechnet leicht nach, daß $\prod_{U'}^{U}(P'(U)) \subset P'(U')$ ist. Daher ist die Beschränkung $|_{U'}^{U}$ von $\prod_{U'}^{U}$ auf $P'(U)$ ein Ringhomomorphismus $P'(U) \longrightarrow P'(U')$.
Es ist $P'(D_s) = \mathcal{O}(D_s)$. Setzt man $\mathcal{O}(U) := P'(U), \mathcal{O}(U' \subset U) = |_{U'}^{U}$, so ist $\mathcal{O}$ Prägarbe von Ringen, wie man leicht zeigen kann.
Aus Abschnitt 3) folgt, daß $\mathcal{O}$ Garbe ist, die die in Satz 2 geforderte Eigenschaft hat.
Die Eindeutigkeitsaussage folgt direkt aus den Garbeneigenschaften. □

Es sei X ein topologischer Raum.

Definition: *X heißt* **Zariski-irreduzibel**, *wenn gilt: Sind A, B abgeschlossene Teilmengen von X mit $A \cup B = X$, so ist $A = X$ oder $B = X$.*

Es wird die **Krull-Dimension** $K\dim$ eines topologischen Raumes definiert.
Man setzt $K\dim X = -1$, wenn X die leere Menge ist.
Sei $n \in \mathbb{N}$ und X topologischer Raum.

Definition: *$K\dim X \leq n$, wenn gilt: Ist A abgeschlossene Zariski-irreduzible Teilmenge von X und B abgeschlossene Teilmenge von A mit $B \neq A$, so ist $K\dim B \leq n-1$.*
$K\dim X = n$, wenn $K\dim X \leq n$ und wenn $K\dim X \leq n-1$ nicht gilt.

2 Ganz-algebraische Erweiterungen

R' sei Ring, R sei Unterring von R' mit $1_R = 1_{R'}$. Es sei $a \in R'$.

Definition: *a heißt* **ganz-algebraisch** *über R, wenn gilt: Es existiert ein $n \geq 1$ und $c_0, \ldots, c_{n-1} \in R$ mit $a^n + c_{n-1}a^{n-1} + \ldots + c_1 \cdot a + c_0 = 0$.*

Definition: *R' heißt ganz-algebraisch über R, wenn gilt: jedes Element $a \in R'$ ist ganz-algebraisch über R.*

Satz 3: *(E. Noether) Es sei A Ring, K Unterkörper von A und A sei endlich erzeugte K-Algebra.*
Dann gilt: es gibt einen Unterring R von A mit:
(i) $K \subset R$ und R ist Polynomalgebra über K in d unabhängigen Variablen, $d \geq 0$.
(ii) A ist ganz-algebraisch über R.

Satz 4: *Es sei R Unterring von R', R' ganz-algebraisch über R. Dann gilt: Ist $i : R \longrightarrow R'$ der Inklusionshomomorphismus, so ist* Spec (i)(Max R') = Max R.

Beweis:

1) Ist R' Körper, so ist auch R Körper. Denn: Es sei $a \in R, a \neq 0$. Das Inverse a^{-1} ist in R' und es gibt $c_0, \ldots, c_{n-1} \in R$ mit

$$(a^{-1})^n + c_{n-1} \cdot (a^{-1})^{n-1} + \ldots + c_1 \cdot a^{-1} + c_0 = 0$$

Multipliziert man diese Gleichung mit a^{n-1}, so erhält man

$$a^{-1} + c_{n-1} \cdot a^0 + c_{n-2} \cdot a^1 + \ldots + c_1 \cdot a^{n-2} + c_0 a^{n-1} = 0$$

woraus $a^{-1} \in R$ folgt.

2) Es sei $M' \in \text{Max } R', \varphi := \text{Spec } (i)$. Dann ist $M' \cap R = \varphi(M') =: M$ und es gilt: $M \in \text{Max } R$.
Denn: i induziert einen injektiven Ringhomomorphismus $\bar{i} : R/M \longrightarrow R'/M'$. Es ist R'/M' ganz-algebraisch über R/M, das vermöge $\bar{i}$ als Unterring von R'/M' aufgefaßt wird. Ist $\bar{a} \in R'/M'$, a Repräsentant von $\bar{a}$ in R', so gibt es $c_0, \ldots, c_{n-1} \in R$ mit $a^n + \sum_{i=0}^{n-1} c_i a^i = 0$. Ist π der Restklassenhomomorphismus $R' \longrightarrow R'/M'$, so folgt $\bar{a}^n + \sum_{i=0}^{n-1} \pi(c_i)\bar{a}^i = 0$ mit $\pi(c_i) \in R/M$. Mit 1) folgt: R/M ist Körper; also ist $M \in \text{Max } R$.

3) Es sei $P \in \operatorname{Spec} R$ und $S := R - P = \{s \in R : s(P) \neq 0\}$. Es ist S multiplikatives System in R und in R'. Es sei $R_S(bzw. R'_S)$ der Ring der Brüche mit Zählern aus $R(bzw. R')$ und Nennern aus S. Die Inklusion $i : R \hookrightarrow R'$ induziert einen injektiven Ringhomomorphismus $i_S : R_S \longrightarrow R'_S$. Vermöge i_S wird R_S Unterring von R'_S. Es gilt: R'_S ist ganz-algebraisch über R_S.

Denn: Sei $\frac{a}{s} \in R'_S, a \in R', s \in S$. Es gibt $c_0, \ldots, c_{n-1} \in R$ mit $a^n + \sum_{i=0}^{n-1} c_i a^i = 0$. Es folgt $\frac{a^n}{s^n} + \sum_{i=0}^{n-1} \frac{c_i}{s^{n-1}} \frac{a^i}{s^i} = 0$. Es ist $\frac{c_i}{s^{n-1}} \in R_S$ und somit ist $\frac{a}{s}$ ganz-algebraisch über R_S.

Es sei $M' \in \operatorname{Max} R'_S$. Dann ist $M' \cap R_S$ maximales Ideal in R_S. Das einzige maximale Ideal von R_S ist das Ideal $P \cdot R_S$, also ist $M' \cap R_S = P \cdot R_S$. Ist $P' = \{a \in R', \frac{a}{1} \in M'\}$, so ist P' Primideal in R' mit $P' \cap R = P$.
Also ist Spec (i) surjektiv.

4) Es sei $M' \in \operatorname{Max} R$ und $P = R \cap M$. Es ist $R/P \subset R'/M'$, R'/M' ist Körper und R'/M' ist ganz-algebraisch über R/P. Da $\operatorname{Spec} R'/M' \longrightarrow \operatorname{Spec} R/P$ surjektiv ist, muß P maximales Ideal in R sein. □

Bemerkung: Mit Hilfe der Sätze 3 und 4 kann der Beweis von Satz 1 komplettiert werden.
Denn: 1) Ist M maximales Ideal von $K[x_1, \ldots, x_n]$, so ist der Restklassenring $A = K[x_1, \ldots, x_n]/M$ endlich erzeugte K-Algebra und es gibt nach Satz 3 einen Unterring $R \subset A$, $K \subset R$, mit: A ist ganz-algebraisch über R und R ist Polynomalgebra. Nach Satz 4 muß R ein Körper sein. Also ist A algebraische Körpererweiterung von K. Da K algebraisch abgeschlossen ist, muß $K = A$ sein.

2) Es sei P Primideal in $K[x_1, \ldots, x_n]$ und $A = K[x_1, \ldots, x_n]/P$. Es sei R K-Unteralgebra von A mit: A ganz-algebraisch über R. Nach Satz 3 kann man R als Polynomalgebra in d unabhängigen Variablen wählen. Man zeigt leicht, daß $\bigcap_{M \in \operatorname{Max} R} M = (0)$ ist.

Es sei nun $f \in \bigcap_{M' \in \operatorname{Max} A} M'$, $f \neq 0$. Man findet $c_0, \ldots, c_{n-1} \in R$ mit $f^n + \sum_{i=0}^{n-1} c_i f^i = 0$. Man kann annehmen, daß $c_0 \neq 0$ ist, da man sonst die Gleichung durch f kürzen kann, weil A nullteilerfrei ist.
Es folgt $c_0 \in (\bigcap_{M' \in \operatorname{Max} A} M' \cap R) \subset \bigcap_{M \in \operatorname{Max} R} M = \{0\}$. Also ist $c_0 = 0$. Es folgt $\bigcap_{M' \in \operatorname{Max} A} M' = \{0\}$ und Aussage iii) von Satz 1. □

Korollar zu Satz 4: $K\dim(\operatorname{Spec} R) = K\dim(\operatorname{Spec} R')$.

Beweis: 1) Es sei T eine abgeschlossene Zariski-irreduzible Teilmenge von $X := \operatorname{Spec} R$. Dann gibt es genau ein $P \in X$ mit $T = \overline{\{P\}}$:= abgeschlossene Hülle von $\{P\}$ in X.
Denn: es sei $P := \{f \in R : f(Q) = 0$ für alle $Q \in T\}$. P ist Primideal in R: Sind $f, g \in R$, $f, g, \notin P$ und $f \cdot g \in P$, so sind $T_1 := \{Q \in T : f(Q) = 0\}$, $T_2 := \{Q \in T : g(Q) = 0\}$ echte Teilmengen von T mit $T_1 \cup T_2$. Es sind T_1, T_2 abgeschlossene

Teilmengen von T. Da T Zariski-irreduzibel ist, kann es solche Elemente f, g nicht geben. Somit ist P Primideal.
Es folgt $\{\overline{P}\} = T$.

2) $K\dim X = n$ bedeutet:

(i) Es gibt Primideale $P_0, P_1, \ldots, P_n$ von R mit $P_0 \subset P_1 \subset P_2 \subset \ldots \subset P_n$ und $P_i \neq P_{i+1}$ für alle $0 \leq i \leq n-1$.

(ii) Sind $Q_0, Q_1, \ldots, Q_m$ Primideale von R mit $Q_0 \subset Q_1 \subset \ldots \subset Q_m$ und $Q_i \neq Q_{i+1}$ für alle $0 \leq i \leq m-1$, so ist $m \leq n$.

3) Es seien $P'_0, \ldots, P'_k$ Primideale in R' mit $P'_i \cap R = P_i$ für alle $0 \leq i \leq k$ und $P'_i \subset P'_{i+1}$ für alle $0 \leq i \leq k-1$.
Es ist R'/P'_k ganz-algebraische Erweiterung von R/P_k und daher gibt es ein Primideal $\overline{P}_{k+1}$ in R'/P'_k mit $\overline{P}_{k+1} \cap (R/P_k) = P_{k+1}/P_k$. Das Urbild von $\overline{P}_{k+1}$ in R' ist ein Primideal P'_{k+1} mit $P'_{k+1} \cap R = P_{k+1}$ und $P'_k \subset P'_{k+1}$.
Setzt man dieses Verfahren fort, erhält man Primideal $P'_0, \ldots, P'_n$ von R' mit $P'_i \cap R = P_i$. Es folgt $K\dim X' \geq K\dim X$, wenn $X' = \operatorname{Spec} R'$.

4) Es seien $Q'_0 \subset Q'_1 \subset \ldots \subset Q'_m$ und $Q'_i \neq Q'_{i+1}$ für alle $0 \leq i \leq m-1$.
Es gilt: $Q_i := Q'_i \cap R \neq Q'_{i+1} \cap R$.
Annahme: $Q_i = Q_{i+1}$. Dann ist R/Q_i Unterring von R'/Q'_i und Q'_{i+1}/Q'_i ist Primideal $\neq 0$ in R'/Q'_i.

Es sei $f \in Q'_{i+1}/Q'_i, f \neq 0$. Es gibt $c_0, \ldots, c_{n-1} \in R/Q_i$ mit $f^n + \sum_{i=0}^{n-1} c_i f^i = 0$ und man kann $c_0 \neq 0$ annehmen, da man sonst durch f kürzen kann. Also ist $c_0 \in Q'_{i+1}/Q'_i, c_0 \neq 0$. Also muß $Q_{i+1} \neq Q_i$ sein.
Also ist $m \leq K\dim X$ und somit $K\dim X' \leq K\dim X$. □

Übung 4: $K\dim(\operatorname{Spec} K[x_1, \ldots, x_n]) = n$ wenn K Körper und $x_1, \ldots, x_n$ algebraisch unabhängige Variable über K sind. □

Definition: *Ein Ring R heißt* **noethersch**, *wenn jedes Ideal von R endlich erzeugbar ist.*

Satz 5: *(Hilbert) R sei Ring, R_0 sei Unterring von R. R_0 sei noethersch und R sei endlich erzeugte R_0-Algebra.*
Dann gilt: R ist noethersch.

Beweis: 1) $R_0[x]$ sei der Polynomring in einer Variablen x über R_0. Es soll gezeigt werden, daß $R_0[x]$ noethersch ist.

Es sei I Ideal in $R_0[x]$ und $I_n = \{r \in R_0 : \text{es gibt} \sum_{i=0}^{n} a_i x^i \in I,\ a_i \in R \text{ mit } a_n = r\}$.

Es ist I_n Ideal in R_0 und $I_n \subset I_{n+1}$ für alle n. Es sei $I_\infty = \bigcup_{n=0}^{\infty} I_n$. Dann ist I_∞ auch Ideal von R_0. Es wird I_∞ erzeugt von einer endlichen Menge $E = \{e_1, \ldots, e_r\}$. Es gibt ein N mit $E \subset I_N$. Es folgt $I_N = I_\infty$ und $I_n = I_N$ für alle $n \geq N$.
Es sei F eine endliche Teilmenge von I mit: Für $n \leq N$ und $F_n := \{f \in F : \operatorname{grad}(f) = n\}$ gilt: $\{r \in R_0 : \text{es gibt } f \in F_n, f = \sum_{i=0}^{n} a_i x^i,\ a_i \in R_0 \text{ mit } r = a_n\}$ ist ein Erzeugendensystem von I_n.
Es gilt: F ist ein Erzeugendensystem von I.

Denn: es sei I' das von F erzeugte Ideal in $R_0[x]$ und $f \in I, f \neq 0$, mit $r = \text{grad}(f)$. Mit Induktion über r wird gezeigt, daß $f \in I'$ ist.

Es ist $f = \sum_{i=0}^{r} b_i x^i, b_i \in R_0$, mit $b_r \neq 0$. Ist $r \leq N$, so existieren $f_1, \ldots, f_k \in F_r$ und $c_1, \ldots, c_k \in R_0$ mit: $\text{grad}(f - \sum_{i=1}^{k} c_i f_i) < r$. Ist $r > N$, so existieren $f_1, \ldots, f_k \in F_N$ und $c_1, \ldots, c_k \in R_0$ mit: $\text{grad}(f - \sum_{i=1}^{k} c_i x^{N-r} f_i) < r$.

2) Der Polynomring $R_0[x_1, \ldots, x_n]$ in n unabhängigen Variablen $x_1, \ldots, x_n$ über R_0 ist noethersch, da $R_0[x_1, \ldots, x_n] \cong (R_0[x_1, \ldots, x_{n-1}])[x_n]$.

3) Es sei R noetherscher Ring und I Ideal von R.
Dann gilt: Der Restklassenring R/I ist noethersch.
Denn: es sei $\pi : R \longrightarrow R/I$ der Restklassenhomomorphismus und $\overline{I}$ Ideal in R/I. Dann ist $\pi^{-1}(I)$ Ideal in R. Ist E endliches Erzeugendensystem von $\pi^{-1}(I)$, so ist $\pi(E)$ Erzeugendensystem von $\overline{I}$.

4) Es ist R isomorph zu $R_0[x_1, \ldots, x_n]/I$, da R endlich erzeugte R_0-Algebra ist. Aus 2) und 3) folgt: R ist noethersch. □

Übung 5: Der Polynomring $R = \mathbb{Z}[x_1, x_2, \ldots]$ in abzählbar unendlich vielen unabhängigen Variablen $\{x_n : n \geq 1\}$ ist nicht noethersch. Das von $\{x_n : n \geq 1\}$ erzeugte Ideal in R ist nicht endlich erzeugt.

Lemma 3: *Es sei R Unterring von R', R sei noethersch und R' sei endlich erzeugter R-Modul.*
Dann gilt: R' ist ganz-algebraisch über R.

Beweis: 1) M sei endlich erzeugter R-Modul und M' sei R'-Untermodul von M.
Es gilt: M' ist endlich erzeugt als R-Modul, denn:
Es sei $\varphi : R^n \longrightarrow M$ surjektiver R-Modulhomomorphismus und $N := \varphi^{-1}(M')$.
Es wird gezeigt, daß N endlich erzeugbar ist. Man führt Induktion über n.
Ist $n = 1$, so ist N Ideal in $R^1 = R$. Sei $n > 1$ und $N' := \{x \in R^{n-1} : (x, 0) \in N\}$, $I := \{y \in R : \text{es gibt } z \in R^{n-1} \text{ mit } (z, y) \in N\}$. Es ist N' ein R-Untermodul von R^{n-1} und I Ideal von R
Es sei $\{a_1, \ldots, a_r\}$ Erzeugendensystem von N' und $\{b_1, \ldots, b_s\}$ Erzeugendensystem von I. Es sei $z_i \in R^{n-1}$ mit $(z_i, b_i) \in N$. Setze $E := \{(a_1, 0), \ldots, (a_r, 0)\} \cup \{(z_1, b_1), \ldots, (z_s, b_s)\} \subset N$.
Es ist E Erzeugendensystem von N: Ist $(z, b) \in N, z \in R^{n-1}, b \in R$, so existieren $\lambda_1, \ldots, \lambda_s \in R$ mit $(z, b) - \sum_{i=1}^{s} \lambda_i (z_i, b_i) = (z', 0), z' \in R^{n-1}$. Da $z' \in N'$ gibt es $\mu_1, \ldots, \mu_r \in R$ mit $(z', 0) = \sum_{i=1}^{r} \mu_i (a_i, 0)$.

2) Es sei $a \in R'$ und N der R-Untermodul von R', der von $\{a^n : n \geq 0\}$ erzeugt wird. Es ist N endlich erzeugter R-Modul nach 1). Daher gibt es ein n mit: $\{1, a, \ldots, a^{n-1}\}$ ist Erzeugendensystem von N. Also gibt es $c_0, \ldots, c_{n-1} \in R$ mit $a^n = \sum_{i=0}^{n-1} (-c_i) a^i$. Somit ist a ganz-algebraisch über R. □

Zusatz zu Lemma 3: *R' ist ganz-algebraisch über R, auch wenn R nicht noethersch ist.*

Beweis: Es sei $\{a_1, \ldots, a_r\}$ ein endliches Erzeugendensystem von R' als R-Modul. Dann gibt es $c_{ijk} \in R$ mit $a_i \cdot a_j = \sum_{k=1}^{r} c_{ijk} a_k$.
Es sei R_0 der von $\{1\} \cup \{c_{ijk} : 1 \leq i, j, k \leq r\}$ erzeugte Unterring von R. Er ist noethersch nach Satz 5.
Es sei R'_0 der von $\{a_1, \ldots, a_r\}$ erzeugte R_0-Modul. Da $a_i \cdot a_j \in R'_0$, ist R'_0 Unterring von R'. Also ist R'_0 ganz-algebraisch über R_0 nach Lemma 3 und somit ist jedes Element aus R'_0 ganz-algebraisch über R. □

Lemma 4: *Es sei $R = K[x_1, \ldots, x_n]$ die Polynomalgebra über K in n unabhängigen Variablen $x_1, \ldots, x_n$, K Körper, $f \in R$, $f \notin K$.*
Dann gilt: es gibt $y_1, \ldots, y_n \in R$ mit:

(i) $y_1, \ldots, y_n$ ist algebraisch unabhängig über K (d.h. $\{y_1^{\nu_1} \ldots y_n^{\nu_n} : \nu = (\nu_1, \ldots, \nu_n) \in \mathbb{N}^n\}$ ist K-linear unabhängig).
(ii) $y_1, \ldots, y_n$ ist Erzeugendensystem der K-Algebra R.
(iii) Ist $f = \sum_{i=0}^{r} f_i y_n^i$, $f_i \in K[y_1, \ldots, y_{n-1}]$, $f_r \neq 0$, so ist $f_r \in K^* = K - \{0\}$.
(iv) R/fR ist endlich erzeugter Modul über $K[y_1, \ldots, y_{n-1}]$.

Beweis: 1) f besitzt eindeutige Darstellung $f = \sum_{\nu \in N} a_\nu x^\nu$ mit $a_\nu \in K, x^\nu = x_1^{\nu_1} \ldots x_n^{\nu_n}$ für $\nu = (\nu_1, \ldots, \nu_n) \in \mathbb{N}^n, N \subset \mathbb{N}^n$. Es sei $\operatorname{Tr} f := \{\nu \in N : a_\nu \neq 0\}$ der Träger von f. Es sei $s = (s_1, \ldots, s_{n-1}) \in \mathbb{N}^{n-1}$ und $\varphi_s : \mathbb{Z}^n \longrightarrow \mathbb{Z}$ die Abbildung, gegeben durch $\varphi_s(\nu) = s_1\nu_1 + \ldots + s_{n-1}\nu_{n-1} + \nu_n$.
Es sei $V := \{\nu - \nu' : \nu, \nu' \in \operatorname{Tr} f\}$. V ist endlich und daher gibt es $s \in \mathbb{N}^{n-1}$ mit $\varphi_s(\nu) \neq 0$ für alle $\nu \in V$.
Ist $\rho = \max\{\varphi_s(\nu) : \nu \in \operatorname{Tr} f\}$ und $\mu \in \operatorname{Tr} f$ mit $\rho = \varphi_s(\mu)$, so ist $\operatorname{Tr} f \subseteq \{\nu \in \mathbb{N}^n : \varphi_s(\nu) \leq \rho\}$ und μ ist das einzige Element in $\operatorname{Tr} f$ mit $\varphi_s(\mu) = \rho$.

2) Es sei $s = (s_1, \ldots, s_{n-1}) \in \mathbb{N}^{n-1}$ und $y_i := x_i - x_n^{s_i}$ für $i < n, y_n := x_n$. Dann ist $y_1, \ldots, y_n$ ein algebraisch unabhängiges Erzeugendensystem von R über K, da $x_i = y_i + y_n^{s_i}$ für $i < n$ und $x_i \equiv y_i \bmod x_n R$.

3) Es ist

$$x^\nu = x_1^{\nu_1} \ldots x_n^{\nu_n} = (y_1 + y_n^{s_1})^{\nu_1} \ldots (y_{n-1} + y_n^{s_{n-1}})^{\nu_{n-1}} \cdot y_n^{\nu_n} = \sum_{i=0}^{m} g_{\nu_i} y_n^i$$

mit $g_{\nu_i} \in K[y_1, \ldots, y_{n-1}]$. Es ist $m = \varphi_s(\nu)$ und $g_{\nu m} = 1$. Ist $f = \sum_{\nu \in N} a_\nu x^\nu, N = \operatorname{Tr} f, a_\nu \in K$, und $f = \sum_{i=0}^{r} f_i y_n^1$, $f_i \in K[y_1, \ldots, y_{n-1}]$, so ist $r \leq \max\{\varphi_y(\nu) : \nu \in \operatorname{Tr} f\}$. Ist s gemäß 1) gewählt und $\varphi_s(\nu) < \varphi_s(\mu)$ für alle $\nu \in \operatorname{Tr} f, \nu \neq \mu N$, so ist $r = \varphi_s(\mu)$ und $f_r \in K^*$.

4) Für $g \in R$ sei $\operatorname{grad}(g)$ der Grad von g als Polynom in y_n mit Koeffizienten in $K[y_1, \ldots, y_{n-1}]$. Für $g \in fR, g \neq 0$, ist $\operatorname{grad}(g) \geq \operatorname{grad}(f)$ Ist π der Restklassenhomomorphismus $R \longrightarrow R/fR$, so ist daher $\pi(1), \pi(y_n), \ldots, \pi(y_n^{r-1})$ linear unabhängig

über $K[y_1,\dots,y_{n-1}]$. Es ist $\pi(y^r) = \sum_{i=0}^{r-1}\left(\frac{-f_i}{f_r}\right)\pi(y^i)$ und für $m \geq r+1$ ist $\pi(y^m)$ enthalten im $K[y_1,\dots,y_{n-1}]$-Modul, der von $\pi(1),\dots,\pi(y_n)^{r-1}$ erzeugt wird, wie man leicht mit Induktion über m beweist. □

Beweis von Satz 3: Es ist A endlich erzeugte K-Algebra. Bezeichnet $B_n = K[x_1,\dots,x_n]$ die Polynomalgebra in n unabhängigen Variablen $x_1,\dots,x_n$ über K, so gibt es ein n und einen surjektiven K-Algebrahomomorphismus $\varphi : B_n \longrightarrow A$. Dann ist A isomorph zu $B_n/I, I :=$ Kern φ.
Es wird gezeigt: es gibt einen Unterring R von $A, K \subset R$, mit:
(i) R ist isomorph als K-Algebra zu B_d für ein $d \geq 0$.
(ii) A ist endlich erzeugter R-Modul.
Man führt Induktion über n. Der Induktionsbeginn $n = 0$ ist trivial. Sei $n \geq 1$.
Ist $I = 0$, so kann man $R = B_n$ setzen.
Ist $I \neq 0$, so wählt man $f \in I, f \neq 0$. Aufgrund von Lemma 4 kann man annehmen, daß $f = \sum_{i=0}^{r} f_i\, x_n^i, f_i \in K[x_1,\dots,x_{n-1}], f_r \in K^*$. Es sei $I' = I \cap B_{n-1}$. Dann ist $A' = B_{n-1}/I' \subset A = B_n/I$.
Es ist A endlich erzeugter Modul über A', da $B_n/f\, B_n$ endlich erzeugter Modul über B_{n-1} ist nach Lemma 4, iv).
Nach Induktionsannahme gibt es einen Unterring R von A' mit: (i) R ist isomorph zu $B_d, d \geq 0$. (ii) A' ist endlich erzeugter R-Modul. Nach § 5, Satz 3 ist daher A endlich erzeugter R-Modul
Zu 2): Mit dem Zusatz zu Lemma 3 folgt: A ganz-algebraisch über R. □.

3 Projektive Schemata

Definition: *Ein Paar $(X,\mathcal{O})$ heißt* **beringter Raum**, *wenn gilt:*
i) X ist topologischer Raum
ii) $\mathcal{O}$ ist Garbe von Ringen auf X

Bemerkung: $(X,\mathcal{O})$ sei beringter Raum, X' sei topologischer Raum und $\varphi : X \longrightarrow X'$ sei stetigte Abbildung. Es gibt eine Garbe $\varphi_*\mathcal{O}$ von Ringen auf X' mit:

$$(\varphi_*\mathcal{O})(U') = \mathcal{O}(\varphi^{-1}(U'))$$
$$(\varphi_*\mathcal{O})(U_1' \subset U_2') = \mathcal{O}(\varphi^{-1}(U_1') \subset \varphi^{-1}(U_2'))$$

für alle offenen Mengen $U', U_1' \subset U_2'$ in X'.
Man nennt $\varphi_*\mathcal{O}$ das direkte Bild von $\mathcal{O}$ bezüglich φ.

Beweis: Es sei $(\varphi^{-1}) : OI(X') \longrightarrow OI(X)$, der Funktor, gegeben durch $U' \longmapsto \varphi^{-1}(U')$,
$U_1' \subset U_2' \longmapsto \varphi^{-1}(U_1') \subset \varphi^{-1}(U_2')$. Es ist $\mathcal{O} \circ (\varphi^{-1})$ Funktor $OI(X')^{op} \longrightarrow (Rg)$. Man rechnet die Garbeneigenschaften leicht nach. Dabei ist $OI(X)$ die Kategorie der offenen Inklusionen auf X □

Definition: $(X,\mathcal{O}),(X',\mathcal{O}')$ *seien beringte Räume. Ein Morphismus $(X,\mathcal{O}) \longrightarrow (X',\mathcal{O}')$ ist ein Paar (φ,α) mit:*
(i) φ ist stetige Abbildung $X \longrightarrow X'$
(ii) α ist Garbenhomomorphismus $\mathcal{O}' \longrightarrow \varphi_*\mathcal{O}$ (d.h. α ist natürliche Transformation des Funktor $\mathcal{O}'$ in den Funktor $\varphi_*\mathcal{O}$)

Es gilt: *Die Morphismen beringter Räume bilden bezüglich der Komposition von Abbildungen eine Kategorie (brg Rm).*

Übung 6: Es sei $\alpha : A \longrightarrow B$ ein Ringhomomorphismus. Es gibt genau einen Garbenhomomorphismus $\mathcal{O}_\alpha : \mathcal{O}_A \longrightarrow \text{Spec}\,(\alpha)_*\mathcal{O}_B$ mit: $\mathcal{O}_\alpha(\text{Spec}\,A)) = \alpha$.
Beachte: $\mathcal{O}_\alpha(\text{Spec}\,A)$ ist Ringhomomorphismus $\mathcal{O}_A(\text{Spec}\,A) \longrightarrow \mathcal{O}_B(\text{Spec}\,B)$ und $A = \mathcal{O}_A(\text{Spec}\,A)$, $B = \mathcal{O}_B(\text{Spec}\,B)$. Die Zuordnung $\alpha \longrightarrow (\text{Spec}\,(\alpha), \mathcal{O}_\alpha)$ ist ein Funktor $(\overline{Rg})^{op} \longrightarrow (brgRm)$. □

Es sei R ein $\mathbb{N}$-graduierter Ring und R_n die Menge der homogenen Elemente von R vom Grad n. Es ist R_0 Unterring mit $1_{R_0} = 1_R$ und R_n ist R_0-Modul mit $R_n \cdot R_m \subset R_{n+m}$. Es ist $R = \bigoplus_{n=0}^{\infty} R_n$.

Es sei **Proj** $R := \{P \in \text{Spec}\,R : P$ ist graduiert (d.h. $P = \bigoplus_{n=0}^{\infty} P_n : P_n \subset R_n$) und es existiert $k > 0$ mit $P_k \neq R_k\}$. Proj R wird als topologischer Raum aufgefaßt mit der von Spec R induzierten Topologie.
Es sei $s \in R_k, k > 0$.
$D_s := \{P \in \text{Proj}\,R : s(P) \neq 0\}$ ist offene Teilmenge von Proj R.
$R_s := \{s^n : n \geq 0\}^{-1} \cdot R$ ist der Ring der Brüche mit Zählern aus R und Nennern aus $\{s^n : n \geq 0\}$.
Es sei $R_{s,0} := \{\frac{a}{s^r} \in R_s : r \geq 0, a \in R_{kr}\}$. Es ist $R_{s,0}$ Unterring von R_s, denn: es ist $\frac{a}{s^r} + \frac{b}{s^t} = \frac{as^t + bs^r}{s^{8r+t9}}$. Wenn $a \in R_{kr}, b \in R_{kt}$, so ist $as^t + bs^r \in R_{k(r+t)}$. Es ist $\frac{a}{s^r} \cdot \frac{b}{s^t} = \frac{ab}{s^{(r+t)}}$ und $ab \in R_{k(r+t)}$. □

Lemma 5: $D_s \cong \text{Spec}\,R_{s,0}$ *als topologische Räume.*

Beweis:

1) Die Inklusion $R_{s,0} \subset R_s$ induziert eine stetige Abbildung $\varphi : \text{Spec}\,R_{s,0} \longrightarrow \text{Spec}\,R_s \cong \{Q \in \text{Spec}\,R : s(Q) \neq 0\}$. Es ist D_s Teilmenge von Spec R_s und daher ist die Beschränkung η von φ auf D_s eine stetige Abbildung $D_s \longrightarrow \text{Spec}\,R_{s,0}$.

2) η ist injektiv : Für $n \in \mathbb{Z}$ sei $R_{s,n} := \{\frac{a}{s^r} : r \geq 0, a \in R_{n+kr}\}$. Es ist $R_{s,n}$ Modul über $R_{s,0}$ und $R_s = \bigoplus_{n \in \mathbb{Z}} R_{s,n}$, $R_{s,n} \cdot R_{s,m} \subset R_{s,n+m}$, d.h. R_s ist $\mathbb{Z}$-graduierter Ring.
Es seien $P, P' \in D_s$. Dann sind $PR_s, P'R_s$ $\mathbb{Z}$-graduierte Primideale in R_s. Wenn $\eta(P) = \eta(P')$, so ist $(PR_s) \cap R_{s,0} = (P'R_s) \cap R_{s,0}$. Es folgt: $(PR_s) \cap R_{s,kr} = (P'R_s) \cap R_{s,kr}$ für alle $r \in \mathbb{Z}$, da $x \in PR_s \cap R_{s,kr}$ genau dann, wenn $xs^{-r} \in (PR_s) \cap R_{s,0}$.
Ist $x \in (PR_s) \cap R_{s,n}$ so ist $x^k \in (PR_s) \cap R_{s,kn}$ und somit in $P'R_s$. Da $P'R_s$ Primideal ist, ist auch $x \in P'R_s$. Somit ist $PR_s \subset P'R_s$ und $P \subset P'$. Ebenso zeigt man $P' \subset P$. Also ist η injektiv.

3) η ist surjektiv: es sei $P \in \text{Spec}\,R_{s,0}$ und I sei das von P in R_s erzeugte Ideal. Es sei $\sqrt{I} := \{x \in R_s :$ es gibt $t \geq 1$ mit $x^t \in I\}$. Es ist $\sqrt{I}$ graduiertes Ideal in R_s; es wird oft Radikal von I genannt.
Es gilt: $\sqrt{I}$ ist Primideal von R_s. Denn: angenommen, $\sqrt{I}$ ist nicht prim. Dann gibt es $a, b \in R_s, a, b \notin \sqrt{I}$, mit $a \cdot b \in \sqrt{I}$. Es ist $a = \sum a_i, b = \sum b_i$ mit $a_i, b_i \in R_{s,i}$. Sind n, m maximal mit $a_n \notin \sqrt{I}, b_m \notin \sqrt{I}$, so ist $a_n b_m \in \sqrt{I}$. Es gibt $t \geq 1$ mit $\alpha := a_n^t, \beta := b_m^t \in I$.

Ist $s \in R_k, k > 0$, so ist $\alpha^k \in R_{s,tkn}, \beta^k \in R_{s,tkm}$ und $\frac{\alpha^k}{s^{tn}}, \frac{\beta^k}{s^{tm}} \in R_{s,0}$ mit $\frac{\alpha^k}{s^{tn}} \cdot \frac{\beta^k}{s^{tm}} \in P$. Daher ist entweder $\frac{\alpha^k}{s^{tn}}$ *oder* $\frac{\beta^k}{s^{tm}} \in P$. Ist etwa $\frac{\alpha^k}{s^{tn}} \in P$, so ist $a_n \in \sqrt{I}$. Dies ist ein Widerspruch zur Annahme
Ist $Q := \{a \in R : \frac{a}{1} \in \sqrt{I}\}$, so ist Q Primideal in D_s mit $\eta(Q) = P$.

4) Die offenen Teilmengen von Proj R sind Vereinigungen von Mengen der Form D_s, s homogen in R.

5) Ist $t \in R_e$ und $D_t \subset D_s$, so ist $R_{t,0} = \{(\frac{t^k}{s^e})^n : n \geq 0\}^{-1} \cdot R_{s,0}$. Dies zeigt man mit ähnlichen Überlegungen wie in Schritt 1) des Beweises zu Satz 2.

6) Aus 4) und 5) folgt:η ist ein Homeomorphismus. □

Satz 6: *Es gibt genau eine Garbe $\mathcal{O}_R$ von Ringen auf* Proj R *mit:*
(i) $\mathcal{O}_R(D_s) = R_{s,0}$
(ii) $\mathcal{O}_R|D_s = \mathcal{O}_{R_{s,0}}$
für alle $s \in R_k, k \geq 1$.
Dabei ist $\mathcal{O}_R|D_s$ *die Einschränkung der Garbe* $\mathcal{O}_R$ *auf die offene Teilmenge* D_s *von* Proj R.
Man nennt $\mathcal{O}_R$ *die Strukturgarbe auf* Proj R

Beweisskizze: 1) Man setzt $\mathcal{O}_R(D_s) := R_{s,0}$ und $\mathcal{O}_R(D_t \subset D_s) :=$ kanonischer Homomorphismus von $R_{s,0}$ nach $R_{t,0}$. Diese Definitonen sind wohlbestimmt wegen Schritt 5) im Beweis zu Lemma 5.

2) Man setzt $\mathcal{O}_R$ fort zu Prägarbe auf Proj R wie in Schritt 4) des Beweises zu Satz 2. Dann ist $\mathcal{O}_R|D_s = \mathcal{O}_{R_{s,0}}$, wobei $\mathcal{O}_{R_{s,0}}$ die Strukturgarbe auf Spec $R_{s,0} \cong D_s$ ist. Man rechnet leicht nach, daß $\mathcal{O}_R$ Garbe ist.
Die Eindeutigkeitsaussage ist trivial. □

Definition:
Ein beringter Raum heißt **Schema**, *wenn es eine offene Überdeckung* $\{X_i : i \in I\}$ *von* X *gibt mit:* $(X_i, \mathcal{O}|X_i)$ *ist isomorph zu dem affinen Schema* (Spec $R_i, \mathcal{O}_{R_i}$), $R_i := \mathcal{O}(X_i)$, *für alle* i.

Zusatz zu Satz 6: (Proj $R, \mathcal{O}_R$) *ist Schema; es wird projektives Schema zum graduierten Ring* R *genannt.*

Beispiel 2: Projektive Räume $\mathbb{P}_r$
Es sei $R = K[x_0, \ldots, x_r]$ die Polynomalgebra in unabhängigen Variablen $x_0, \ldots, x_r$, $r \geq 1$, über K, wobei K ein beliebiger Ring ist.
Es sei $R_n := \bigoplus_{\substack{\nu \in \mathbb{N}^{r+1} \\ \nu = (\nu_0, \ldots, \nu_r) \\ \nu_0 + \nu_1 + \ldots + \nu_r = n}} K x_0^{\nu_0} x_1^{\nu_1} \ldots x_r^{\nu_r}$
Dann ist $(R_n)_{n \geq 0}$ eine $\mathbb{N}$-Graduierung von R. Zusammen mit dieser Graduierung ist R graduierter Ring.
$\mathbb{P}_r \times K :=$ Proj R.
Es ist $D_i := D_{xi} \cong$ Spec $K[\frac{x_j}{x_i} : 0 \leq j \leq r]$ und $D_0 \cup D_1 \cup \ldots \cup D_r = \mathbb{P}_r \times K$.
Ist K ein algebraisch abgeschlossener Körper, so ist die Menge der abgeschlossenen Punkte von $\mathbb{P}_r \times K$ kanonisch isomorph zur Menge der 1-dimensionalen Untervektorräume von K^{r+1}.

§11 Homologie

Einführung

Die Ursprünge der Homologischen Algebra liegen in der Topologie. Einer Triangulierung eines topologischen Raumes konnte man Invarianten (Betti-Zahlen) zuordnen und zeigen, daß diese unabhängig von der Triangulierung sind. Dies führte zum Komplex der singulären Ketten eines topologischen Raumes X und zu den singulären Homologie- und Kohomologiemoduln, siehe [D]. Serre entwickelte daraus 1954 die Čech-Kohomolgie von Garben.

Fragestellungen über die Fundamentalgruppe π eines topologischen Raumes führten nach 1945 zur Konstruktion von höheren Homologiegruppen von π mit Hilfe von Standardauflösungen und zur Gruppenkohomologie. Cartan und Eilenberg erkannten 1956, daß diese Konstruktion verallgemeinert werden kann zu einer allgemeinen Theorie von abgeleiteten Funktoren, [CE].

Ein Kettenkomplex von Moduln über einem assoziativen Ring R ist ein $\mathbb{Z}$-graduierter R-Modul zusammen mit einem Randoperator ∂ mit $\partial \circ \partial = 0$. Man erhält eine Kategorie $(R\text{-}KK)$ von Morphismen von Kettenkomplexen über R und einen Homologiefunktor $H : (R\text{-}KK) \longrightarrow (R\text{-}Mod)$. Zu den grundlegenden Eigenschaften dieses Funktors gehört die lange exakte Homologiesequenz. Zwei Morphismen von Kettenkomplexen, die homotop sind, induzieren auf der Homologie die gleichen Morphismen.

Es wird die Čechkohomologie einer Prägarbe definiert. Es wird der Begriff der abelschen Kategorie eingeführt und die Konstruktion des n.ten abgeleiteten Funktors R^nF eines additiven Funktors $F : \mathcal{A} \longrightarrow \mathcal{A}'$, wenn $\mathcal{A}, \mathcal{A}'$ prä-abelsch sind und $\mathcal{A}$ genügend viele injektive Objekte besitzt.
Literatur zu diesem Thema: [HS].

1 Kettenkomplexe

Es sei R ein assoziativer Ring mit 1 und M ein R-Modul.

Definition: *Eine $\mathbb{Z}$-Graduierung G von M ist eine Folge $(G_n)_{n\in\mathbb{Z}}$ von R-Untermoduln G_n von M, für welche gilt: die kanonische Abbildung $\bigoplus_{n\in\mathbb{Z}} G_n \longrightarrow M$ ist ein Isomorphismus.*

Man nennt G_n den Modul der homogenen Elemente von Grad n bezüglich G. Jedes Element $x \in M$ besitzt eine eindeutige Darstellung $x = \sum_{n=k}^{l} x_n$ mit $x_n \in G_n$.

Definition: *Ein Paar (M, G) heißt $\mathbb{Z}$-graduierter R-Modul, wenn M R-Modul und G $\mathbb{Z}$-Graduierung von M.*

Es seien $(M, G), (M', G')$ $\mathbb{Z}$-graduierte R-Moduln.

Definition: *Ein Morphismus* $\varphi : (M, G) \longrightarrow (M', G')$ *ist ein* R*-Modulhomomorphismus* $\varphi : M \longrightarrow M'$ *mit*

$$\varphi(G_n) \subset G'_n$$

für alle n.

Es gilt: *Die Morphismen* $\mathbb{Z}$*-graduierter* R*-Moduln bilden eine Kategorie* ($\mathbb{Z}$*grad* R-*Mod*).

Definition: *Ein Tripel* (M, G, ∂) *heißt* **Kettenkomplex** *über* R, *wenn gilt:*

(i) (M, G) *ist* $\mathbb{Z}$*-graduierter* R*-Modul.*

(ii) ∂ *ist* R*-lineare Abbildung* $M \longrightarrow M$ *mit* $\partial(G_n) \subset G_{n-1}$ *für alle* $n \in \mathbb{Z}$.

(iii) $\partial \circ \partial = 0$.

Man nennt ∂ den Randoperator von (M, G, ∂). Es ist Bild ∂ R-Untermodul von Kern ∂.

Definition: $H(M, G, \partial) :=$ Kern ∂/Bild ∂ *heißt* **Homologiemodul** *von* (M, G, ∂).

Es gilt:
Ist $\partial_n := \partial|G_n$, *so ist Bild* $\partial_{n+1} \subset$ Kern ∂_n *und* $H_n(M, G, \partial) :=$ Kern ∂_n/Bild ∂_{n+1} *ist in natürlicher Weise* R*-Untermodul von* $H(M, G, \partial)$. *Die Folge* $(H_n(M, G, \partial))_{n\in\mathbb{Z}}$ *ist eine* $\mathbb{Z}$*-Graduierung von* $H(M, G, \partial)$. *Man nennt* $H_n(M, G, \partial)$ *den n.ten Homologiemodul von* (M, G, ∂).

Beispiel 1: Singuläre Homologie
Es sei E ein $\mathbb{R}$-Vektorraum und $\{e_n : n \geq 0\}$ Basis von E mit $e_n \neq e_m$ für $n \neq m$.
Es sei Δ_n die konvexe Hülle von $\{e_o.e_1, \ldots, e_n\}, n \geq 0$. Dann ist

$$\Delta_n = \{\sum_{i=0}^{n} \lambda_i e_i : 0 \leq \lambda_i, \sum_{i=0}^{n} \lambda_i = 1\}.$$

Für $0 \leq i$ sei $\bar{\varepsilon}_i$ die $\mathbb{R}$-lineare Abbildung $E \longrightarrow E$ mit

$$\bar{\varepsilon}_i(e_j) = \begin{cases} e_j & : j < i \\ e_{j+1} & : j \geq i \end{cases}$$

Dann ist $\bar{\varepsilon}_i(\Delta_{n-1}) \subset \Delta_n$.
Für $0 \leq i \leq n$ sei ε_{ni} die Beschränkung von $\bar{\varepsilon}_i$ auf Δ_{n-1}, aufgefaßt als Abbildung $\Delta_{n-1} \longrightarrow \Delta_n$.
Man versieht Δ_n mit der euklidischen Topologie. Dann ist ε_{ni} stetig. Es ist $\varepsilon_{ni}(\Delta_{n-1})$ die $(n-1)$-dimensionale Seite von Δ_n, die der Ecke e_i von Δ_n gegenüberliegt.
Sei nun X ein topologischer Raum und R ein assoziativer Ring mit 1. Für $n \geq 0$ sei $S_n = S_n(X, R)$ der R-Modul mit Basis $Stet(\Delta_n, X)$, wobei $Stet(\Delta_n, X)$ die Menge der stetigen Abbildungen $f : \Delta_n \longrightarrow X$ bezeichnet. Man nennt f auch singuläres n-Simplex in X.
Für $n < 0$ sei $S_n := 0$.
Es wird nun eine R-lineare Abbildung $\partial_n = \partial_n(X, R) : S_n \longrightarrow S_{n-1}$ erklärt.
Ist $n \leq 0$, so sei $\partial_n := 0$. Ist $n \geq 1$, so sei ∂_n die R-lineare Abbildung mit $\partial_n(f) = \sum_{i=0}^{n}(-1)^i(f \circ \epsilon_{ni})$ für $f \in Stet(\Delta_n, X)$
Es gilt: $\partial_{n-1} \circ \partial_n = 0$ für alle n

Denn: es sei $f \in Stet(\Delta_n, X)$ und $n \geq 2$. Es ist

$$(\partial_{n-1} \circ \partial_n)(f) = \sum_{i=0}^{n}(-1)^i \partial_{n-1}(f \circ \varepsilon_{ni}) = \sum_{n=0}^{n}(-1)^i \sum_{j=0}^{n-1}(-1)^j (f \circ \varepsilon_{ni} \circ \varepsilon_{n-1,j}) = 0$$

da

$$\varepsilon_{ni} \circ \varepsilon_{n-1,j} = \begin{cases} \varepsilon_{n,j+1} \circ \varepsilon_{n-1,i} & : j \geq i \\ \varepsilon_{n,j} \circ \varepsilon_{n-1,i-1} & : j < i \end{cases}$$

Es sei $S(X,R)$ der Kettenkomplex $(\bigoplus_{n \in \mathbb{Z}} S_n, (S_n)_{n \in \mathbb{Z}}, \partial)$ mit $\partial := \bigoplus_{n \in \mathbb{Z}} \partial_n$. Er heißt Kettenkomplex der singulären Ketten von X mit Koeffizienten in R.
$H_n^{sing}(X,R) := H_n(S(X,R))$ heißt n.ter singulärer Homologiemodul von X über R.
□

Es seien $K = (M, G, \partial)$, $K' = (M', G', \partial')$ Kettenkomplexe über R.

Definition: *Ein Morphismus $\varphi : K \longrightarrow K'$ von K in K' ist ein R-Modulhomomorphismus $\varphi : M \longrightarrow M'$ mit*
(i) $\varphi(G_n) \subset G'_n$ für alle n
(ii) $\partial' \circ \varphi = \varphi \circ \partial$

Es gilt: *Die Morphismen von Kettenkomplesxen über R bilden eine Kategorie (R-KK).*

Es gilt: *φ sei Morphismus $K \longrightarrow K'$ in (R-KK). Es induziert φ einen graduierten Homomorphismus $H(\varphi) : H(K) \longrightarrow H(K')$.*

Beweis: $\varphi(\text{Kern } \partial) \subset \text{Kern } \partial'$ und $\varphi(\text{Bild } \partial) \subset \text{Bild } \partial'$, wie eine kleine Rechnung zeigt. Daher induziert φ einen R-Modulhomomorphismus $H(K) \longrightarrow H(K')$. Dieser ist graduiert, da Kern ∂, Bild ∂ graduierte Untermoduln von (M, G) sind. □

Es gilt: *Die Zuordnung $\varphi \mapsto H(\varphi)$ ist Funktor (R-KK) $\longrightarrow$ ($\mathbb{Z}grad$ R-Mod).*

Beispiel 2: Singuläre Homologie als Funktor
Es sei $\varphi : X \longrightarrow X'$ eine stetige Abbildung topologischer Räume. Dann induziert φ einen R-Modulhomomorphismus $S_n(\varphi) : S_n(X,R) \longrightarrow S_n(X',R)$ mit $S_n(\varphi)(f) = \varphi \circ f$ für $f \in Stet(\Delta_n, X)$.
Es ist $S(\varphi) := \bigoplus_{n \in \mathbb{Z}} S_n(\varphi)$ ein Morphismus $S(X,R) \longrightarrow S(X',R)$ in (R-KK). Die Zuordnung $\varphi \mapsto S_(\varphi)$ ist Funktor S: ($topRm$) $\longrightarrow$ (R-KK).
Es folgt: $H \circ S$ ist Funktor ($topRm$) $\longrightarrow$ ($\mathbb{Z}grad$ R-Mod). □

Definition: *K' heißt R-Unterkomplex von K, wenn gilt:*
(i) M' ist R-Untermodul von M
(ii) $G'_n = G_n \cap M'$ für alle $n \in \mathbb{Z}$
(iii) $\partial'(x) = \partial(x)$ für alle $x \in M'$.

Es gilt: *Die Inklusionsabbildung $i : M' \longrightarrow M$ ist ein Morphismus von Kettenkomplexen.*

Es sei $\overline{M} = M/M'$ der Restklassenmodul, $\pi : M \longrightarrow \overline{M}$ die Restklassenabbildung und $\overline{G}_n := G_n/G'_n$.

Es gilt: *Es gibt genau eine R-lineare Abbildung $\overline{\partial} : \overline{M} \longrightarrow \overline{M}$ mit $\pi \circ \partial = \overline{\partial} \circ \pi$.*

Es gilt: *$\overline{K} := (\overline{M}, \overline{G}, \overline{\partial})$ ist Kettenkomplex über R, wobei $\overline{G} := (\overline{G}_n)_{n \in \mathbb{Z}}$ und π ist Morphismus $K \longrightarrow \overline{K}$. Man nennt $\overline{K}$ Restklassenkomplex von K nach K'.*

Lemma: Kern $H(\pi) =$ Bild $H(i)$

Beweis: 1) $H(\pi) \circ H(i) = H(\pi \circ i) = H(0) = 0$ und daher ist Bild $H(i) \subset$ Kern $H(\pi)$
2) Sei $\overline{x} \in H(K)$ mit $H(\pi)(\overline{x}) = 0$. Es sei $x \in M$ ein Repräsentant der Klasse $\overline{x}$ mit $\partial x = 0$. Es ist $\pi(x) \in$ Bild ∂ und daher gibt es $y \in \overline{M}$ mit $\pi(x) = \overline{\partial}(y)$. Sei $x' \in M$ mit $\pi(x') = y$.
Die Homologieklasse von $x - \partial(x')$ ist $\overline{x}$ und $\pi(x - \partial(x')) = \pi(x) - \overline{\partial}\pi(x') = 0$. Also existiert $z \in M'$ mit $i(z) = x - \partial(x')$. Es ist $i(\partial' z) = \partial i(z) = 0$ und daher ist $\partial' z = 0$, da i injektiv ist. Es ist $H(i)(\overline{z}) = \overline{x}$, wenn $\overline{z}$ die Homologieklasse von z ist. □

Es sei K' Unterkomplex von $K = (M, G, \partial)$ und $\overline{K} = K/K'$.

Satz 1: *Es gibt einen R-Modulhomomorphismus $H(K', K) : H(\overline{K}) \longrightarrow H(K')$, der $H_n(\overline{K})$ in $H_{n-1}(K')$ abbildet für alle n mit:*
(i) Bild $H(\pi) =$ Kern $H(K', K)$
(ii) Kern $H(i) =$ Bild $H(K', K)$
wenn $i : K' \longrightarrow K$ der Inklusionsmorphismus und $\pi : K \longrightarrow \overline{K}$ der Restklassenmorphismus ist.

Beweis: 1) Konstruktion von $\mu = H(K', K)$.
Es sei $\overline{K} = (\overline{M}, \overline{G}, \overline{\partial})$ und $y \in \overline{M}$, $\overline{\partial}(y) = 0$.
Wähle $x \in M$ mit $\pi(x) = y$. Es ist $\pi(\partial x) = 0$; also existiert $z \in M'$ mit $i(z) = \partial x$.
Setze $\mu([y]) := [z]$, wobei $[y], [z]$ die Homologieklasse von y, z bezeichnet.
Es ist zu zeigen, daß μ wohldefiniert ist: Ist $y' \in \overline{M}$ mit $\overline{\partial}(y') = 0$ und $x' \in M$ mit $\pi(x') = y'$, so gibt es $w \in \overline{M}$ mit $y - y' = \overline{\partial} w$. Sei $v \in M$ mit $\pi(v) = w$. Dann ist $\pi(x - x' - \partial v) = 0$. Daher gibt es $u \in M'$ mit $i(u) = x - x' - \partial v$. Es ist $\partial' i(u) = z - z'$, wenn $i(z') = x'$. Also ist $[z] = [z']$.
Man rechnet leicht nach, daß μ R-linear ist. Man nennt μ verbindenden Homomorphismus bezüglich K' und K.

2) Es ist $\mu \circ H(\pi) = 0$, denn: Ist $\overline{y} \in$ Bild $H(\pi)$, so existiert $x \in M$ mit $\pi(x) = y$, $\partial x = 0$. Obige Konstruktion zeigt, daß $z = 0$ ist. Also ist Bild $H(\pi) \subset$ Kern μ.

3) Ist $\mu([y]) = 0$, so existiert $x \in M$ mit $\pi(x) = y, \partial x = i(\partial v), v \in M'$. Also ist $\pi(x - v) = y, \partial(x - v) = 0$.
Also ist Kern $\mu \subset$ Bild $H(\pi)$.

4) $H(i) \circ \mu = 0$, da $i(z) \in$ Bild ∂. Also ist Bild $\mu \subset$ Kern $H(i)$.

5) Ist $H(i)[z] = 0$, so existiert $x \in M$ mit $\partial(x) = i(z)$. Ist $y := \pi(x)$, so ist $\mu([y]) = [z]$. Also ist Kern $H(i) \subset$ Bild μ. □

Es sei $H_n(i)$, $H_n(\pi)$, $H_n(K', K)$ die Beschränkung von $H(i)$, $H(\pi)$, $H(K', K)$ auf $H_n(K')$, $H_n(K)$, $H_n(\overline{K})$.

Korollar: Die lange Sequenz von R-linearen Abbildungen

$$\ldots \longrightarrow H_n(K') \xrightarrow{H_n(i)} H_n(K) \xrightarrow{H_n(\pi)} H_n(\overline{K}) \xrightarrow{H_n(K',K)} H_{n-1}(K') \longrightarrow \ldots$$

ist exakt (d.h. sind α, β aufeinanderfolgende Homomorphismen dieser Sequenz, so ist Bild $\alpha =$ Kern β).
Man nennt obige Sequenz die **lange exakte Homologiesequenz** zu K' und K.

Zusatz zu Satz 1: *L sei Kettenkomplex über R, L' sei R-Unterkomplex von L und $\varphi : K \longrightarrow L$ sei Morphismen in $(R\text{-}KK)$ mit $\varphi(K') \subset L'$.*
Dann gilt:

$$H(\overline{\varphi}) \circ H(K', K) = H(L', L) \circ H(\varphi')$$

wenn φ' (bzw. $\overline{\varphi}$) der von φ induzierte Morphismus $K' \longrightarrow L'$ (bzw. $\overline{K} \longrightarrow \overline{L}$) ist.

Beweis: Er ergibt sich direkt aus der Konstruktion der verbindenden Homomorphismen in Schritt 1 des Beweises zu Satz 1. □

Übung 1: Es sei $S = S(X, R)$ der Komplex der singulären Ketten im topologischen Raum X über R und S' der Unterkomplex, der erzeugt wird von den konstanten n-Simplizes $f : \Delta_n \longrightarrow X, n \geq 0$. Es ist $S'_n \cong S_0$ für alle $n \geq 0$. Es ist $\partial_n | S'_n = 0$, wenn $n \leq 0$ und wenn $n \geq 1n$ und ungerade ist. Es ist $\partial_n | S'_n = id$, wenn $n \geq 2$ und gerade ist.
Daher ist $H_0(S') = S_0$, $H_n(S') = 0$ für $n \neq 0$.
Es sei $\overline{S} = S/S'$ der Restklassenkomplex und $\pi : S \longrightarrow S'$ der Restklassenmorphismus. Es ist $H_n(\pi) : H_n(S) \longrightarrow H_n(\overline{S})$ ein Isomorphismus, wenn $n \neq 0$, $n \neq 1$. Man erhält eine exakte Sequenz

$$0 \longrightarrow H_1(S) \longrightarrow H_1(\overline{S}) \longrightarrow H_0(S') \longrightarrow H_0(S) \longrightarrow H_0(\overline{S}) \longrightarrow 0$$

Es ist $H_0(S') = 0$ und $H_1(\overline{S}) = S_1/\text{Bild } \partial_2$. Es wird der verbindende Homomorphismus $H_1(S', S) : H_1(\overline{S}) \longrightarrow H_0(S') = S_0$ induziert vom Randoperator $\partial_1 : S_1 \longrightarrow S_0$.
□

Es seien $K = (M, G, \partial), K' = (M', G', \partial')$ Kettenkomplexe über R.
Es sei $\text{Hom}_R(M, M')$ die abelsche Gruppe der R-Modulhomomorphismen $M \longrightarrow M'$.
Die Verknüpfung von $\text{Hom}_R(M, M')$ ist gegeben durch die Addition.
Die Menge $\text{Hom}(K, K')$ der Morphismen von K in K' ist eine Untergruppe von $\text{Hom}_R(M, M')$.
Es sei $\text{Hom}^0(K, K') := \{\varphi \in \text{Hom}(K, K')$: es gibt $h \in \text{Hom}_R(M, M')$ mit $\partial' \circ h + h \circ \partial = \varphi\}$. Es ist $\text{Hom}^0(K, K')$ eine Untergruppe von $\text{Hom}(K, K')$, wie eine kleine Rechnung zeigt.
Es seien $\varphi, \psi \in \text{Hom}(K, K')$

Definition: *$h \in \text{Hom}_R(M.M')$ heißt* **Homotopie** *zwischen φ und ψ, wenn gilt: $\partial' \circ h + h \circ \partial = \varphi - \psi$.*

Es gilt: *Ist h Homotopie zwischen φ und ψ, so ist $H(\varphi) = H(\psi)$.*

Beweis: Es sei $x \in \text{Kern } \partial$. Dann ist

$$(\varphi - \psi)(x) = \varphi(x) - \psi(x) = \partial' h(x) + h\partial(x) = \partial'(h(x))$$

Also ist $[\varphi(x)] = [\psi(x)]$, wenn $[y]$ die Homologieklasse von y bezeichnet. □

Es seien X, X' topologische Räume und $\alpha, \beta : X \longrightarrow X'$ stetige Abbildungen. Es sei $I = [0, 1] := \{\lambda \in \mathbb{R} : 0 \leq \lambda \leq 1\}$ das Einheitsintervall und $I \times X$ der Produktraum der topologischen Räume I und X.
Es sei γ: $I \times X \longrightarrow X'$ eine stetige Abbildung.

Definition: *γ heißt Homotopie zwischen α und β, wenn gilt:*

$$\gamma(0,x) = \alpha(x)$$
$$\gamma(1,x) = \beta(x)$$

für alle $x \in X$.

Es seien $S(\alpha), S(\beta) : S(X,R) \longrightarrow S(X',R)$ die induzierten Morphismen von Kettenkomplexen mit den Bezeichnungen von Beispiel 1

Satz 2: *$S(\alpha)$ ist homotop zu $S(\beta)$, wenn eine Homotopie zwischen α und β existiert.*

Beweis: 1) Es sei γ Homotopie zwischen α und β. Es wird Satz 2 gezeigt für den Spezialfall $X' = X$, $\alpha = id_X$, β ist konstante Abbildung auf den Punkt $p \in X$.
Es ist $S(id_X) = id_{S(X,R)}$.
Es ist $S(\beta)(f)$ das konstante n-Simplex p für alle $f \in Stet(\Delta_n, X)$. Für $n \geq 0$ sei $h_n : S_n(X,R) \longrightarrow S_{n+1}(X,R)$ die R-lineare Abbildung, gegeben durch

$$h_n(f)\left(\sum_{i=0}^{n+1} \lambda_i e_i\right) := \begin{cases} p & : \lambda_0 = 1 \\ \gamma(\lambda_0, f\left(\sum\limits_{i=0}^{n} \frac{\lambda_{i+1}}{1-\lambda_0} e_i\right)) & : \lambda_0 \neq 1 \end{cases}$$

für $f \in Stet(\Delta_n, X)$.
Es gilt: Ist $n \geq 1$, so ist

$$h_n(f) \circ \varepsilon_{n+1,i} = \begin{cases} f & : i = 0 \\ h_{n-1}(f \circ \varepsilon_{n,i-1}) & : i > 0 \end{cases}$$

Es folgt: $\partial_{n+1} \circ h_n + h_{n-1} \circ \partial_n = id$ für $n \geq 1$, $\partial_1 \circ h_0 + h_{-1} \circ \partial_0 = id - \eta_0$ wobei $\eta_0 : S_0(X,R) \longrightarrow S_0(X,R)$ die R-lineare Abbildung ist, die gegeben wird durch $\eta_0(a) = p$ für alle $a \in X = Stet(\Delta_0, X) \subset S_0(X,R)$. Es ist η homotop zu $S(\beta)$, wenn $\eta = \bigoplus_{n \in \mathbb{Z}} \eta_n$ und $\eta_n = 0$ ist für $n \neq 0$. Da $id - \eta \in \mathrm{Hom}^0(S,S)$ und $\eta - S(\beta) \in \mathrm{Hom}^0(S,S)$, $S := S(X,R)$, ist auch $id - S(\beta) \in \mathrm{Hom}^0(S,S)$.

2) Es sei $S_i : (topRm) \longrightarrow (R\text{-}KK)$ der Funktor, der einer stetigen Abbildung φ den Morphismus $S(\varphi)$ der Komplexe der singulären Ketten zuordnet, siehe Beispiel 1.
Es sei $\hat{S} := S \circ \hat{I}$, wobei $\hat{I}$:$(topRm) \longrightarrow (topRm)$ der Funktor ist, der gegeben wird durch die Zuordnung $\varphi \mapsto \hat{I}(\varphi) := id_I \times \varphi$.
Genauer: Ist $\varphi : X \longrightarrow X'$ stetige Abbildung, so ist $\hat{I}\ (\varphi)$ die stetige Abbildung $I \times X \longrightarrow I \times X'$, die (λ, x) auf $(\lambda, \varphi(x))$ abbildet für alle $\lambda \in I, x \in X$.
Es sei $\hat{S} = S \circ \hat{I}$.
Es sei a(bzw.b) : $S \longrightarrow \hat{S}$ die natürliche Transformation von Funktoren, gegeben durch $a(X) = S(\varphi_0^X)$(bzw.$b(X) = S(\varphi_1^X)$) mit $\varphi_0^X : X \longrightarrow I \times X$,$\varphi_0^X(x) := (0,x), \varphi_1^X : X \longrightarrow I \times X$, $\varphi_1^X(x) := (1,x)$ für alle $x \in X$.

Man zeigt: es gibt eine natürliche Transformation $h : S \longrightarrow \hat{S}$ mit: für alle topologische Räume X ist $h(X)$ eine Homotopie zwischen $a(X)$ und $b(X)$.
Man konstruiert $h_n : S_n \longrightarrow \hat{S}_n$ induktiv zunächst für $X = \Delta_n$ und $id_{\Delta_n} \in S_n(\Delta_n)$. Dazu beachte man, daß $I \times \Delta_n$ konvex ist und daher nach 1) $H_k(I \times \Delta_n) = 0$ ist für $k \geq 1$. Es ist $f \in Stet(\Delta_n, X)$ darstellbar als $f = f \circ id_{\Delta_n}$ und $S_n(f)(id_{\Delta_n}) = f$. Dieses Verfahren ist als Methode der azyklischen Modelle bekannt, siehe [D], p. 38.

Ist $\gamma : I \times X \longrightarrow X'$ stetige Abbildung mit $\gamma(0,x) = \alpha(x)$, $\gamma(1,x) = \beta(x)$ für alle $x \in X$, so ist $S(\gamma) \circ a(X)$ homotop zu $S(\gamma) \circ b(X)$. Da $S(\gamma) \circ a(X) = S(\alpha)$ und $S(\gamma) \circ b(X) = S(\beta)$ ist, ist Satz 2 gezeigt. □

Es sei X ein topologischer Raum und A Teilmenge von X. Dann ist $S(A,R)$ in natürlicher Weise Unterkomplex von $S(X,R)$.

Definition: *Der Homologiemodul des Restklassenkomplexes $S(X,R)/S(A,R)$ heißt singulärer Homologiemodul des Paares (X,A). Er wird oft mit $H(X,A;R)$ bezeichnet.*
Es ist $H_n(X,A;R) := H_n(S(X,R)/S(A,R))$ der Modul der homogenen Elemente vom Grad n von $H(X,A;R)$.

Satz 3: *(Ausscheidungssatz)*

Ist $B \subset A$ mit $\overline{B} \subset \overset{\circ}{A}$, so ist $H_n(X,A;R) \cong H_n(X-B, A-B; R)$. Dabei ist $\overline{B}$ die abgeschlossene Hülle von B in X und $\overset{\circ}{A}$ der offene Kern von A in X.

Beweisidee: Es sei S' der Unterkomplex von $S(X,R)$, der erzeugt wird von $Stet(\Delta_n, \overset{\circ}{A}) \cup Stet(\Delta_n, X - \overline{B})$ für $n \geq 0$. Man zeigt, daß $H(S') \cong H(S)$ unter Verwendung der Methode der Unterteilung von Simplizes. Für Einzelheiten verweise ich auf [D], Kap. I.

Übung 2: Man zeige

$$H_k(S^n, R) \cong \begin{cases} R & : k = 0 \text{ und } k = n \\ 0 & : \text{sonst} \end{cases}$$

wenn $S^n := \{x \in \mathbb{R}^{n+1} : |x| = 1\}$, $n \geq 1$, wobei $|x|$ die euklidische Länge von $x \in \mathbb{R}^{n+1}$ ist.
Hinweis: es sei $A := \{x \in S^n : x \neq (0,\ldots,0,1)\}$. Man wende die lange exakte Homologiesequenz an auf $S(A,R) \subset S(S^n,R)$ und schneide einen Punkt aus A aus. □

Definition: *Ein Tripel (M,G,δ) heißt* **Kokettenkomplex** *über R, wenn gilt:*
(i) (M,G) ist $\mathbb{Z}$-graduierter R-Modul
(ii) δ ist R-lineare Abbildung $M \longrightarrow M$ mit $\delta(G_n) \subset G_{n+1}$ für alle n
(iii) $\delta \circ \delta = 0$

Es seien $K = (M,G,\delta)$, $K' = (M',G',\delta')$ Kokettenkomplexe über R.

Definition: *Ein Morphismus $\varphi : K \longrightarrow K'$ ist ein R-Modulhomomorphismus $\varphi : M \longrightarrow M'$ mit*
(i) $\varphi(G_n) \subset G'_n$ für alle $n \in \mathbb{Z}$
(ii) $\delta' \circ \varphi = \varphi \circ \delta$

Es gilt: *Die Morphismen von Kokettenkomplexen über R bilden zusammen mit der Komposition von Abbildungen eine Kategorie (R-KoK).*

Es gilt: *Ist $K = (M,G,\delta)$ Kokettenkomplex über R und ist $\overline{G} := (\overline{G}_n)_{n\in\mathbb{Z}}$, $\overline{G}_n := G_{-n}$, so ist $\overline{K} := (M,\overline{G},\delta)$ ein Kettenkomplex über R.*
Ist $\varphi : K \longrightarrow K' = (M',G',\delta')$ ein Morphismus von Kokettenkomplexen, so ist φ auch Morphismus $\overline{K} \longrightarrow \overline{K'}$ von Kettenkomplexen, den man mit $\overline{\varphi}$ bezeichnet.
Die Zuordnung $\varphi \mapsto \overline{\varphi}$ ist Funktor $-$: (R-KoK) $\longrightarrow$ (R-KK). Er ist eine Äquivalenz.

Es sei $K = (M,G,\delta)$ Kokettenkomplex über R. Es ist Bild $\delta \subset$ Kern δ.

Definition: $H(K) := \text{Kern}\ \delta/\text{Bild}\ \delta$ *heißt* **Kohomologiemodul** *von* K.

Es gilt: *Ist* $\delta_n = \delta|G_n$, *so ist* $\text{Bild}\ \delta_{n-1} \subset \text{Kern}\ \delta_n$ *und* $H^n(K) := \text{Kern}\ \delta_n/\text{Bild}\ \delta_{n-1}$ *ist in natürlicher Weise* R*-Untermodul von* $H(K)$. *Die Folge* $(H^n(K))_{n\in\mathbb{Z}}$ *ist* $\mathbb{Z}$*-Graduierung von* $H(K)$. *Man nennt* $H^n(K)$ *den n.ten Kohomologiemodul von* K. *Es ist* $H^n(K) \cong H_n(\overline{K})$, *wenn* $\overline{K}$ *der zu* K *gehörende Kettenkomplex ist.*

[2] Čech-Kohomologie

X sei ein topologischer Raum und $\mathcal{O}$ das System der offenen Teilmengen von X.

Definition: *Eine offene Überdeckung* U *von* X *ist eine Abbildung* $U : I \longrightarrow \mathcal{O}$ *einer Menge* I *in* $\mathcal{O}$ *mit:* $\bigcup_{i\in I} U(i) = X$.

Man nennt I die Indexmenge von U.

Es seien $U : I \longrightarrow \mathcal{O}$, $U' : I' \longrightarrow \mathcal{O}$ offene Überdeckungen von X.

Definition: *Ein* **Verfeinerungsmorphismus** $\alpha : U \longrightarrow U'$ *ist eine Abbildung* $\alpha : I \longrightarrow I'$ *mit*

$$U(i) \subset U'(\alpha(i))$$

für alle $i \in I$.

Es gilt: *Die Verfeinerungsmorphismen von offenen Überdeckungen von* X *bilden bezüglich der Komposition von Abbildungen eine Kategorie (offÜberd(X)).*

Es sei $U^n : I^n \longrightarrow O$ gegeben durch $U^n(i_1, \ldots, i_n) := U(i_1) \cap \ldots \cap U(i_n)$. Es ist U^n offene Überdeckung von X. Jede Projektion $\pi_k : I^n \longrightarrow I$, $\pi_k(i_1, \ldots, i_n) = i_k$, ist Verfeinerungsmorphismus $U^n \longrightarrow U$.

Sei nun M eine Prägarbe von R-Moduln auf X, d.h. M ist Funktor $OI(X)^{op} \longrightarrow$ (R-Mod) mit $M(\varnothing) = 0$, wobei OI(X) die Kategorie der Inklusionen von offenen Teilmengen von X ist.

Es sei $U : I \longrightarrow \mathcal{O}$ offene Überdeckung von X. Für $i = (i_0, i_1, \ldots, i_n) \in I^{n+1}$ sei $U_i := U(i_0) \cap \ldots \cap U(i_n)$.

Es sei $n \geq 0$ und $C^n(U, M) := \{f : I^{n+1} \longrightarrow \bigoplus_{i\in I^{n+1}} M(U_i) : f(i) \in M(U_i)$ für alle i und $f(i_{\sigma(0)}, \ldots, i_{\sigma(n)}) = \text{sign}\ \sigma \cdot f(i_0, \ldots, i_n)$ für alle $i \in I^{n+1}$ und alle $\sigma \in \text{Perm}$ $\{0, 1, \ldots, n\}\}$.

Es ist $C^n(U, M)$ in natürlicher Weise R-Modul.

Ist $n \leq -1$, so setzt man: $C^n(U, M) := 0$. Es wird $\delta^n = \delta^n(U, M) : C^n(U, M) \longrightarrow C^{n+1}(U, M)$ konstruiert.

Ist $n \leq -1$, so sei $\delta^n = 0$.

Ist $n \geq 0$, $f \in C^n(U, M)$ und $i = (i_0, \ldots, i_{n+1}) \in I^{n+2}$, so sei

$$(\delta^n f)(i) = \sum_{k=0}^{n+1} (-1)^k f(i_0, \ldots, i_{k-1}, i_{k+1}, \ldots, i_{n+1})|U_i.$$

Es ist $(\delta^n f)(i) \in M(U_i)$ und $(\delta^n f)(i_{\sigma(0)}, \ldots, i_{\sigma(n+1)}) = \text{sign}\ \sigma \cdot f(i)$ für alle $\sigma \in \text{Perm}\ \{0, 1, \ldots, n+1\}$.

Denn: es genügt diese Gleichung für σ_r, $0 \leq r \leq n$, nachzuweisen, wenn

$$\sigma_r(k) = \begin{cases} k & : k \neq r, k \neq r+1 \\ r+1 & : k = r \\ r & : k = r+1 \end{cases}$$

weil $\{\sigma_0, \ldots, \sigma_n\}$ ein Erzeugendensystem von Perm $\{0, \ldots, n+1\}$ ist.
Es ist $(-1)^{\sigma_r(k)} f(i_{\sigma_r(0)}, \ldots, i_{\sigma_r(k-1)}, i_{\sigma_r(k+1)}, \ldots, i_{\sigma_r(n+1)})$

$$= \begin{cases} (-1)(-1)^k f(i_0, \ldots, i_{k-1}, i_{k+1}, \ldots, i_{n+1}) & : k = \sigma_r(k) \\ (-1)^{r+1} f(i_0, \ldots, i_r, i_{r+2}, \ldots, i_{k+1}) & : k = r \\ (-1)^r f(i_0, \ldots, i_{r-1}, i_{r+1}, \ldots, i_{n+1}) & : k = r+1 \end{cases}$$

Wegen sign $\sigma_r = -1$ folgt obige Behauptung.
Es gilt: $\delta^{n+1} \circ \delta^n = 0$ *für alle* $n \in \mathbb{Z}$.
Denn: Sei $n \geq 0$ und $i = (i_0, \ldots, i_{n+2}) \in I^{n+3}$. Für $l < k$ sei

$$\Lambda_{lk}(i) = (i_0, \ldots, i_{l-1}, i_{l+1}, \ldots, i_{k-1}, i_{k+1}, \ldots, i_{n+2}).$$

Sei $f \in C^n(U, M)$.
Dann ist

$$\begin{aligned} (\delta^{n+1} \circ \delta^n)(f)(i) &= \sum_{k=0}^{n+2} (-1)^k (\delta^n f)(i_0, \ldots, i_{k-1}, i_{k+1}, \ldots, i_{n+2})|U_i \\ &= \sum_{k=0}^{n+2} \sum_{l<k} (-1)^k (-1)^l f(\Lambda_{lk}(i))|U_i \\ &+ \sum_{k=0}^{n+2} \sum_{l>k} (-1)^k (-1)^{l-1} f(\Lambda_{kl}(i))|U_i = 0 \end{aligned},$$

da der zweite Summand nach Vertauschung der Summationsindizes auch geschrieben werden kann als

$$\sum_{l=0}^{n+2} \sum_{l<k} (-1)^l (-1)^{k-1} f(\Lambda_{lk}(i))|U_i.$$

Es folgt: $C(U, M) := (\bigoplus_{n\in\mathbb{Z}} C^n(U, M), (C^n(U, M))_{n\in\mathbb{Z}}, \delta)$ ist Kokettenkomplex von R-Moduln, wenn $\delta = \bigoplus_{n\in\mathbb{Z}} \delta^n$. Er heißt **Čech-Komplex** von M bezüglich U.

Definition: $\check{H}(U, M) := H(C(U, M))$ *heißt* **Čech-Kohomologiemodul** *von* M *bezüglich* U.

Es gilt: *Ist* $\check{H}^n(U, M) :=$ Kern $\delta^n/$Bild δ^{n-1}, *so ist* $\check{H}(U, M) = \bigoplus_{n=0}^{\infty} \check{H}^n(U, M)$.

Es sei $\tau : U \longrightarrow U'$ Verfeinerungsmorphismus von offenen Überdeckungen von X und $\varphi : M' \longrightarrow M$ Morphismus von Prägarben von R-Moduln auf X.
Sei $f \in C^n(U', M'), U' : I' \longrightarrow \mathcal{O}$.
Setze $\hat{f}(i) := \varphi(U'_{\tau i}) f(\tau i_0, \ldots, \tau i_n)|U_i$ für $i = (i_0, \ldots, i_n) \in I^{n+1}$.
Dann ist $\hat{f} \in C^n(U, M)$ und die Zuordnung $f \mapsto \hat{f}$ ist eine R-lineare Abbildung $C^n(\tau, \varphi) : C^n(U', M') \longrightarrow C^n(U, M)$.

Es gilt: *Es gibt einen Morphismus* $C(\tau, \varphi) : C(U', M') \longrightarrow C(U, M)$ *von Kokettenkomplexen mit* $C(\tau, \varphi)(f) = C^n(\tau, \varphi)(f)$ *für* $f \in C^n(U, M)$.
Denn: $\delta^n(C^n(\tau, \varphi)(f) = C^{n+1}(\tau, \varphi)(\delta^n f)$, wenn $f \in C^n(U, M)$.

Es gilt: *Die Zuordnung* $(\tau,\varphi) \longrightarrow C(\tau,\varphi)$ *ist ein Funktor*

$$C : (\mathit{offÜberd}(X))^{op} \times (R\text{-}Mod(X)) \longrightarrow (R\text{-}KoK),$$

wobei $(R\text{-}Mod(X))$ *die Kategorie der Morphismen von Prägarben von R-Moduln auf* X *ist.*

Es gilt: *Es seien* $\tau,\sigma : U \longrightarrow U'$ *Verfeinerungsmorphismen von offenen Überdeckungen von* X. *Dann ist* $C(\tau, id_M)$ *homotop zu* $C(\sigma, id_M)$

Beweis: Es sei $h_n : C^n(U', M) \longmapsto C^{n-1}(U, M)$ gegeben durch

$$(h_n f)(i_0,\ldots,i_{n-1}) := \sum_{k=0}^{n-1}(-1)^k f(\tau(i_0),\ldots,\tau(i_k),\sigma(i_k),\ldots,\sigma(i_{n-1}))|U_i$$

für $i = (i_0,\ldots,i_{n-1})$. Man beachte, daß

$$U_i = U_{i_0} \cap \ldots \cap U_{i_{n-1}} \subset U'_{\tau(i_0)} \cap \ldots \cap U'_{\tau(i_k)} \cap U'_{\sigma(i_k)} \cap \ldots \cap U'_{\sigma(i_{n-1})}.$$

Es ist $\delta^{n-1} \circ h_n + h_{n+1}\delta^n = C^n(\tau, id_M) - C^n(\sigma, id_M)$, wie eine längere Rechnung zeigt. Daher ist $k := \bigoplus_{n\in\mathbb{Z}} k_n, k_n := 0$ für $n \leq 0$, eine Homotopie zwischen $C(\tau, id_M)$ und $C(\sigma, id_M)$. Dabei ist eine Homotopie zwischen Morphismus φ, ψ von Kokettenkomplexen definiert als Homotopie zwischen den Morphismen $\overline{\varphi}, \overline{\psi}$ der zugehörenden Kettenkomplexe.

Direkte Limiten:
Es seien $\Lambda, \mathcal{M}$ Kategorien und $F : \Lambda \longrightarrow \mathcal{M}$ ein Funktor. Obj Λ sei die Gesamtheit der Objekte von Λ.

Definition: *Ein Objekt* L *von* M *und eine Familie* $(in_{F,\lambda})_{\lambda\in Obj\Lambda}$, *heißen* **direkter Limes** *von* F, *wenn gilt:*

(i) $in_{F,\lambda}$ *ist Morphismus* $F(\lambda) \longrightarrow L$ *und* $in_{F,\lambda} = in_{F,\lambda'} \circ F(\alpha)$, *wenn* $\alpha : \lambda \longrightarrow \lambda'$ *Morphismus in* Λ *ist*

(ii) Ist X *Objekt in* $\mathcal{M}$ *und ist* $(\varphi_\lambda)_{\lambda\in Obj\ \Lambda}$ *eine Familie von Morphismen* $\varphi_\lambda : F(\lambda) \longrightarrow X$ *mit* $\varphi_\lambda = \varphi_{\lambda'} \circ F(\alpha)$, *wenn* $\alpha : \lambda \longrightarrow \lambda'$ *Morphismus in* Λ, *so existiert genau ein Morphismus* $\varphi : L \longrightarrow X$ *mit* $\varphi_\lambda = \varphi \circ in_{F,\lambda}$ *für alle* λ.

Man schreibt $L = \varinjlim F$ und nennt $in_{F,\lambda}$ den Injektionsmorphismus.

Es gilt: Λ_0 *sei volle Unterkategorie von* Λ, Λ_0 *sei Menge,* Λ_0 *enthalte ein Skelett von* Λ.
Dann existiert $\varinjlim F$ *und* $in_{F,\lambda}$ *für jeden Funktor* $F : \Lambda \longrightarrow (R\text{-}Mod)$

Beweis: $\hat{L} := \bigoplus_{\lambda\in Obj\ \Lambda_0} F(\lambda)$ und $\eta_\lambda : F(\lambda) \longrightarrow \hat{L}$ sei die kanonische Einbettung. N sei der R-Untermodul von $\hat{L}$, erzeugt von $\{\eta_\lambda(x) - \eta_{\lambda'}|F(\alpha)(x) : x \in F(\lambda), \alpha : \lambda \longrightarrow \lambda'$ Morphismus in $\Lambda_0\}$ und $L := \hat{L}/N, \pi$ Restklassenmorphismus. Dann ist L zusammen mit $(in_{F,\lambda})_{\lambda\in Obj\ \Lambda_0}, in_{F,\lambda} := \pi \circ \eta_\lambda$, direkter Limes von $F|\Lambda_0$.
Ist $\lambda \in Obj\ \Lambda$, so existiert $\lambda' \in Obj\ \Lambda_0$ und ein Isomorphismus $\alpha : \lambda \longrightarrow \lambda'$. Man setzt $in_{F,\lambda} := in_{F,\lambda'} \circ F(\alpha)$. Dann ist L zusammen mit $(in_{F,\lambda})_{\lambda\in Obj\Lambda}$ direkter Limes von F. □

Übung 3: Push-out
Es sei Λ gegeben durch das Diagramm

$$\begin{array}{ccc} 0 & \xrightarrow{\beta} & B \\ \alpha \downarrow & & \\ A & & \end{array}$$

d.h. Λ hat drei Objekte $0, A, B$ und $\Lambda = \{id_0, id_A, id_B, \alpha, \beta\}$ mit $\alpha : 0 \longrightarrow A, \beta : 0 \longrightarrow B$.
Ein Funktor $F : \Lambda \longrightarrow (R\text{-}Mod)$ ist gegeben durch drei R-Moduln $F(0), F(A), F(B)$ und zwei Modulhomomorphismen$F(\alpha) : F(0) \longrightarrow F(A), F(\beta) : F(0) \longrightarrow F(B)$.
Es sei N der Untermodul von $F(A) \bigoplus F(B)$ erzeugt von $\{(F(\alpha)(x), F(\beta)(x)) : x \in F(0)\}$ und $L = F(A) \bigoplus F(B)/N$. Dann ist $L = \varinjlim F$. Er heißt auch push-out von F.

Definition: *$\check{H}(X, M) := \varinjlim H(\cdot, M)$, wenn $\check{H}(\cdot, M)$ die Einschränkung von $H \circ C$ auf $(offÜberd(X))^{op} \times \{id_M\}$ ist.*

Es ist $\check{H}(X, M) = \bigoplus_{n=0}^{\infty} \check{H}^n(X, M)$. Man nennt $\check{H}^n(X, M)$ den n-ten **Čech-Kohomologiemodul** von M.

Übung 4: Ist M Garbe von R-Moduln auf X, so ist $\check{H}^0(X, M)) = M(X)$
Denn: 1) $\check{H}^0(U, M) = M(X)$ für jede offene Überdeckung U von X: Ist $f \in C^0(U, M)$ und $\delta^0 f = 0$, so ist $f(i)|U_{ij} = f(j)|U_{ij}, U_{ij} := U_i \cap U_j, i, j \in$ Indexmenge von U. Nach den Garbeneigenschaften gibt es genau ein $g \in M(X)$ mit $g|U_i = f(i)$ für alle i. Also ist $\check{H}^0(U, M) =$ Kern $\delta^0 = M(X)$.
2) Es ist $C^0(\tau, id_M) = id_{M(X)}$ für alle Verfeinerungsmorphismen τ. □

Übung 5: $\check{H}^n(\mathbb{R}^k, M) = 0$ für $n > k$ und jede Prägarbe M auf $\mathbb{R}^k$.
Denn: U sei offene Überdeckung von $\mathbb{R}^k$.
Dann gibt es eine offene Überdeckung U' von $\mathbb{R}^k, U' : I' \longrightarrow \mathcal{O}_{\mathbb{R}^k}$, mit $U'_{(i_0,\ldots,i_{k+1})} = \emptyset$, wenn $i_0, \ldots, i_{k+1}$ verschiedene Indizes der Indexmenge I' von U' sind. Daher ist $C^n(U', M) = 0$ für alle $n > k$ und somit ist $\check{H}^n(U', M) = 0$. Es folgt $\check{H}^n(X, M) = 0$.
□

Übung 6: Man berechne $\check{H}^1(X, M)$, wenn $X = \{x \in \mathbb{R}^2 : |x| = 1\}$ die 1-Spähre ist und M die Garbe der lokalkonstanten $\mathbb{R}$-wertigen Funktionen auf X ist.

3 Ableitung von Funktoren

$\mathcal{M}$ sei eine Kategorie und $h_{\mathcal{M}} : \mathcal{M}^{op} \times \mathcal{M} \longrightarrow (Mg)$ sei der natürliche Funktor, gegeben durch die Vorschrift: Sind $\varphi \in \mathcal{M}(X', X), \psi \in \mathcal{M}(Y, Y')$, so ist $h(\varphi, \psi)$ die Abbildung $\mathcal{M}(X, Y) \longrightarrow \mathcal{M}(X', Y'), \alpha \mapsto \psi \circ \alpha \circ \varphi$.

Definition: *$(\mathcal{M}, A)$ heißt Kategorie mit additiver Gruppenstruktur (auch:* **prä-additive Kategorie***), wenn gilt:*
(i) A ist Funktor $\mathcal{M}^{op} \times \mathcal{M} \longrightarrow (abGr)$
(ii) $V \circ A = h_{\mathcal{M}}$, wenn $V : (abGr) \longrightarrow (Mg)$ der Vergißfunktor ist.

Beispiel 3: (R-*Hom*)
Es seien X, Y R-Moduln und $\mathrm{Hom}_R(X, Y)$ die Menge der R-Modulhomomorphismen $X \longrightarrow Y$. Sind $\varphi, \psi \in \mathrm{Hom}_R(X, Y)$ und wird $\varphi + \psi$ definiert durch $(\varphi + \psi)(x) := \varphi(x) + \psi(x)$, so ist $\varphi + \psi \in \mathrm{Hom}_R(X, Y)$ und $+$ ist eine abelsche Gruppenverknüpfung auf $\mathrm{Hom}_R(X, Y)$.
Dies bedeutet, daß $(R\text{-}Hom) := (R\text{-}Mod, \mathrm{Hom}_R)$ eine prä-additive Kategorie ist. □

Es sei $\mathcal{A} = (\mathcal{M}, A)$ eine prä-additive Kategorie. Dann ist $\mathcal{A}(X, Y) := A(X, Y)$ eine abelsche Gruppe für je zwei Objekte X, Y von $\mathcal{M}$, deren Verknüpfung mit $+_{X,Y}$ oder $+$ bezeichnet wird. Das Nullelement in $\mathcal{A}(X, Y)$ wird mit $0_{X,Y}$ oder 0 bezeichnet.

Es gilt: $\alpha \circ (\varphi + \psi) \circ \beta = \alpha \circ \varphi \circ \beta + \alpha \circ \psi \circ \beta$ *für* $\varphi, \psi \in \mathcal{A}(X, Y), \alpha \in A(Y, Z), \beta \in A(W, X)$ *und* $\alpha \circ 0_{X,Y} = 0_{X,Z}, 0_{X,Y} \circ \beta = 0_{W,Y}$.
Denn: $\mathcal{A}(\alpha, \beta)$ ist ein Morphismus in $(abGr)$. □

Es gilt: *$\mathcal{M}'$ sei Unterkategorie von $\mathcal{M}$ mit: $\mathcal{M}'(X, Y)$ ist Untergruppe von $\mathcal{A}(X, Y)$ für alle Objekte X, Y in $\mathcal{M}'$. Dann ist $(\mathcal{M}', A|\mathcal{M}'^{op} \times \mathcal{M}')$ eine Kategorie mit additiver Gruppenstruktur. Sie heißt Unterkategorie von $\mathcal{A}$. Insbesondere ist eine volle Unterkategorie von $\mathcal{M}$ eine Unterkategorie von $\mathcal{A}$.*

Es gilt: *Es sei $\overline{A} : (\mathcal{M}^{op})^{op} \times \mathcal{M}^{op} \longrightarrow (abGr)$ gegeben durch $\overline{A}(\varphi, \psi) = A(\psi, \varphi)$ für $\varphi, \psi \in \mathcal{M}^{op}$. Dabei wird $\mathcal{M}$ mit $(\mathcal{M}^{op})^{op}$ identifiziert. Dann ist $\mathcal{A}^{op} := (\mathcal{M}^{op}, \overline{A})$ eine Kategorie mit additiver Gruppenstruktur. Sie heißt Oppositkategorie zu $\mathcal{A} = (\mathcal{M}, A)$.*

Beispiel 4: (R-*Hom*(X))
Es sei X ein topologischer Raum; M, N Prägarben von R-Moduln auf X. Sind φ, ψ Morphismen von M in N, so ist $\varphi + \psi$, gegeben durch $(\varphi + \psi)(U) := \varphi(U) + \psi(U)$ für alle offenen Teilmengen U von X, ein Morphismus von M in N.
Die Menge der Morphismen von M in N zusammen mit der Verknüpfung $+$ ist eine abelsche Gruppe $\mathrm{Hom}_R(M, N)$. Hom_R ist Funktor $(R\text{-}Mod(X))^{op} \times (R\text{-}Mod(X)) \longrightarrow (abGr)$, wobei $(R\text{-}Mod(X))$ die Kategorie der Morphismen von Prägarben von *R-Moduln* auf X ist, und $(R\text{-Hom}(X)) := (R\text{-}Mod(X), \mathrm{Hom}_R)$ ist Kategorie mit additiver Gruppenstruktur. Die R-Modulgarben auf X sind eine volle Unterkategorie von $(R\text{-}Mod(X))$. Sie bestimmen eine prä-additive Unterkategorie von $(R\text{-Hom}(X))$.
□

Es sei $\alpha \in \mathcal{A}(X, Y)$.

Definition: *α heißt* **Monomorphismus** *in $\mathcal{A}$, wenn gilt: Ist $\beta \in \mathcal{A}(Z, X)$ mit $\alpha \circ \beta = 0_{ZY}$, so ist $\beta = 0_{ZX}$.*

Definition: *α heißt* **Epimorphismus** *in $\mathcal{A}$, wenn α Monomorphismus von $\mathcal{A}^{op}$ ist.*

Übung 7: Eine prä-additive Kategorie, die nur ein Objekt hat, ist ein assoziativer Ring R mit 1. Ist $\alpha \in R$ kein Nullteiler, so ist α Monomorphismus und Epimorphismus. Er ist Isomorphismus nur wenn α Einheit ist. □

Definition: *$\alpha' \in \mathcal{A}(X', X)$ heißt* Kern *von α in $\mathcal{A}$, wenn gilt:*
(i) $\alpha \circ \alpha' = 0_{X'Y}$
(ii) Ist $\beta \in \mathcal{A}(Z, X)$ mit $\alpha \circ \beta = 0$, so existiert genau ein $\beta' \in \mathcal{A}(Z, X')$ mit $\beta = \alpha' \circ \beta'$.

Es gilt: *α' ist ein Monomorphismus, wenn α'* Kern *von α in $\mathcal{A}$ ist.*

Definition: $\overline{\alpha} \in \mathcal{A}(X, \overline{X})$ *heißt* Kokern *von* α *in* $\mathcal{A}$, *wenn gilt:* $\overline{\alpha}$ *ist* Kern *von* α *in* $\mathcal{A}^{op}$.

Es gilt: *$\mathcal{A}$ sei prä-additive Kategorie. Jeder Morphismus von $\mathcal{A}$ besitze* Kern *und* Kokern *in $\mathcal{A}$. Zu $\alpha \in \mathcal{A}(X, Y)$ existiert ein kommutatives Diagramm*

$$\begin{array}{ccc} X' & & \overline{Y} \\ {\scriptstyle\alpha'}\downarrow & & \uparrow{\scriptstyle\overline{\alpha}} \\ X & \stackrel{\alpha}{\longrightarrow} & Y \\ {\scriptstyle\overline{(\alpha')}}\downarrow & \searrow^{\hat{\alpha}} & \uparrow{\scriptstyle(\overline{\alpha})'} \\ \overline{X} & \stackrel{\tilde{\alpha}}{\longrightarrow} & Y' \end{array}$$

mit $\alpha' :=$ Kern *von* α *in* $\mathcal{A}$, $\overline{\alpha} :=$ Kokern *von* α *in* $\mathcal{A}$, $\overline{(\alpha')} :=$ Kokern *von* α' *in* $\mathcal{A}$, $(\overline{\alpha})' :=$ Kern *von* $\overline{\alpha}$ *in* $\mathcal{A}$.
Da $\overline{\alpha} \circ \alpha = 0$ *ist und* $(\overline{\alpha})'$Kern *von* $\overline{\alpha}$ *in* $\mathcal{A}$ *ist, gibt es genau ein* $\hat{\alpha} \in \mathcal{A}(X, Y')$ *mit* $\alpha = (\overline{\alpha})' \circ \hat{\alpha}$. *Es ist* $\hat{\alpha} \circ \alpha' = 0$, *weil* $(\overline{\alpha})' \circ \hat{\alpha} \circ \alpha' = \alpha \circ \alpha' = (\overline{\alpha})' \circ 0$ *und* $(\overline{\alpha})'$ *ein Monomorphismus ist. Da* $\overline{(\alpha')}$ Kokern *von* α' *ist, gibt es genau ein* $\tilde{\alpha} \in \mathcal{A}(\overline{X}, Y')$ *mit* $\hat{\alpha} = \tilde{\alpha} \circ \overline{(\alpha')}$.

Definition: $\mathcal{A}$ *heißt* **prä-abelsch**, *wenn gilt:*
(i) Jeder Morphismus von $\mathcal{A}$ besitzt Kern *und* Kokern *in $\mathcal{A}$*
(ii) Für alle $\alpha \in A$ ist $\tilde{\alpha}$ ein Isomorphismus. Dabei ist $\tilde{\alpha}$ der oben konstruierte Morphismus. Man nennt dann $\overline{X} \approx Y'$ das Bildobjekt von α. Wenn zusätzlich das Produkt von je zwei Objekten aus $\mathcal{A}$ in $\mathcal{A}$ existiert, so heißt $\mathcal{A}$ abelsch.

Es gilt: *$\mathcal{A}$ sei prä-abelsch, $\alpha \in \mathcal{A}(X, Y), \beta \in \mathcal{A}(Y, Z)$ mit $\beta \circ \alpha = 0_{XZ}$. Ist $\beta' =$* Kern *von β in $\mathcal{A}, \beta' \in \mathcal{A}(Y'', Y)$ so existiert genau ein $\alpha_0 \in \mathcal{A}(X, Y'')$ mit $\beta' \circ \alpha_0 = \alpha$. Ist $\overline{\alpha}_0$ der* Kokern *von α_0 in $\mathcal{A}$ und ist $\overline{\alpha}_0 \in \mathcal{A}(Y'', W)$, so wird W auch mit* Kern β/Bild α *bezeichnet.* □

Es sei $\alpha \in \mathcal{A}(X, Y), \beta \in \mathcal{A}(Y, Z)$.

Definition: (α, β) *heißt exakt, wenn* $\beta \circ \alpha = 0$ *und* Kern β/Bild α *Nullobjekt in* $\mathcal{A}$ *ist.*
Dabei heißt ein Objekt N von $\mathcal{A}$ Nullobjekt, wenn $\mathcal{A}(N, X) = \{0_{NX}\}, \mathcal{A}(X, N) = \{0_{XN}\}$ für alle Objekte X von $\mathcal{A}$.

Es sei $\mathcal{A}$ eine prä-additive Kategorie und Q Objekt in $\mathcal{A}$.

Definition: Q *heißt* **injektiv**, *wenn gilt: Ist $\gamma : M' \longrightarrow M$ ein Monomorphismus in $\mathcal{A}$ und $\alpha \in \mathcal{A}(M', Q)$, so existiert $\overline{\alpha} \in \mathcal{A}(M, Q)$ mit $\alpha = \overline{\alpha} \circ \gamma$.*

Definition: *Ein Objekt P in $\mathcal{A}$ heißt projektiv, wenn gilt: P ist injektiv in $\mathcal{A}^{op}$.*

Übung 8: Ein freier R-Modul ist projektiv in (R-Hom). $\mathbb{Q}$ ist injektiv in ($\mathbb{Z}$-Hom).

Es sei $\mathcal{A}$ eine prä-abelsche Kategorie und X Objekt in $\mathcal{A}$

Definition: *Eine* **Auflösung** *Z von X in $\mathcal{A}$ nach rechts ist eine Folge $(Y_n, \delta^n)_{n \geq 0}$ und ein Monomorphismus $\varepsilon : X \longrightarrow Y_0$ mit:*
(i) $\delta^n \in \mathcal{A}(Y_n, Y_{n+1})$ für alle $n \geq 0, \delta^{n+1} \circ \delta^n = 0$ für alle $n \geq 0$ und $\delta^0 \circ \varepsilon = 0$.
(ii) (ε, δ^0) und (δ^n, δ^{n+1}) sind exakt für alle $n \geq 0$.
Sie heißt injektiv, wenn zusätzlich gilt: Y_n ist injektives Objekt in $\mathcal{A}$ für alle $n \geq 0$.

Es seien $\mathcal{A} = (\mathcal{M}, A), \mathcal{A}' = (\mathcal{M}', A')$ prä-additive Kategorien und $F : \mathcal{M} \longrightarrow \mathcal{M}'$ Funktor

Definition: *F heißt* **additiv**, *wenn gilt:* $F(\alpha + \alpha') = F(\alpha) + F(\alpha')$ *für alle* $\alpha, \alpha' \in \mathcal{A}(X, X')$ *und alle Objekte* X, X' *in* $\mathcal{M}$.

Es seien nun $\mathcal{A}, \mathcal{A}'$ prä-abelsche Kategorien und $F : \mathcal{A} \longrightarrow \mathcal{A}'$ ein additiver Funktor. Es sei X ein Objekt von $\mathcal{A}$ und $Q = (Q_n, \delta^n, \varepsilon)_{n \geq 0}$ eine injektive Auflösung von X.
Man setzt
$R^n F_Q(X) :=$ Kern $F(\delta^n)/$Bild $F(\delta^{n-1})$ wobei $\delta^{-1} := 0$.
Man beachte, daß $F(\delta^{n-1}) \circ F(\delta^n) = F(\delta^{n-1} \circ \delta^n) = F(0) = 0$ ist.

Lemma: *Ist* Q' *eine weitere injektive Auflösung von* X *in* $\mathcal{A}$, *so ist* $R^n F_Q(X) \cong R^n F_{Q'}(X)$ *für alle* $n \geq 0$.

Beweis:
1) Es sei $Q' = (Q'_n, \delta'^n, \varepsilon')_{n \geq 0}$.
Es gibt eine Folge $(\varphi_n)_{n \geq 0}$ von Morphismen $Q_n \longrightarrow Q'_n$ mit $\varepsilon' = \varepsilon \circ \varphi_0, \varphi_{n+1} \circ \delta^n = \delta'^n \circ \varphi_n$.
Man führt Induktion über n. Sei zunächst $n = 0$. Da $\varepsilon : X \longrightarrow Q_0$ ein Monomorphismus ist und Q'_0 injektiv in $\mathcal{A}$ gibt es eine Fortsetzung φ_0 von ε' auf Q_0, d.h. einen Morphismus $\varphi_0 : Q_0 \longrightarrow Q'_0$ mit $\varepsilon \circ \varphi_0 = \varepsilon'$.
Sei nun $n \geq 0$ und φ_k konstruiert für alle $k \leq n$. Der Morphismus δ^n besitzt eine Faktorisierung $\delta^n = \beta_n \circ \alpha_n$, $\alpha_n \in \mathcal{A}(Q_n, B_n)$, $\beta_n \in \mathcal{A}(B_n, Q_{n+1})$ mit: α_n ist der Kokern des Kerns von δ^n und β_n ist der Kern des Kokerns von d^n. Insbesondere ist β_n ein Monomorphismus. Da (δ^{n-1}, δ^n) exakt ist, ist α_n der Kokern von δ^{n-1}. Da $(\delta')^n \circ (\delta')^{n-1} \circ \varphi_{n-1} = 0$ ist, gibt es genau einen Morphismus $\varepsilon_n : B_n \longrightarrow Q'_{n+1}$ mit $\varepsilon_n \circ \alpha_n = (\delta')^n \circ \varphi_{n-1}$, da $(\delta')^n \circ \varphi_n \circ \delta^{n-1} = (\delta')^n \circ (\delta')^{n-1} \circ \varphi_{n-1}$.
Da Q'_{n+1} injektiv ist in $\mathcal{A}$, kann man ε_n fortsetzen auf Q_{n+1}, d.h. es gibt einen Morphismus $\varphi_{n+1} : Q_{n+1} \longrightarrow Q'_{n+1}$ mit $\varphi_{n+1} \circ \beta_n = \varepsilon_n$. Es folgt $\varphi_{n+1} \circ \delta^n = (\delta')^n \circ \varphi_n$.
2) Ebenso zeigt man: es gibt eine Folge $(\psi_n)_{n \geq 0}$ von Morphismen $\psi_n : Q'_n \longrightarrow Q_n$ mit $\varepsilon = \varepsilon' \circ \psi_0$ und $\psi_{n+1} \circ \delta'^n = \delta^n \circ \psi_n$ für alle n.
3) Es sei $\eta_n := \psi_n \circ \varphi_n - id_{Q_n}$ für alle $n \geq 0$.
Es gibt eine Folge $(h_n)_{n \geq 0}$ von Morphismen $h_n : Q_n \longrightarrow Q_{n-1}, Q_{-1} := 0$, mit $\eta_n = h_{n+1} \circ \delta^n + \delta^{n-1} \circ h_n$ für alle $n \geq 0$. Es ist $h_0 := 0$.
Sei $n \geq 0$. Es wird angenommen, daß h_k definiert ist für alle $k \leq n$ mit $\eta_k = h_{k+1} \circ \delta^k + \delta^{k-1} \circ h_k$ für alle $k < n$. Es ist

$$(\eta_n - \delta^{n-1} \circ \delta_n) \circ \delta^{n-1} = \eta_n \circ \delta^{n-1} - \delta^{n-1}(\eta_{n-1} - \delta^{n-2} h_{n-1}) = \eta_n \delta^{n-1} - \delta^{n-1} \eta_{n-1} = 0$$

Man betrachtet die Faktorisierung $\delta^n = \beta_n \circ \alpha_n, \alpha_n : Q_n \longrightarrow B_n, \beta_n : B_n \longrightarrow Q_{n+1}$ von 1).
Da α_n der Kokern von δ^{n-1} ist, gibt es genau einen Morphismus $g_n : B_n \longrightarrow Q_n$ mit $g_n \circ \alpha_n = \eta_n - \delta^{n-1} \circ h_n$.
Es gibt eine Fortsetzung von g_n auf Q_{n+1}, d.h. es gibt einen Morphismus $h_n : Q_{n+1} \longrightarrow Q_n$ und $h_n \circ \beta_n = g_n$. Also ist $h_n \circ \beta_n \circ \alpha_n = h_n \circ \delta^n = \eta_n - \delta^{n+1} h_n$.
4) Es folgt $H(\eta_n) = 0$ für alle n, da $(\eta_n)_{n \geq 0}$ nullhomotop ist als Morphismus von Kokettenkomplexen. Es folgt $H(\psi_n) \circ H(\varphi_n) = H(id_Q) = id$.
5) Ebenso zeigt man $H(\varphi_n) \circ H(\psi_n) = id$. Somit ist $R^n F_Q(X) \cong R^n F_{Q'}(X)$. □.

Man setzt $R^n F(X) := R^n F_Q(X)$, wenn Q injektive Auflösung von X ist.

Satz 4: *$\mathcal{A}$ sei eine prä-abelsche Kategorie, die genügend viele injektive Objekte hat (d.h. jedes Objekt X von $\mathcal{A}$ besitzt einen Monomorphismus $\alpha : X \longrightarrow Q$ in ein injektives Objekt Q von $\mathcal{A}$). $F : \mathcal{A} \longrightarrow \mathcal{A}'$ sei ein additiver Funktor, $\mathcal{A}'$ prä-abelsche Kategorie.*
Dann gilt:

(i) Jedes Objekt X von $\mathcal{A}$ besitzt eine injektive Auflösung und $R^nF(X)$ ist definiert.
(ii) $\gamma \in \mathcal{A}(X,Y)$ induziert Morphismus $R^nF(\gamma) \in \mathcal{A}'(R^nF(X), R^nF(Y))$
(iii) Die Zuordnung $\gamma \mapsto R^nF(\gamma)$ ist ein Funktor $R^nF : \mathcal{A} \longrightarrow \mathcal{A}'$. Er heißt n.ter rechts **abgeleiteter Funktor** *von F.*
(iv) Ist F linksexakt (d.h. Ist $0 \longrightarrow F(X') \longrightarrow F(X) \longrightarrow F(\overline{X})$ exakt, wenn $0 \longrightarrow X' \longrightarrow X \longrightarrow \overline{X} \longrightarrow 0$ exakte Sequenz in $\mathcal{A}$ ist), so ist $R^0F \cong F$.
(v) Wenn in $\mathcal{A}$ endliche direkte Summen existieren, so gilt: Ist $0 \longrightarrow X' \xrightarrow{\alpha} X \xrightarrow{\beta} \overline{X} \longrightarrow 0$ exakte Sequenz in $\mathcal{A}$, so existiert ein verbindender Morphismus

$$\mu_n : R^nF(\overline{X}) \longrightarrow R^{n+1}F(X')$$

für alle $n \geq 0$ mit:
Die Sequenz

$$\ldots \longrightarrow R^nF(X') \xrightarrow{R^nF(\alpha)} R^nF(X) \xrightarrow{R^nF(\beta)} R^nF(\overline{X}) \xrightarrow{\mu_n}$$
$$\xrightarrow{\mu_n} R^{n+1}F(X') \xrightarrow{R^{n+1}F(\alpha)} R^{n+1}F(X) \longrightarrow \ldots$$

ist exakt.

Beweis:

(i) Es sei $\varepsilon : X \longrightarrow Q_0$ ein Monomorphismus und Q_0 ein injektives Objekt in $\mathcal{A}$. Es sei $\alpha_0 : Q_0 \longrightarrow B_0$ der Kokern von ε und $\beta_0 : B_0 \longrightarrow Q_1$ ein Monomorphismus mit: Q_1 ist injektives Objekt in $\mathcal{A}$. Man konstruiert induktiv Monomorphismus $\beta_{n-1} : B_{n-1} \longrightarrow Q_n, Q_n$ injektives Objekt in $\mathcal{A}$ und setzt: $\alpha_n :=$ Kokern von $\beta_{n-1}, \alpha_n : Q_n \longrightarrow B_n$. Dann ist $(Q_n, \delta^n := \beta_n \circ \alpha_n, \varepsilon)$ eine injektive Auflösung von X.

(ii) Es sei $(Q_n, \delta^n, \varepsilon)_{n\geq 0}$ eine injektive Auflösung von X und $(Q'_n, \delta'^n, \varepsilon')$ eine injektive Auflösung von Y. Wie in Schritt 1) des Beweises des obigen Lemmas konstruiert man eine Folge $(\varphi_n)_{n\geq 0}, \varphi_n : Q_n \longrightarrow Q'_n$, mit: $\delta'^n \circ \varphi_n = \varphi_{n+1} \circ \delta^n$ für alle n und $\varphi_0 \circ \varepsilon = \varepsilon' \circ \gamma$.
Man setzt $R^nF(\gamma) := H((\varphi_n)_{n\geq 0})$. Dabei ist $(\varphi_n)_{n\geq 0}$ ein Morphismus von Kokettenkomplexen über $\mathcal{A}$.
Wie in Schritt 3) des Beweises des Lemmas zeigt man, daß $R^nF(\gamma)$ unabhängig von der Wahl von $(\varphi_n)_{n\geq 0}$ ist.

(iii) Man betrachtet die Komposition der Morphismen von Kokettenkomplexen über $\mathcal{A}$ und verwendet (ii).

(iv) Mit den Bezeichnungen aus (i) gilt: $0 \longrightarrow X \xrightarrow{\varepsilon} Q_0 \xrightarrow{\alpha_0} B_0 \longrightarrow 0$ ist exakte Sequenz. Daher ist $0 \longrightarrow F(X) \xrightarrow{F(\varepsilon)} F(Q_0) \xrightarrow{F(\alpha_0)} F(B_0)$ exakt. Es sei der Kern von $F(\alpha_0)$ ein Morphismus $\gamma : C \longrightarrow F(Q_0)$. Dann ist $F(X)$ isomorph zu C, da $F(\varepsilon)$ ein Monomorphismus ist. Andererseits ist γ auch der Kern von $F(\delta^0) : F(Q_0) \longrightarrow F(Q_1)$, da $F(\delta^0) = F(\beta_0) \circ F(\alpha_0)$ und $\beta_0 : B_0 \longrightarrow Q_1$ ein Monomorphismus ist, weswegen auch $F(\beta_0)$ ein Monomorphismus ist.

(v) Die Theorie der Kettenkomplexe und Kokettenkomplexe von R-Moduln, siehe Abschnitt 1, läßt sich in naheliegender Weise verallgemeinern zu einer Theorie von Kettenkomplexen und Kokettenkomplexen über einer prä-abelschen Kategorie $\mathcal{A}$.
Insbesondere bleibt Satz 1 richtig für Kokettenkomplexe über $\mathcal{A}$. Man konstruiert Auflösungen Q' von X', Q von X und $\overline{Q}$ von $\overline{X}$ derart, daß Q die direkte Summe von Q' und $\overline{Q}$ ist.
Dann ist $F(Q) = F(Q') \bigoplus F(\overline{Q})$ und man kann auf die Komplexe $F(Q') \subset F(Q)$ Satz 1 anwenden.

Beispiel 5: Tor
Es sei C ein R-Modul und $F_C : (R\text{-Hom}) \longrightarrow (R\text{-Hom})$ der Funktor $\varphi \mapsto \varphi \otimes id_C$. F_C ist additiv. Man faßt F_C auf als Funktor $(R\text{-Hom})^{op} \longrightarrow (R\text{-Hom})^{op}$. Dann ist F_C linksexakt.
Jedes Objekt X in $(R\text{-Hom})^{op}$ besitzt eine injektive Auflösung; sie wird zum Beispiel gegeben durch eine exakte Sequenz $\longrightarrow M_n \longrightarrow M_{n-1} \longrightarrow \ldots \longrightarrow M_0 \longrightarrow X \longrightarrow 0$ wobei M_n freie R-Moduln sind. Man nennt dies eine freie Auflösung von X in (R-Hom) nach links. Man nennt $Tor_n(X, C) := R^n F_C$ n.ten Torsionsmodul von X und C.
In [HS] findet man weitere Resultate über Tor.

Beispiel 6: Ext
Es sei C ein R-Modul und $F_C : (R\text{-Hom}) \longrightarrow (R\text{-Hom})$ der Funktor, der gegeben wird durch die Zuordnung $\varphi \mapsto \mathrm{Hom}_R(id_C, \varphi)$. Er ist additiv und linksexakt.
In (R-Hom) gibt es genügend viele injektive Objekte, siehe [HS], Chap. I
$Ext_n(C, X) := R^n F_C(X)$ heißt n.ter Extensionsmodul von C und X.

Beispiel 7: Es sei X ein topologischer Raum und (R-GHom(X)) die volle Unterkategorie von (R-Hom(X)), die durch die R-Modulgarben auf X bestimmt ist.
(R-GHom(X)) ist eine prä-abelsche Kategorie.
Es sei F : (R-GHom(X)) $\longrightarrow$ (R-Hom) der Funktor, der einem Morphismus $\alpha : M \longrightarrow N$ den R-Modulhomomorphismus $\alpha(X) : M(X) \longrightarrow N(X)$ zuordnet.
F ist ein additiver, linksexakter Funktor. $H^n(X, N) := R^n F(M)$ heißt n.ter Kohomnologiemodul von M. Interessante Resultate über diese **Garbenkohomologie** findet man in [Ha], Chap. III.

Literaturverzeichnis

[BM] *Birkhoff, G. – MacLane, S.* : Algebra, MacMillan Company, New York, 1967

[B1] *Bourbaki, N.* : Topologie Generale, Hermann, Paris, 1966

[B2] *Bourbaki, N.* : Algèbre, Chap. I – Chap. X, Hermann, Paris, 1971

[CE] *Cartan, H. – Eilenberg, S.* : Homological algebra, Princeton University Press, Princeton, 1956

[C] *Chevalley, C.* : Fundamental Concepts of Algebra, Academic Press, New York, 1956

[D1] *Dedekind, R.* : Stetigkeit und irrationale Zahlen, Vieweg 1905, Braunschweig

[D2] *Dedekind, R.* : Über die Theorie der ganzen algebraischen Zahlen, Vieweg, Braunschweig, 1964

[D] *Dold, A.* : Lectures on algebraic topology, Springer, Heidelberg, 1980

[E] *Euler, L.* : Vollständige Anleitung zur Algebra, Reclam–Verlag, Leipzig

[F] *Fraenkel, A.* : Über die Teiler der Null und die Zerlegung von Ringen, J. reine angew. Math. 145 (1914)

[FV] *Freudenthal, H. – de Vries, H.* : Linear Lie Groups, Academic Press, New York, 1969

[Fr] *Freyd, P.* : Abelian Categories, Harper and Row, New York, 1984

[Fu] *Fuchs, L.* : Abelian Groups, Hungarian Academy of Sciences, Budapest, 1958

[G] *Grassmann, H.* : Gesammelte Werke, Band I, Verlag Wigand, Leipzig, 1878

[Ha] *Hartshorne, R.* : Algebraic Geometry, Springer, Heidelberg, 1977

[H] *Huppert, B.* : Endliche Gruppen I, Springer, Berlin, 1990

[HS] *Hilton, P.J. – Stammbach, U.* : A Course in Homological Algebra, Springer, 1970

[KS] *Kostrikin, A.I. – Shafarevich, I. R.* : Algebra I, Springer, Berlin, 1990

[K] *Kunz, E.* : Algebra, Vieweg–Verlag, Braunschweig, 1991

[L] *Lang, S.* : Algebra, Addison – Wesley Publishing Company, New York

[M] *MacLane, S.* : Kategorien, Springer, Berlin, 1972

[Ma] *Manin, Yu.* : Topics in Noncommutative Geometry, Princeton University Press, 1991

[MZ] *Montyomery, D. – Zippin, L.* : Topological Transformation Groups, Interscience Publishers, New York, 1955

[R] *Ruska, J.* : Zur ältesten arabischen Algebra und Rechenkunst, Sitzungsberichte der Heidelberger Akademie der Wissenschaften, 1917, 2. Abh.

[SS] *Scheja. G. – Storch, U.* : Lehrbuch der Algebra, Teubner, Stuttgart, 1980

[vW] *van der Waerden, B.* : Moderne Algebra I, Springer, Berlin, 1937

[V] *Varadarajan, V. S.* : Lie Groups, Lie Algebras, and Their Representations, Springer, Heidelberg, 1984

[W] *Weber, H.* : Lehrbuch der Algebra I, II, III, Vieweg, Braunschweig, 1898

[ZS] *Zariski, O. - Samuel, P.* : Commutative Algebra, Springer, Heidelberg, 1958

Sachverzeichnis

A

Abbildung

-, differenzierbare 80

-, stetige 72

Adjunktion von Eins 36

Algebra 76, 83

-, Tensorprodukt von 94

-, graduierte 88

-, Grassmann- 89

-, symmetrische 93

-, Tensor- 86

Äquivalenzklassenmorphismus 5

Auflösung 132

Ausscheidungssatz 126

B

Bahn bezüglich einer Gruppenaktion 66

Basis 10, 14

-, eines Moduls 44

-, Transzendenz- 61

Beschränkungshomomorphismus 108

Bild eines Modulhomomorphismus 42

Brüche 37, 109

C

Čech-Kohomologiemodul 128, 130

D

de Rham-Kohomologiemodul 103

de Rham-Komplex 103

Derivation 96

Derivationen 32

Differentialmodul, universeller 98

Differenzkokern 25

E

Einheitengruppe eines Ringes 37

Epimorphismus in Kategorien 131

Exponentialabbildung 79

Ext 135

F

Funktionen, rationale 61

Funktor 20

-, Ableitung von 134

-, additiver 133

-, adjungierter 26

-, darstellbarer 24

-, Vergiß- 26

G

Galoisgruppe 57

ganz-algebraische Elemente 112

Garbe 80, 108

-, Prä- 108

Garbenkohomologie 135

Gradformel für Polynome 50

Grassmann-Algebra 89

Gruppe 8

-, abelsche 12

-, -, direkte Summe von 12

-, -, direktes Produkt von 12

-, -, Tensorprodukt von 16

-, alternierende 68

-, assoziierte 11

-, auflösbare 68

-, Automorphismen- 8

-, Dreh- von $\mathbb{R}^3$ 69

-, einfache 68

-, -element, Ordnung eines 63

-, Galois- 57

-, Homomorphismen- 9

-, Kommutatorfaktor- 67

-, Kommutatorunter- 67

-, Lie- 81

-, normale Unter- 8

-, Permutations- 63

-, -ring 30

-, topologische 73

-, Torsions- 14

H

Halbgruppe 6

-, Wort- 6

Hilbertscher Nullstellensatz 107

Homologie
-, singuläre 121
-, singuläre als Funktor 122
Homologiemodul 121
Homologiesequenz, lange exakte 123
Homotopie 124

I
Ideal
-, einer Algebra 84
-, eines Ringes 33
-, Erzeugendensystem eines 34
-, maximales 107
Identitäten 19
Injektionen von Koprodukten 25
inverses Element 8
Inverses, Adjunktion von 10
Isomorphismus 21

J
Jordan-Hölder 70

K
Kategorie 19
-, duale 20
-, Koprodukt in 24
-, Meta- 19
-, prä-abelsche 132
-, prä-additive 130
-, Produkt- 25
-, Skelett einer 21
-, Unter- 21
-, -, volle 21
Kern eines Modulhomomorphismus 42
Klammerprodukt 32
Kohomologiemodul 127
Komplettierung von $\mathbb{Z}$ 15
Komplex
-, de Rham- 103
-, Ketten- 121
-, Koketten- 126
-, Čech- 128
Koprodukt in Kategorien 24
Körper 37
-, algebraisch abgeschlossener 54
-, Charakteristik eines 57
-, -erweiterung
-, -, algebraische 53
-, -, Galois- 56
-, -, rein inseparable 56
-, Kreisteilungs- 56
-, Zerfällungs- 52
Kronecker 52
Krull-Dimension 112

L
Liegruppe 81
Liering 32
-, assoziierter 32
Limes, direkter 129

M
Magma 2
-, direktes Produkt von 4
-, Erzeugendensystem eines 4
-, freies 3
-, Koprodukt von 7
-, Morphismus von 2
-, Opposit- 4
-, Quotienten- 6
-, -ring 29
-, Unter- 4
Mannigfaltigkeit, differenzierbare 80
Modul 40
-, Basis eines 44
-, Čech-Kohomologie- 128, 130
-, de Rham-Kohomologie- 103
-, Dimension eines 44
-, dualer 49
-, freier 44
-, Homologie- 121
-, Kohomologie- 127
-, Links- 48
-, Rang eines 44
-, Rechts- 48
-, Tensorprodukt von 85
-, universeller Differential- 98
Modulhomomorphismus
-, Bild eines 42
-, Kern eines 42
Monomorphismus in Kategorien 131

N
n-Tupel 41
natürliche Transformation 22
natürlicher Isomorphismus 23
neutrales Element 7
Noether, E. 112

O

Objekte, injektive 132

P

Permutationen 8, 63
Polynom
-, Gradformel für 50
-, irreduzibles 51
-, Minimal- 53
-, separables 56
Prägarbe 108
Primideal 106
Produkt in Kategorien 25
Produkt, semidirektes 64
Projektionen von Produkten 25
Push-out 130

Q

Quaternionen 44
Quotiententopologie 75

R

Raum
-, beringter 117
-, projektive Räume $\mathbb{P}_r$ 119
-, topologischer 72
Ring 28
-, assoziativ gemachter 35
-, Einheitengruppe eines 37
-, Endomorphismen- 31
-, Gruppen- 30
-, Lie- 32
-, lokaler 102, 110
-, Magma- 29
-, Matrizen- 31
-, noetherscher 114
-, Restklassen- 33

S

Schema 119
-, projektives Schema Proj R 118
Steinitz 61
Sylov 65

T

Tensoralgebra 86
Tensorprodukt
-, von Algebren 94
-, von Moduln 85
Tor 135

V

Verfeinerungsmorphismus 127
Verknüpfung
-, assoziative 6
-, kommutative 9

Y

Yoneda–Lemma 24

Z

Zahlen
-, algebraische 53
-, komplexe 52
-, rationale 38
-, reelle 39
Zariski-irreduzibel 112
Zariski-Topologie 108
Zusammenhangskomponente 74

MIX
Papier aus verantwortungsvollen Quellen
Paper from responsible sources
FSC® C105338

If you have any concerns about our products,
you can contact us on
ProductSafety@springernature.com

In case Publisher is established outside the EU,
the EU authorized representative is:
Springer Nature Customer Service Center GmbH
Europaplatz 3, 69115 Heidelberg, Germany

Printed by Libri Plureos GmbH
in Hamburg, Germany